E-Learning 4.0

Mobile Learning, Lernen mit Smart Device und Lernen in sozialen Netzwerken

Herausgegeben von Ullrich Dittler

DE GRUYTER
OLDENBOURG

Herausgeber

Prof. Dr. Ullrich Dittler
Hochschule Furtwangen
Fakultät Digitale Medien
Robert-Gerwig-Platz 1
78120 Furtwangen im Schwarzwald

Ullrich.Dittler@hs-furtwangen.de

ISBN 978-3-11-046756-7
e-ISBN (PDF) 978-3-11-046894-6
e-ISBN (EPUB) 978-3-11-046762-8
Set-ISBN 978-3-11-046895-3

Library of Congress Cataloging-in-Publication Data
A CIP catalog record for this book has been applied for at the Library of Congress.

Bibliographic information published by the Deutsche Nationalbibliothek
Die Deutsche Nationalbibliothek verzeichnet diese Publikation in der DeutschenNationalbibliografie; detaillierte bibliografische Daten sind im Internet über http://dnb.dnb.de abrufbar.

Satz: Konvertus, Haarlem
Druck und Bindung: CPI books GmbH, Leck
Coverabbildung: Halfpoint/thinkstock.com
♾ Gedruckt auf säurefreiem Papier
Printed in Germany

MIX
Papier aus verantwortungsvollen Quellen
FSC® C083411
www.fsc.org

www.degruyter.com

Vorwort

Wenn wir heute über *Mobile Learning, Smart Learning* und *Social Learning* mit Smartphone und Tablet-PCs sprechen, so beschreibt dies die aktuellen Trends und Themen im Bereich des Einsatzes elektronischer Lehr- und Lernformen in Bildungsprozessen. Dieses Buch zeigt dabei nicht nur die Hintergründe dieser aktuellen Situation des E-Learning auf, sondern stellt anhand zahlreicher Praxisbeispiele auch dar, wie diese aktuellen Formen mediengestützter Aus- und Weiterbildung in Kontexten der Hochschule und der betrieblichen Aus- und Weiterbildung eingesetzt werden können – und welche Chancen aber auch Risiken sich aus den jeweiligen Einsatzszenarien ergeben.

Ebenso, wie die aktuellen Trends des *Mobile Learning, Smart Learning* und *Social Learning* mit Smartphone und Tablet-PCs auf technischen Vorgängern und Entwicklungen der vergangenen Jahrzehnten basieren, basiert auch dieses Buch quasi auf drei vorangegangenen Publikationen, die die aktuelle Situation des E-Learning zum jeweiligen Zeitpunkt des Erscheinens dokumentiert haben:

Mitte der 90er Jahre gewannen elektronische Lehr- und Lernformen auch im deutschsprachigen Raum zunehmend an Bedeutung. Das im Jahre 2002 veröffentlichte Buch *E-Learning: Einsatzkonzepte und Erfolgsfaktoren des Lernens mit interaktiven Medien* dokumentierte den Einsatz von E-Learning an zahlreichen Praxisbeispielen aus der betrieblichen Aus- und Weiterbildung: Programme zur Vermittlung von Hardskills wurden ebenso thematisiert, wie die seinerzeit aktuellen Ansätze zur Softskill-Vermittlung mittels Computer-Based-Trainings (CBT).

Die große Aufmerksamkeit, die dem Buch zuteilwurde, als auch die rasanten Entwicklungen im Bereich des elektronischen Lehrens und Lernens zu Beginn des neuen Jahrtausends bedingten gemeinsam, dass schon im Jahr 2003 eine überarbeitete und deutlich erweiterte 2. Auflage des Buches erscheinen konnte: Wiederum stand der E-Learning-Einsatz in der Aus- und Weiterbildung im Mittelpunkt des Buches. Web-Based-Trainings (WBT) und Lernplattformen waren für zahlreiche größere Firmen damals die Produkte der Wahl, wenn es darum ging Mitarbeiter computerunterstützt berufsrelevantes Wissen zu vermitteln. Zahlreiche neue in das Buch aufgenommene Best-Practice-Beispiele zeigten die Möglichkeiten auf, die Anfang des Jahrtausends mit dem Einsatz von E-Learning verbunden waren.

2011 erschien die 3. Auflage des Werkes. Der Titel *E-Learning: Einsatzkonzepte und Erfolgsfaktoren des Lernens mit interaktiven Medien* war zwar unverändert, inhaltlich war das Buch jedoch neu ausgerichtet: Seit rund 2005 erlangten unter dem Stichwort *Web 2.0* die neuen Formen des user-generated-content zunehmend an Bedeutung und die sich allerorts entwickelnden Blogs, Wikis und Podcasts wurden auch auf ihre Verwendbarkeit im Kontext von E-Learning hin untersucht. Aber nicht nur die neuen technischen Formen des E-Learning fanden Einzug in die neue Auflage des Buches, sondern es wurde auch die zunehmend von elektronischen Lehr- und Lernformen

DOI 10.1515/9783110468946-201

durchdrungene Hochschullehre als Einsatzfeld – neben der betrieblichen Aus- und Weiterbildung – betrachtet.

Mit den nun seit einigen Jahren massiv an Bedeutung gewinnenden Sozialen Netzwerken, mit der Verbreitung mobiler Devices wie Smartphones und Tablet-PC, sowie der damit einhergehenden ubiquitären und jederzeitigen Nutzung des Internet haben sich innerhalb kürzester Zeit neue Formen der Kommunikation und des Lernens im privaten, im hochschulischen und auch im Umfeld der betrieblichen Aus- und Weiterbildung etabliert. Diese neuen Möglichkeiten und die Digitalisierung verschiedener Arbeits- und Lebensbereiche haben parallel auch zu neuen Formen der industriellen Produktion von Gütern geführt, wie sie mit dem Begriff *Industrie 4.0* beschrieben werden (als Stichworte seien hier nur die individualisierte Massenproduktion sowie die komplett digitalisierten Produktionsabläufe genannt). Die Entwicklungen, die auf der einen Seite zur *Industrie 4.0* geführt haben, fanden auf der anderen Seite ihren Niederschlag auch in neuen technischen Formen des elektronischen Lehrens und Lernens – die konsequenterweise *E-Learning 4.0* genannt werden sollen.

Die beobachtbaren Entwicklungen im Bereich der elektronischen Lehr- und Lernformen waren in den vergangenen Jahren so massiv, dass schnell klar war, dass eine Überarbeitung und Neuauflage des alten und erfolgreichen Werkes den Anforderungen an eine aktuelle und zeitgemäße Publikation zum Thema nicht gerecht werden würde. Dennoch sollten die Stärken des alten Werkes auch in das neue Werk mit übernommen werden. Entstanden ist daher keine erweiterte und überarbeitete Neuauflage, sondern ein völlig neues und eigenständiges Werk, dessen aktuelle und zukunftsorientierte Ausrichtung sich schon im neuen Titel *E-Learning 4.0: Mobile Learning, Lernen mit Smart Devices und Lernen in Sozialen Netzwerken* wiederfindet.

Dieses Buch richtet sich an Leser, die an Fragen der Konzeption, Realisierung und Implementierung von zeitgemäßen elektronischen Lehr- und Lernformen im hochschulischen und im betrieblichen Umfeld interessiert sind: Für die Entwicklung und Einführung eigener E-Learning-Maßnahmen liefern neben den Hintergrundinformationen auch die zahlreichen Beispiele und Projektberichte Denkanstöße und grundlegende Überlegungen.

Alle Autoren der Beiträge dieses Buches gehören der E-Learning-Community an, entweder auf Seiten der Bildungsabteilungen und Auftraggeber oder auf Seiten der Medien-Produzenten und Auftragnehmer, ergänzt um Kollegen aus dem Hochschulbereich. Unser Ziel war es, die einzelnen Beiträge dieses Buches so zu gestalten, dass sie jeweils auch aus dem Zusammenhang dieses Buches genommen werden können und dem Leser Anregungen für die Entwicklung und Einführung eigener E-Learning-Maßnahmen bieten.

In diesem Sinne wünsche ich Ihnen eine erkenntnisreiche Lektüre!

Furtwangen, im Frühjahr 2017
Prof. Dr. Ullrich Dittler

Inhalt

Einleitung

Als Mitte der 90er Jahre elektronische Lehr- und Lernformen – damals meist in Form von Disketten-basierten Computer-Based-Trainings (CBT) – in Großunternehmen Einzug hielten, wurde vielerorts von einer Revolution im Bildungswesen gesprochen. Aus heutiger Sicht stellt sich die Einführung der damaligen CBTs im Rahmen der betrieblichen Aus- und Weiterbildung weniger als revolutionäre, vielmehr als evolutionäre Entwicklung dar, da die Prozesses des Lernens nahezu unverändert blieben und nur ein neues, buntes und ansatzweise interaktives Medium zur Inhaltspräsentation verwendet wurde. Die revolutionären Änderungen, die mit E-Learning einhergingen, folgten ein paar Jahre später, als web-basiertes Lernformen, neben der interaktiven Inhaltspräsentation, auch die vernetzte Kommunikation mit anderen Lernenden und den ubiquitären und jederzeitigen Zugriff auf Lerninhalte und Mitlernende ermöglichte. Nicht in der neuen, bunten und interaktiven Inhaltsaufbereitung der 90er Jahre liegen die massiven Änderungen begründet, die E-Learning in der Hochschule und in der betrieblichen Aus- und Weiterbildung ermöglichte, sondern in der jederzeitigen Verfügbarkeit des Netzes aus Inhalten und Lerngruppen: Erst der massive Bedeutungsgewinn Sozialer Netzwerke, die Verfügbarkeit von Smart Devices, die das Internet quasi in der Hosen-/Jackentasche steckten und die sich daraus ergebenden Möglichkeiten des Mobile Learning und des Smart Social Learning ermöglichten in den vergangenen Jahren eine revolutionäre Veränderung des Lehrens und Lernens. Die Auswirkungen dieser Revolution für Bildungsinstitutionen wie Schule und Hochschule, aber auch für die betriebliche Aus- und Weiterbildung, werden zunehmend sichtbar. Die nachwachsenden Generationen verfügen über eine deutlich andere Mediennutzungserfahrungen (und damit auch Medienkompetenz) als die vorangegangenen Generationen. Sie verfügen zudem über eine andere technische Ausstattung und durch ihre andersartige Medienbiografie auch über andere Erwartungen, mit denen sie heute Bildungsinstitutionen und -angeboten begegnen. In den Hochschulen wird dies schon heute zunehmend deutlich[1] – ebenso wie in den Berufsschulen. Diese neuen Lernenden werden auch als Mitarbeiter in Unternehmen andersartige Anforderungen an betriebliche Weiterbildungsangebote stellen. Anforderungen, die besser zu den zunehmend digitalisierten Prozessen und Abläufen passen, als dies bei den heutigen – oft noch traditionell ausgerichteten – Bildungsangeboten der Fall ist.

Dieses Buch beschreibt die aktuelle Situation des *E-Learning 4.0*, d. h. des Mobile Learning, des Lernens mit Smarten Devices und des Lernens in Sozialen Netzwerken

---

1 Bis ins Jahr 2000 waren tragbare Computer meist so teuer, dass nur vereinzelt Studierende tragbare Computer mit an die Hochschule brachten. Um 2000 hatte etwa jeder zweite Studierende einen tragbaren Rechner dabei und heute hat jeder Studierende durchschnittlich zwei mobile Endgeräte dabei.

DOI 10.1515/9783110468946-001

sowohl auf einer übergeordnet-betrachtenden Ebene, als auch an zahlreichen ganz konkreten aktuellen Beispielen aus der Praxis.

Um die Entwicklungen in den Bereichen des elektronischen Lehrens und Lernens zu verstehen und angemessen einordnen zu können, ist es zunächst hilfreich, einen Blick auf die historische Entwicklung des E-Learning und dessen zentralen Entwicklungsschritte, Ereignisse und Produkte zu werfen. Dies geschieht in **Kapitel 1** unter dem Titel *Ein kurzer historischer Rückblick auf die bisherigen drei Wellen des E-Learning: Von den Anfängen des maschinengestützten Lernens bis zum Web2.0/E-Learning2.0.*

Unter dem Titel *Die 4. Welle des E-Learning: Mobile, smarte und soziale Medien erobern den Alltag, die Lernwelt und die Arbeitswelt*, wird in **Kapitel 2** die aktuelle Bedeutung sozialer Netzwerke und mobiler Devices für die Kommunikation, Unterhaltung und Information herausgearbeitet und beleuchtet, inwieweit diese Medien und Dienste bereits den Alltag unterschiedlicher Generationen prägen.

Darauf aufbauend wird in dem gemeinsam mit Prof. Dr. Christian Kreidl verfassten **Kapitel 3** unter dem Titel *Erwartungen der Digitale Natives an Bildungsangebote: Mediennutzung und Medienwünsche im Zeitalter des E-Learning 4.0* eine aktuelle empirische Studie vorgestellt, die der Frage nachgeht, inwieweit die massive Verbreitung und Nutzung Sozialer Netzwerke und mobiler Devices auch zu veränderten Erwartungen der aktuellen und der zukünftigen Arbeitnehmer an Aus- und Weiterbildungsangebote führen.

Im weiteren Verlauf sind die Buchbeiträge den Bereichen *Hochschule 4.0* oder *Betriebliche Aus- und Weiterbildung 4.0* zugeordnet; wobei den beiden Themenblöcken jeweils einführende Beiträge vorangestellt sind, denen dann jeweils konkrete Praxisberichte folgen.

Am Beginn der Beiträge zum Themenblock *Hochschule 4.0* präsentiert Prof. Dr. Dr. h.c. mult. August-Wilhelm Scheer in **Kapitel 4** zunächst in seinem Beitrag *Hochschule 4.0 – Auswirkungen der Digitalisierung auf Lehre, Forschung und Hochschulverwaltung*, welche Konsequenzen Hochschulen bisher aus dem Möglichkeiten der aktuellen Entwicklung gezogen haben (beispielsweise im Bereich den Digitalisierung von Verwaltungsprozessen) – und welches Entwicklungspotential sich für die zukunftsorientierte Aufstellung von Hochschulen noch bietet (beispielsweise im Bereich Lehre, Forschung aber auch Hochschulmanagement).

In den folgenden Kapiteln werden Praxisbeispiele des Medieneinsatzes in der Hochschullehre vorgestellt: Jun.-Prof. Dr. Sandra Hofhues stellt in ihrem gemeinsam mit Jun.-Prof. Dr. Sandra Aßmann und Jun.-Prof. Dr. Dr. habil. Kai Kaspar Beitrag verfassten Beitrag *Praxisbeispiel: Universität zu Köln - Dem smarten Lernen mit Medien auf der Spur: „Auf den Kontext kommt es an!“* in **Kapitel 5** Projekte zum mobilen und smarten Lernen vor, die an der Universität zu Köln realisiert wurden. Der Beitrag verdeutlicht dabei, welche große Relevanz der Nutzungskontext im Rahmen der integrativen Verzahnung von Smart Devices und Unterricht hat.

Aktuelle Erfahrungen zum E-Learning-Einsatz an der Universität Hamburg steuert in **Kapitel 6** Prof. Dr. Kerstin Mayrberger in ihrem Beitrag mit dem Titel *Praxisbeispiel: Universität Hamburg (Un-)Gleichzeitigkeit trotz Diversität – Digitalisierung von Lehren und Lernen* bei. Es gelingt der Autorin dabei, am Beispiel der großen staatlichen Volluniversität zunächst das Spannungsfeld und die Herausforderungen an eine derartige Bildungsinstitution deutlich zu machen. Anschließend stellt der Beitrag konkrete Maßnahmen und Beispiele vor, die verdeutlichen, wie die Hochschule diesen Herausforderungen begegnet.

In **Kapitel 7** werden den beiden vorangegangenen Beispielen großer Universitäten das Beispiel einer engagierte – und deutlich kleineren – Hochschule zur Seite gestellt: Im Beitrag *Praxisbeispiel: Hochschule Furtwangen – Konzepte und Instrumente des E-Learning 4.0 im Lehralltag* zeigen Dr. Sandra Hübner und Satjawan Walter, wie eine weitere innovative Bildungsinstitution mit den dynamischen Erwartungen der jungen und technik-affinen Zielgruppe umgeht. Die Einflüsse der Digitalisierung auf den präsenzorientierten Lehralltag werden auch am Einsatz Smart-Device-basierter Classroom-Respons-Systeme sowie an der Etablierung digitaler Prüfungen verdeutlicht – und an beispielhaften Lehrveranstaltungen verdeutlicht.

Ergänzt werden die skizzierten Beiträge des Einsatzes von E-Learning 4.0 in Hochschulen um Beiträge des Themenblocks *Betriebliche Aus- und Weiterbildung 4.0.*

Am Beginn dieses Themenblocks verdeutlicht Wilke Riesenbeck in **Kapitel 8** im Beitrag *Betriebliche Aus- und Weiterbildung 4.0: Konzeptuelle Überlegungen zur bedarfsgerechten Entwicklung von mobilen Lernlösungen für die Mitarbeitenden des Einzelhandels*, warum gerade im Einzelhandel der Bedarf an Alternativen zu PC-gebundenem E-Learning-Maßnahmen besonders groß ist. Er beschreibt darauf aufbauend, wie Einzelhändler den Lernbedarf ausgewählter Zielgruppen durch den Einsatz mobiler Endgeräten besser als zuvor abdecken können.

Gerd Schumacher und Bianca Wode beschreiben in **Kapitel 9** im Beitrag *Praxisbeispiel: Deutsche Bahn – Lernen und Arbeiten mit mobilen Endgeräten* die Überlegungen der Deutsche Bahn AG zur Frage, wie digitale Technologien zur Vermittlung von Lerninhalten und zur Optimierung von Arbeitsprozessen eingesetzt werden können. Insbesondere mobile Endgeräte und entsprechende Anwendungen bieten, wie die Autoren ausführen, vielfältige Chancen und können wesentlich dazu beisteuern, Lern- und Arbeitswelt stärker als in der Vergangenheit miteinander zu verbinden.

Aus der täglichen Nutzung von Social Networks abgeleitete Aspekte prägen die in **Kapitel 10** von Michelle Rowbotham und Prof. Dr. Michael Lindemann vorgestellten Überlegungen im Beitrag *Praxisbeispiel: Endress+Hauser Social Customer Relationship Management: Interaktion als Treiber von Vertriebsproduktivität*. Der Beitrag zeigt auf, wie theoretische Annahmen zu den Einflussfaktoren der Vertriebsproduktivität empirisch auf Basis realer Vertriebszahlen in der betrieblichen Praxis überprüft wurden. Hierzu wurde der Einfluss der Nutzung eines Social Customer Relationship Management (CRM) auf die Vertriebsproduktivität untersucht.

Da international agierende Unternehmen oftmals Vorreiter bei der Entwicklung innovativer Lehr- und Lernkonzepte sind, stammt auch das in **Kapitel 11** von Dr. Johannes Müller, Dr. Walter Frey & Dr. Alexander Stocke vorgestelltes Praxisbeispiel aus einem solchen international tätigen Großkonzern. Im Beitrag *Praxisbeispiel: Siemens – Wissensmanagement mit Social Media im Intranet: Die Community-Plattform „References+“ – Fallstudie einer zwölfjährigen Erfolgsgeschichte* zeigen die Autoren auf, wie eine ursprünglich auf den Anfängen von Web2.0 aufbauenden intranetbasierte Plattform kontinuierlich weiterentwickelt wurde, um im Sinne von Social Networking Mitarbeitende über organisationale, hierarchische und geographische Grenzen hinweg miteinander vernetzen und diese zur direkten Kommunikation untereinander animieren.

Ullrich Dittler

Ein kurzer historischer Rückblick auf die bisherigen drei Wellen des E-Learning

Von den Anfängen des maschinengestützten Lernens bis zum Web2.0/E-Learning2.0

Zusammenfassung: Ein Blick auf die Geschichte des E-Learning zeigt, dass die bisherige Einführung von elektronischen Lehr- und Lernformen in drei großen Wellen erfolgte. Es gibt Anzeichen dafür, dass wir mit der beschriebenen omnipräsenten Verfügbarkeit des Internet und der allgegenwärtigen Verbindung über Soziale Netzwerke am Beginn einer vierten großen Welle stehen, die wiederum die Formen und Möglichkeiten des mediengestützten Lernens in der betrieblichen Aus- und Weiterbildung und (mit einiger zeitlicher Verzögerung auch) der Hochschullehre deutlich verändern wird.

Die drei bisherigen Wellen des E-Learning, ihre technologischen Grundlagen und ihre jeweiligen Besonderheiten werden in diesem Kapitel dargestellt, da sie die Basis für die aktuellen Entwicklungen im Bereich E-Learning 4.0 bilden – dieser aktuellen Form des E-Learning widmet sich dann das folgende Kapitel.

Schlüsselwörter: Computer-Based-Training, Web-Based-Training, Virtuelle Seminare, Lernplattformen

1 Die Anfänge des maschinengestützten Lernens

Die Idee Lehr- und Lernprozesse maschinell zu unterstützen oder automatisiert abzubilden ist nicht neu. Die Entwicklung von elektronischen Lehr- und Lernmedien stellt daher nur die zeitgemäße Weiterentwicklung jener elektromechanischen Lernmaschinen dar, mit denen bereits zu Anfang des vergangenen Jahrhunderts versucht wurde, Lehr- und Lernprozesse zu automatisieren.

Die Erfindung von – zunächst mechanischen – Lernmaschinen stand am Beginn dieser Automatisierungsbestrebung, die mit der Konzeption des Bücherrads (in manchen Quellen auch „Leserad“ genannt) von Agostino Ramelli bereits im 16. Jahrhundert ihren Anfang nahmen (siehe Abbildung 1). Ramellis Konstruktion bot Aufnahme für zwölf Büchern, zwischen denen der Lesende wechseln konnte, wobei die Bücher „[...] nicht fallen, genau so liegen bleiben, wie sie hingelegt worden sind, sie bleiben immer im gleichen Zustand und wann immer der Leser es wünscht, erscheinen sie so, ohne dass sie irgendwie angebunden oder befestigt werden müssen.“ [1].

DOI 10.1515/9783110468946-002

Abb. 1: Das Bücherrad von Agostino Ramelli (Quelle [1], ullstein bild – NMSI/Science Museum / Science Museum).

Im Rahmen der Entwicklung der Medien hielten neben Büchern auch andere Medien Einzug in Bildungsprozesse: Zur Hochzeit der medienpsychologischen Filmforschung, die sich um 1910 mit den Wirkungen der Filmwahrnehmung durch die Rezipienten beschäftigte und hierzu auch die emotionale Wirkungen des Filmkonsums durch psychogalvanischer Reaktionsmessungen währen des Filmkonsums untersuchte, fanden in Rochester (USA) auch erste Filme als Lehrfilme Einzug in den Unterricht. Es entstand in den folgenden Jahren ein kurzer Hype, der in ähnlicher Form später bei vielen Lehrmedien beobachtet werden konnte: Es gab Forderungen klassische Schulbücher komplett durch die neuen Lehrmedien (hier: des Films) zu ersetzen; eine Forderung, die sich nicht durchsetzen konnte.

Ausgehend von den frühen Versuchen, Lehr- und Lernprozesse mit mechanischen Maschinen zu unterstützen, wurden in der Blütezeit des Behaviorismus, d. h. Anfang des 20. Jahrhunderts, eine ganze Reihe von Lehr- und Übungsmaschinen entwickelt und gebaut. Diese folgten meist dem 1923 von Edward Thorndike geäußerten Gedanken, Lernstoff in kleine Einheiten aufzuteilen und diese Einheiten direkt nach der Vermittlung zu prüfen, ehe die nächsten kleinen Lerneinheiten vermittelt und geprüft werden. Thorndike selbst stellte 1926 eine solche Lernmaschine vor, die dem Lernenden Single- und Multipe-Choice-Fragen anbot und die gewählten Antworten maschinell auswertete.

Die Besonderheit dieser Maschine bestand darin, dass nicht nur die Anzahl der richtigen Antworten automatisch gezählt werden konnte, sondern die Maschine darüber hinaus die Möglichkeit bot, dem Lernenden seine richtigen und falschen Antworten anzuzeigen um so Lernprozesse zu ermöglichen und beim nächsten Fragedurchgang die richtige Antwort zu wählen. Die nachweisbare Zunahme an richtigen Antworten im Rahmen des Arbeitens und Lernens mit derartigen Maschinen gab Thorndike recht – war aber nur wenig geeignet, die Gegner des maschinen-gestützten Lernens zu beruhigen, die eher an humanistischen oder bildungstheoretischen Unterrichtsansätzen (wie sie später Wolfgang Klafki formulierte) orientiert waren.

Etwa zur gleichen Zeit, d. h. ebenfalls in den 20er Jahren des vergangenen Jahrhunderts, entwickelte auch Sidney L. Pressey an der Ohio State University mechanische Maschinen zur Unterstützung von Lehr- und Lernprozessen. Pressey konzentrierte sich weniger auf die Wissensvermittlung als vielmehr auf das Prüfen von Lernerfolgen. Die von ihm entwickelten Maschinen präsentierten dem Lernenden Fragen und verschiedene Antwortalternativen in Textform. Wenn der Lernende die Frage richtig beantwortete, wurde ihm die nächste Frage präsentiert. Wählte der Lernende jedoch eine falsche Antwort, so blieb die Frage so lange sichtbar, bis der Lernende die richtige Antwort wählte. Pressey ging davon aus, dass der Lernende durch derartige Maschinen nicht nur getestet wird, sondern durch das direkte und unmittelbare Feedback auch beim Lernen unterstützt wird. Pressey sieht große Einflussmöglichkeiten derartiger Lernmaschinen auf Schule und Hochschule, wenn er sagt: „Diese Unterrichtshilfen [...] würden den Lehrer frei machen von für seine eigentliche Aufgabe, die Schüler zu begeistern und sie zu klarem Denken und höheren Idealen zu führen. [...] Wofür der Verfasser eintritt, ist die Befreiung des Lehrers von den mechanischen Aufgaben seines Berufs – die Last der Korrekturen und der Routine-Übungen – so daß [sic!] er nicht weitgehend mit Schreibarbeiten beschäftigt ist, sondern ein echter Lehrer sein kann." (Pressey zitiert nach [2], S. 63 f.).

Die von Thorndike verfolgten Ansätze griff später auch Burrhus Frederic Skinner auf und unternahm an der Harvard University eine Reihe von Versuchen zum Lernen von Tieren und Menschen (siehe Abbildung 2). Geleitet war er dabei stets vom behavioristischen Lernverständnis, das die Grundlage seiner zahlreichen Versuche mit Ratten und Tauben bildete (im Rahmen derer er auch zahlreiche Tauben im Zweiten Weltkrieg für militärische Zwecke trainierte).

Auf seinen Lernversuchen mit Tieren aufbauend – und die Entwicklungen von Pressey aufgreifend – befasste sich Skinner später auch mit dem Entwickeln von Lern-Settings zur Schulung größerer Anzahlen von Menschen. In einer Zeit, in der die Forderung nach Optimierung von Prozessen und Steigerung der Effizienz vielen Bereiche des Nachkriegsalltags erfasst hatten, war Skinner bestrebt, solche Optimierungen und Effizienzsteigerungen auch für Lehrprozesse umzusetzen. Gemeinsam mit James G. Holland entwickelte Skinner Lernmaschinen, die Menschen nach dem Modell der *Programmierten Unterweisung* unterrichten sollten (siehe Abbildung 3).

Die Programmierte Unterweisung (je nach Quelle auch *Programmiertes Lernen* und *Programmierte Instruktion* genannt) basiert dabei konsequent auf der systematischen Verstärkung von gewünschten Reaktionen im behavioristischen Sinne. Neben der Festlegung des Lernziels sind die Planung des Lernwegs und die Erfolgskontrolle (*Programmierte Prüfung*) die zentralen Elemente des Skinnerschen Verständnis des Programmierten Unterrichts. Skinner geht davon aus, dass eine solche lineare Programmierte Unterweisung so lange verändert werden sollte, bis rund 95 % der Lernenden die Aufgaben erfolgreich bewältigen können.

Abb. 2: Skinner während eines Versuchs mit einer Ratte in der Skinner Box (Quelle: Nina Leen/Getty Images).

Norman Crowder kannte die Arbeiten Skinners und modifizierte das Modell des Programmierten Unterrichts um dieses an größere Zielgruppen bzw. die Heterogenität der Lernenden anzupassen: Während Skinner noch von einem linearen Lernweg für alle Lernenden ausgeht, sieht Crowder in einer auf der Basis der gegebenen Antwort verzweigten Lernstruktur deutliche Vorteile für den Lernprozess. Er schreibt hierzu: „In jedem Programmschritt wird dem Schüler eine Stoffeinheit von dreißig bis siebzig Zeilen Länge, zum Lesen gegeben. Dieser Stoffeinheit folgt eine Frage in Wahlantwortform. Die Antwortwahl des Schülers bestimmt unmittelbar und automatisch, welchen Lesestoff er anschließend durchnimmt. Wählt er die richtige Antwort auf die ihm gestellte Frage, so werden ihm automatisch die nächste Stoffeinheit und die nächste Frage vorgelegt. Wählt er eine falsche, so wird er automatisch zu einem Lehrstück dirigiert, das eigens zur Verbesserung des bestimmten, von ihm gemachten Fehlers geschrieben wurde. Am Ende dieser Korrektureinheit angelangt, wird der Schüler [...] zuerst zu der von ihm (fasch) beantworteten Stoffeinheit zurückgeführt, um sich an der dort gestellten Frage noch einmal zu versuchen [...].“ (Crowder zitiert nach [2], S. 42.)

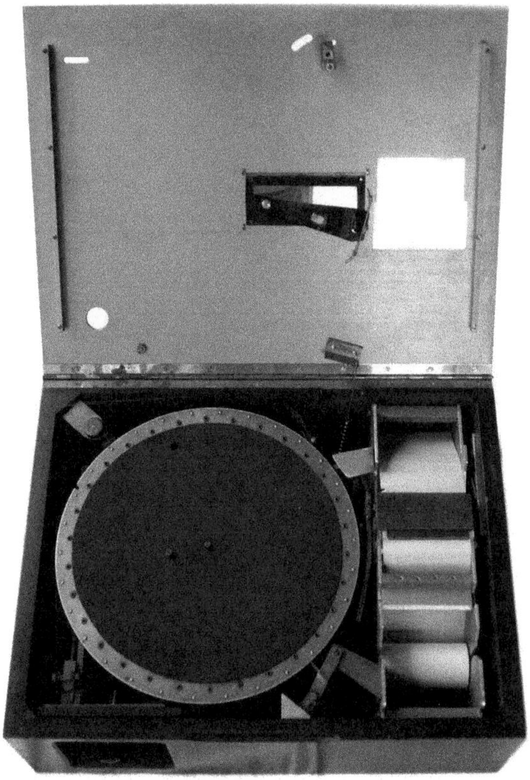

Abb. 3: Lehrmaschine, die nach dem Modell der Programmierten Unterweisung arbeitete (Quelle: Wikipedia).

Die von Crowder erweiterten Ansätze des Programmierten Unterrichts wurden in den folgenden Jahren in unterschiedlichen Richtungen weiterentwickelt (behavioristisch-psychologischer Ansatz, anthropologisch-pädagogischer Ansatz sowie kybernetisch-pädagogischer Ansatz), von denen im deutschsprachigen Raum vor allem der kybernetisch-padagogische Ansatz mit seiner starken Orientierung am Lehrinhalt und am Medium Beachtung fand.

Zentraler Aspekt der kybernetisch-orientierten Lernmaschinen (die erstmals nicht mehr nur auf die Möglichkeiten mechanischer Maschinen angewiesen waren, sondern auch auf elektronische Maschinen, d. h. Computer, zurückgreifen konnten) war die Erwartung, dass die Maschine während der Inhaltsbearbeitung des Lernenden auch etwas über diesen lernt und so adaptiv individuelle Lernwege anbieten kann, die optimal zum Vorwissen, Wissen und Lernprozess des individuellen Lernenden passen.

In der oben skizzierten Entwicklung der frühen Lehr- und Lernmaschinen ist schon zu erkennen, inwieweit sich parallel zur technischen Entwicklung auch das didaktische und mediendidaktische Verständnis von Lehren und Lernen weiterentwickelte: Ausgehend von den Tierversuchen dominierte zunächst ein behavioristisch geprägtes Verständnis von Lehren und Lernen. Die erweiterten Ansätze der Programmierten Unterweisung zielen in Richtung eines kognitivistischen Verständnisses von Lernen. Und kybernetische Ansätze beginnen in die Richtung zu weisen, die später als konstruktivistisches Lehr- und Lernverständnis bezeichnet werden.

Diese drei grundlegenden lernpsychologischen Ansätze sollen daher im Folgenden näher betrachtet werden.

1.1 Lernen durch Belohnung und Strafe

Zu Beginn des vergangenen Jahrhunderts fanden eine ganze Reihe von Versuchen zum Lehren und Lernen statt, erinnert sei hier nur an die – später mit dem Nobelpreis ausgezeichneten – klassischen Versuche von Iwan P. Pawlow (siehe Abbildung 4) zur Konditionierung und zum bedingten Reflex sowie an die bereits angesprochenen umfangreichen Versuche von Thorndike und Skinner zum Lernen durch Versuch und Irrtum sowie durch Belohnung und Bestrafung.

Die Ergebnisse der zahlreichen Tierversuche zu Beginn des 20. Jahrhunderts fanden ihre Entsprechung in der Lerntheorie des Behaviorismus, die – sehr verkürzt dargestellt – Lernen als Verknüpfen von Reiz und Reaktion versteht. Durch Belohnung im Falle des Auftretens der gewünschten Reaktion kann die Auftretenswahrscheinlichkeit erhöht werden, durch Strafe kann sie vermindert werden.

Die Theorie des Behaviorismus und die späteren Forschungsergebnisse von Skinner haben insofern eine Bedeutung für die Entwicklung von Computer-Based-Trainings, als sie in Form so genannter Programmierter Lernprogramme (in Anlehnung an Programmierte Unterweisung und Programmierten Unterricht) in den 60er und 70er Jahren die Anfänge des computergestützten Lernens markierten. Auch im deutschsprachigen Raum wurden zu dieser Zeit eine ganze Reihe von Programmierten Lernprogrammen entwickelt, bei denen – im Sinne von Skinners Ansatz des Lernens durch Erfolg und Belohnung – bei den drei Stufen *Informationsdarbietung* (Präsentation von Lerninhalten), *Aufgabe oder Fragestellung anbieten* (um Lernerfolg zu testen) und *Erfolgskontrolle* (Feedback über den Erfolg der Aufgabenbearbeitung) der Schwerpunkt stets auf den Bereich der Erfolgskontrolle und des Feedback gelegt wurde.

Abb. 4: Iwan Pawlow mit Versuchshund im Kreise seiner Mitarbeiter (Quelle: Bettmann/Getty Images).

1.2 Lernen durch Verstehen und Einsicht

Während bei den oben skizzierten Programmierten Lernprogrammen noch das Erkennen der richtigen Lösung als Lernerfolg gewertet wurde, änderte sich in der Lerntheorie des Kognitivismus das Verständnis von Lehr- und Lernprozessen dahingehend, dass der Prozess des Denkens in das Zentrum der Betrachtungen gerückt wurde: Denken wird im kognitivistischen Sinn nicht als das Abrufen von Reiz-Reaktions-Schemata (analog zum Behaviorismus) verstanden, sondern bildet die Grundlage für Erkenntnisprozesse, die einen kreativen Problemlösevorgang ermöglichen.

Bei der Erstellung von Computer-Based-Trainings fanden diese Erkenntnisse in der Form Einfluss, dass eine deutliche Verschiebung des Schwerpunktes von der Erfolgskontrolle zur Informationsdarbietung stattfand: Die Darstellung des Lernstoffs soll in einem für den Lernenden erkennbaren Zusammenhang erfolgen, um es ihm zu ermöglichen, die Zusammenhänge der einzelnen Lerninhalte zu verstehen und so eine Kompetenz zur Problemlösung aufzubauen. Nicht mehr das Wissen um die richtige Lösung steht im Zentrum eines Lehr-/Lernprozesses, sondern der Aufbau des Verständnisses für ein Problem und damit der Aufbau von Problemlösekompetenz, die es dem Lernenden ermöglicht, sich die Lösung eines Problems selbstständig zu erarbeiten.

1.3 Lernen als Konstruktion von Wissen

Ausgehend von den Überlegungen des Behaviorismus sowie des Kognitivismus konnte unter Einbeziehung der Ergebnisse, die mit behavioristisch- und kognitivistisch-orientierten Lernumgebungen gewonnen wurden, festgestellt werden, dass verschiedene Lernende in der gleichen Lernumgebung mit unterschiedlichem Erfolg lernen. Die Berücksichtigung der jeweils individuellen Vorerfahrungen und des individuellen Vorwissens der einzelnen Lernenden findet ihren Einfluss in der Lerntheorie des Konstruktivismus: Lernen wird im Konstruktivismus verstanden als die Konstruktion von Wissen auf der Basis des individuellen Vorwissens; Lehr- und Lernsituationen müssen daher immer auf den einzelnen Lerner und seine individuelle Situation eingehen können.

Seit Ende der 90er Jahre bilden konstruktivistische Überlegungen zunehmend die Basis für die Entwicklung elektronischer und interaktiver Lernmedien.

2 Die 1. Welle des E-Learning: Monolithische Computer-Based-Trainings

Basierend auf den frühen Versuchen Lehr- und Lernprozesse mit mechanischen Lehrmaschinen (siehe Abbildung 5) zu unterstützen, entwickelten sich seit den 60er Jahren verschiedene Formen des computerunterstützten Unterrichts, die zunächst testweise in Hochschulprojekten entwickelt und eingesetzt wurden, später in der betrieblichen Aus- und Weiterbildung aufgegriffen wurden und noch später auch im Regelbetrieb in Hochschulen Einzug hielten.

Mitte der 60er Jahre war die Entwicklung computerbasierter Unterrichtsmaschinen vor allem geprägt durch das oben skizzierte kybernetische Verständnis von Lernen. In den folgenden Jahrzehnten werden neben Texten mit Audios, Bildern und Filmen auch zunehmend weitere Medien und Präsentationsformen in die computergesteuerte Inhaltspräsentation integriert. Zudem wurden verstärkt auch Maschinen entwickelt, die nicht mehr nur Einzelpersonen das Lernen ermöglichten, sondern Lernen in Gruppen unterstützten: Der 1964 am Institut für Kybernetik entwickelte *Robbimat* diente beispielsweise der parallelen Schulung von bis zu 24 Lernenden auf der Basis eines Tonbandgeräts in Verbindung mit einem Diaprojektor. Zunächst vermittelte das System akustische Informationen und steuerte hierzu begleitend die

Bildpräsentation über einen Dia-Projektor. In bestimmten Sequenzen konnten die Lernenden Fragen beantworten, indem sie jeweils eine von zwei Tasten drücken um die Frage mit „ja" oder „nein" zu beantworten. Individuelles Feedback erhielten die Lernenden anschließend durch ein grünes oder rotes Licht.

Abb. 5: Zwei Schüler an einer Lernmaschine im Jahre 1963: Auf Papierrollen ist ein Lernprogramm eingespannt, das Informationen gibt und Fragen stellt, deren Beantwortung der Schüler auf den Papierstreifen schreiben muss. Wenn der Schüler weiterdreht, taucht aus einem bisher verdeckten Feld die richtige Antwort auf. (Quelle: Ullstein Bild – Pressefoto Kindermann).

Weitere Funktionen und Medien wurden in den Folgejahren in leistungsfähigeren Lerncomputer wie dem *Geromat III* (siehe Abbildung 6) integriert: Dieses Gerät bot dem Lernenden nicht nur zwei, sondern fünf Antwortoptionen. Zudem konnte sich der Lernenden über Kopfhörer und Mikrofon mit seinen bis zu zwei anderen Mitlernenden austauschen und zur Lösungsfindung besprechen. Die Inhaltspräsentation erfolgte bei diesem frühen Lerncomputer ebenfalls über akustische und optische Inhaltspräsentation über Tonband und Dias.

In den 60er und 70er Jahren werden weitere Lernmaschinen entwickelt, die oft dem Ansatz von Parallelschulungsgeräten folgen um die Zahl der parallel unterrichteten Menschen zu erhöhen und gleichzeitig die Inhaltspräsentation über Bild, später auch Film und Ton zu optimieren.

An zahlreichen Bildungseinrichtungen entstanden in dieser Zeit Pilotprojekte, um die Möglichkeiten und Grenzen des PC-basierten Lernens auszuloten. Zu den

Abb. 6: Hier ist der in den 70er Jahren entwickelte Lerncomputer vom Typ *Robbimat III* im Einsatz in einer Klasse zu sehen: Nach der Inhaltspräsentation können die Lernenden Fragen beantworten, indem sie auf den Abstimmungskästen die entsprechende Antworttaste drücken. (Quelle: [3], Seite 27).

seinerzeit vielbeachteten Projekten gehörte beispielsweise *Algorithmieren von Lehrprogrammen für computergesteuerten Unterricht (ALCU)* aus Berlin. Parallel zum computergestützten Unterricht (CGU) – so der damals weitverbreitete Terminus – fand eine traditionelle Veranstaltung mit dem gleichen Inhalt statt; und es zeigte sich als ein Ergebnis dieses Versuchs, dass durch den computerunterstützten Unterricht rund 30–35 % der für das Lernen aufgewendeten Zeit eingespart werden konnten.[1]

Der Vergleich von computergestütztem Unterricht mit traditionellem Unterricht war auch das Ziel des Projektes *Effizienzvergleich computergesteuerten Parallelunterrichts mit programmiertem Einzelunterricht in Buchform (EFFI).* Im Ergebnis dieses bis 1975 laufenden Versuchs zeigte sich, dass der Organisationsaufwand und damit die Kosten für computergestützten Unterricht um 10 bis 45 % über denen eines Buchunterrichts liegen. Zudem zeigten sich in diesem Versuch keine Vorteile des

1 Damit steht dieser Pilotversuch in zweierlei Hinsicht in der Tradition seiner Zeit: Zum einen wiederholte es sich später auch bei anderen Formen des mediengestützten Lernens, dass zunächst Inhalte vermittelt wurden, die PC-nah einzustufen sind. Zum anderen spiegelt sich in dem Pilotversuch die lange dominierende Zielsetzung wieder, dass medien-gestütztes Lernen Zeit und Geld sparen soll; qualitative Ziele wanderten erst seit dem Jahrtausendwechsel zunehmen in den Fokus.

computergestützten Unterrichts gegenüber dem Buchunterricht und auch bezogen auf die Lernmotivation bei Schülern konnten keine Vorteile gemessen werden.

Gemeinsam ist den beispielhaft genannten Lernmaschinen und Pilotprojekten, dass die Hardware der Lerncomputer speziell für den Einsatzzweck gebaut werden musste. Dies ändert sich erst in der 80er Jahren mit der (rasant) zunehmenden Verbreitung von Personal Computern (PC).

Personal Computer sind ab den 70er Jahren die Basis der Wahl, wenn es um unterrichtstechnologische Entwicklungen im Bereich des mediengestützten Lehrens und Lernens ging. Die Fragestellungen bleiben aber zunächst die gleichen wie in den Jahrzehnten zuvor: In verschiedenen nationalen (beispielsweise das an der Universität Tübingen durchgeführte Projekt *Knowledge Acquisition Video Assisted Video Instruction System (KAVIS)*) und internationalen Projekten und Förderprogrammen wurde zunächst die weitere Integration von Medien in die Settings des computerunterstützten Lernens untersucht.

Zudem wurden in den 70er und 80er Jahren zahlreiche Studien durchgeführt, die verschiedene Formen des Computergestützten Unterrichts (CGU) – der in den 80er Jahren zunehmend öfter auch *Computerunterstützter Unterricht* (CUU) genannt wurde – mit traditionellen Unterrichtsformen verglichen.

Auch der erste breite Einsatz von elektronischen Lehr- und Lernformen zur Mitarbeiterqualifizierung in Unternehmen fällt in diese Zeit: Die Warenhauskette Hertie führte 1978 unternehmensweit für ihre 55.000 Mitarbeiter die Schulungsplattform *Videomit 2000* ein, die die Präsentation von Videomaterial auf der Basis von U-matic Videorekordern in Verbindung mit einer microchip-basierten Steuereinheit ermöglichte.

Ab 1978 ersetzen LaserDisks in derartigen Lernsettings zunehmend Videorekorder und -bänder und boten damit zwar didaktisch keinen weiteren Vorteil, aber deutlich performantere und bessere Bild- und Filmdarstellung. Da LaserDisks – und später auch digitale Video-CDs – deutliche schnellere Zugriffe auf Bilder und Filmsequenzen ermöglichten, wurden Form und Anzahl der Interaktionen in derartigen videobasierten Lernsequenzen deutlich erhöht. Neben der Interaktion mit dem Programm (im Sinne der Programmsteuerung) wurde die Interaktion mit den Lerninhalten zunehmend wichtiger – der Programmierte Unterricht entwickelte sich daher in dieser Zeit deutlich in Richtung des Interaktiven Lernens. Aus den LaserDisks entwickelten sich die Compact Disks (CDs) als Datenträger, denen Philips 1991 die CompactDisk interactive (CD-i; siehe Abbildung 7) zur Seite stellte und damit der Interaktivität als Alleinstellungsmerkmal dieser Form des medienbasierten Lernens die Bühne bereitete. Zahlreiche große Unternehmen wählten damals die CD-i als Basis für die Erstellung von Lernanwendungen, um den Mehrwert der Interaktion mit den Lerninhalten nutzen zu können.

Der Erfolg der CD-i endete Mitte der 90er Jahre relativ abrupt, da sich CD-ROMs als Speichermedium für Computer in kurzer Zeit entwickelt und etabliert hatten und PCs zunehmend öfter mit entsprechenden Laufwerken ausgestattet waren.

Da Lernanwendungen für CD-ROM bei gleicher oder größerer Interaktivität deutlich preiswerter entwickelt werden konnten, als dies für CD-i der Fall war, gewannen CD-ROM-basierte Lernanwendungen auch in der betrieblichen Aus- und Weiterbildung schnell an Bedeutung – und wurden erst durch die netzbasierte Distribution von Lernprogrammen in der 2. Welle des E-Learning abgelöst (siehe Kapitel 2.3).

Abb. 7: CD-i-Player ersetzen Anfang bis Mitte der 90er Jahre die deutlich größeren Video-Player als Basis für interaktive Lernanwendungen (Quelle: Wikipedia).

Anfang der 90er Jahre liegen umfangreiche Erfahrungen mit medienbasierter Programmierter Unterweisung aber auch mit interaktiven Lernanwendungen vor – zudem ist die Verbreitung von PCs in einigen Firmen soweit fortgeschritten –, dass Unternehmen computerbasierte interaktive Unterrichtsformen im Rahmen der Aus- und Weiterbildung verstärkt einsetzen; nicht mehr nur pilotartig, sondern oft als Ersatz für traditionelle Präsenzveranstaltungen. Zunächst sind dies meist Unternehmen aus dem Technik-Sektor, ab Mitte der 90er Jahre verstärkt auch Unternehmen aus der Finanzdienstleistungsbranche (d. h. Banken und Versicherungen), da deren Mitarbeiter zwischenzeitlich mehrheitlich an mit PCs ausgestatteten Arbeitsplätzen arbeiten und daher bei dieser Form des Lernens keine zusätzlichen Investitionen in Infrastruktur notwendig sind.[2]

Der Personal Computer ermöglichte damit die 1. große Welle des E-Learning: Diese sich von Mitte der 80er bis Mitte der 90er Jahre etablierende Form des E-Learning war im breiten Einsatz in Unternehmen gekennzeichnet durch interaktive und

2 Die fehlende Verfügbarkeit von PCs am Arbeitsplatz führte in anderen Branchen – beispielsweise dem Einzelhandel – dazu, dass sich hier erst deutlich später oder in deutlich geringerem Umfang E-Learning als Lernform etablierte. Wie später gezeigt werden wird, eröffnen mobile Lernformen hier in den vergangenen Jahren zunehmend neue Lernformen für Berufsgruppen, die bisher nicht von computergestützten Lernformen erreicht werden konnten.

multimediale Lernanwendungen (d. h. die Integration von Text, Bild, Animationen und kleinen Bewegtbildelementen/Videos und Sounds in interaktiven Lernanwendungen), die in der Regel zunächst auf Diskette, später auf CD-ROM distribuiert wurden. In vielen Fällen dienten die damals meist *Computer-Based-Trainings (CBT)* genannten Anwendungen der Vermittlung von Faktenwissen (Hardskills), nur seltener der Vermittlung von Softskills.

2.1 Beispielhafte Lernanwendungen der 1. E-Learning-Welle: *Das Vermächtnis des Amun*

Als Beispiele für ein Lernprogramm, das den Stand des damals übliche und technisch Machbaren im Bereich der multimedialen Lernprogramme aufzeigt, kann das seinerzeit vielbeachtete Computer-Based-Training *Das Vermächtnis des Amun* dienen (siehe Abbildung 8), das 1997 von einer süddeutschen Großbank in Auftrag gegeben wurde, um die Mitarbeiter bei der Einführung des Betriebssystems WindowsNT zu unterstützen.[3]

Das Programm nutzt die Möglichkeiten, die sich seinerzeit unter dem Stichwort „Multimedia" boten: Die Anschaulichkeit des Gesagten wurde durch Animationen oder Filme erhöht, die Inhaltspräsentation wurde durch die Einbindung von Audios erweitert. Üblich war zu dieser Zeit der Multimedia-Lernprogramme ein weitgehend monolithischer Aufbau der Lernanwendung, die vom Lernenden durchgearbeitet werden sollten. Das CBT *Das Vermächtnis des Amun* orientiert sich hieran, wählte aber sowohl für den inhaltlichen Aufbau, als auch für die grafische Gestaltung einen damals neuartigen Ansatz.[4] Die hinter der Konzeption des CBTs *Das Vermächtnis des Amun* stehenden Überlegungen schildern Katja Hoffmeister und Kai Roloff, die gemeinsam die Konzeption des Programms entwickelt haben, folgendermaßen:

„Natürlich muss man zugeben: Windows NT 4.0 & Co stellen kein Wissen dar, auf das man als Mitarbeiter schon immer sehnlichst gewartet hat. Also haben wir uns [Hoffmeister und Roloff waren die Geschäftsführer der berliner Firma Virtual Heaven, die das Programm realisierten] mit unserem Ansatz an das Prinzip der Werbung angelehnt – es kommt nicht auf das Produkt, sondern auf die Verpackung an. Jedes der Kapitel wurde deshalb in eine spannende Rahmenhandlung eingebettet, wobei zwischen diesen beiden Bereichen kein gestalterischer Bruch stattfinden durfte, sondern

3 Da die technischen Voraussetzungen für eine Online-Anbindung bei der Bank damals noch nicht vorlagen, wurde das Projekt auf Basis von Macromedia Director als Offline-Anwendung entwickelt. Die Auslieferung erfolgte aufgrund der damals noch sehr speicheraufwändigen Audio-Files auf drei CD-ROMs zur Vorinstallation auf der Festplatte des Lernrechners. Insgesamt wurden es acht Stunden Animation, Sound und Sprache bei einer Bildschirm auflösung von 1024x768 Pixel.

4 Der beim CBT *Das Vermächtnis des Amun* gewählte Ansatz wurde später unter Begriffen wie Game-Based-Training und story-Based-Training bekannt.

beides inhaltlich und gestalterisch miteinander eng verwoben sein sollte. Die Kapitel wurden sehr anschaulich und einprägsam an verschiedenen Orten angesiedelt, die der User während einer Rundreise besuchen sollte. Jedes Reiseziel wurde von einem anderen Tutor betreut, der für diese Aufgabe aus charakterlichen oder sonstigen Gründen besonders geeignet schien.
Damit sowohl die echten Anfänger als auch die Fortgeschrittenen von dem Programm profitieren, haben wir drei verschieden Zugänge und Nutzungsarten entwickelt:

- Einen durch einen Tutor geführten und in der Reihenfolge festgelegten Weg durch das Programm.
- Den Zugang über ein Auswahlmenü, so dass der User Inhalte und Reihenfolge selbst nach seinen Bedürfnissen festlegen konnte.
- Den Zugriff auf ganz bestimmte Inhalte zum Nachschlagen über ein Stichwortverzeichnis.

Nach einem Einstiegstest wurden dem User jeweils einer dieser Zugänge und bestimmte Inhalte empfohlen. Für diejenigen, die noch gar keine Erfahrung mit einer grafischen Benutzeroberfläche hatten, wurde außerdem noch ein Maustrainingsprogramm vorgeschaltet.

Eigentlich naheliegend: Das alte Ägypten mit seinen aus heutiger Sicht immer noch rätselhaft herausragenden Leistungen in Wissenschaft, Architektur und Kultur muss der Ort gewesen sein, an dem auch das Wort Informationstechnologie seinen Ursprung hatte. Wie hätten die ägyptischen Architekten denn ohne Computerunterstützung solche baulichen Wunderwerke wie die Pyramiden errichten können?

Mit dem CBT *Das Vermächtnis des Amun* wird diese Vermutung endlich bestätigt: Nach vielen tausend Jahren hat der etwas eitle und mysteriöse Gott Amun beschlossen, die Sterblichen in die letzten großen Geheimnisse seines Landes einzuweihen. Dazu hat er eine Reihe seiner Mitarbeiter beauftragt, den Lernenden während seiner Reise durch das Land zu betreuen und ihm in Sachen Computer und Bankensoftware alles zu zeigen und selbst ausprobieren zu lassen, was wichtig für ihn ist. Schnell stellt der Lernende fest, dass die Gehilfen, wie etwa die attraktive S'i-Tut'is oder der zerstreute Leuchtturmwärter aus Alexandria, alle recht eigenwillige Charaktere besitzen und nicht immer mit ihrem göttlichen Chef Amun übereinstimmen. Jede Reisestation wartet also mit spannenden und humorvollen Erlebnissen auf. Während die Gäste aus der Neuzeit für Windows NT 4.0 kreuz und quer durch das Land reisen müssen, können sie die neue Bankensoftware komplett im schönen Theben kennenlernen, dem Banken-Frankfurt des alten Ägyptens. Hier sind es vor allem die skurrilen Kunden, die dem User mit ihren sonderbaren Wünschen viel Gelegenheit zum Üben geben. Gestaltet ist das ganze Programm als eine Art interaktiver Trickfilm mit teilweise authentischer Illustration, jeder Menge Hieroglyphen und ägyptischen Piktogrammen für die Bedienelemente.

Durch die enge Verknüpfung der Inhalte mit der Rahmenstory gibt es mnemotechnisch viele Anknüpfungspunkte für das neue Wissen, und damit einen reichhaltigen

Kontext um die Inhalte leichter zu merken. Durch den humorvollen und selbstironischen Zeichentrick-Stil verliert der Lernende darüber hinaus den Computer und damit auch seine Angst völlig aus dem Auge. Die Tutoren sind bewusst keine oberlehrerhaften Intelligenzbestien, sondern erklären die Vorteile – aber auch die Fragezeichen – der neuen Software ganz einfach und anschaulich aus ihrer Sicht. Das Erklären der Inhalte findet tatsächlich hauptsächlich über Sprache mittels Kopfhörer statt – bei acht Stunden CBT in einer Umgebung mit viel Ablenkung war die Einbindung dieses aufmerksamkeitsstarken Lernkanals von zentraler Bedeutung für das Konzept. Neben dem Ton wiederholen der Lesetext und das ausdruckbare Begleitmaterial die wichtigsten Inhalte noch einmal in schriftlicher Form.

Abb. 8: Die virtuelle Tutorin S'i-Tut'is feiert im CBT *Das Vermächtnis des Amun* wilde Partys und lässt den Lernenden anschließend beim Aufräumen helfen.

Durch den ständigen Wechsel von Wissenspräsentation und Anwendung innerhalb der Lektionen und die abwechslungsreich gestalteten Kapitelübungen wird ein hoher Grad an Interaktivität und praxisnaher Wissensvermittlung gewährleistet. Am Ende jeder Übung erhält der Nutzer außerdem noch ein aussagekräftiges Feedback vom Tutor und eine Empfehlung, welche Lektionen wiederholt werden sollten. Spätestens in der abschließenden Gesamtübung kann der User dann auch beweisen, dass er die

Inhalte nicht nur gelernt, sondern auch verstanden hat. Hier darf er selbstständig eine Aufgabenstellung bearbeiten, die die verschiedenen Aspekte der Lerninhalte auf neue Art miteinander kombiniert. Das erfolgreiche Absolvieren der Gesamtübung und damit des Lernprogramms wird in einem ausdruckbaren Zertifikat bestätigt. Die Benutzung von Lernerdisketten erlaubt den Lernenden aber auch jederzeit den Abbruch und problemlosen Wiedereinstieg an allen Programmstellen. Schließlich verfügt das Vermächtnis des Amun über die üblichen Steuerungs- und Bedienungsfunktionen, wie Hilfe, Empfehlungen, Lesezeichen, Lautstärke oder Lexikon.“ ([4], 220 ff.).

2.2 Beispielhafte Lernanwendungen der 1. E-Learning-Welle: *Der Persönliche Berater*

Wie oben bereits angesprochen, waren kognitive Lernziele, d. h. die Vermittlung von Faktenwissen, oft der Inhalt von Computer-Based-Trainings der 1. Welle des E-Learning. Es gab aber Ende der 90er Jahre auch bereits erste Ansätze um CBTs auch zur Vermittlung von Softskills einzusetzen. Da – naheliegender Weise – hierfür Zeichentrickfiguren wie im oben genannten CBT *Das Vermächtnis des Amun* ungeeignet schienen, wurde zur Vermittlung von Softskills in CBTs auf den Einsatz von Video zurückgegriffen und so echte Personen in Realfilmen präsentiert; in der Hoffnung hierdurch eine bessere Identifikation der Lernenden mit den Charakteren zu ermöglichen und daher den Lernerfolg zu unterstützen.

Das 1997 von der münchner Firma IWL Martens Lernsysteme entwickelte CBT *Der Persönliche Berater* (siehe Abbildung 9) ist ein vielbeachtetes Lernprogramm zur Vermittlung affektiver Lernziele der 1. Welle des E-Learning. Ziel des Programms ist es, die Grundeinstellung von Menschen zu ihrem Leben und beruflichen Erfolg zum Positiven zu verändern. Jens-Uwe Martens, der für die Konzeption des CBT *Der Persönliche Berater* verantwortlich ist, beschreibt dies wie folgt:

„Einstellungen werden erlernt und können grundsätzlich auch neu erlernt, d. h. verändert werden. Das gilt auch für solche Grundeinstellungen, die wir gegenüber unserer Person oder unserem Leben haben. Grundlegende Einstellungen zu verändern, gelingt allerdings nur, wenn der Betreffende das selbst will und sich darum bemüht. Eine der wichtigsten Aufgaben in einem solchen Prozess ist es daher, die Bereitschaft für eine Veränderung der Einstellungen zu entwickeln (Sensibilisierungsphase). Multimedia-Programme sind in idealer Weise dazu geeignet, vor allem in der Sensibilisierungsphase einen wesentlichen Beitrag zur Vermittlung dieser Einstellungen zu leisten. Sie haben sogar einige wesentliche Vorteile gegenüber einem Trainer, wenn man sie zur Vermittlung affektiver Lernziele (und damit neuer Einstellungen) einsetzen will:

– Durch entsprechende, z. B. über Video vermittelte Erfahrungen und geschickte Frage- und Aufgabenstellung hat der Lernende die Möglichkeit, wichtige Einsichten selbst für sich zu entdecken, was sehr viel wirksamer ist, als wenn diese Einsichten z. B. von einem Referenten als Behauptung dargestellt werden.

- Bei der Arbeit mit einem Multimedia-Programm steht der Lernende nicht unter Beobachtung. Er kann daher auf kritische Fragen, die seine Person betreffen, ehrlich antworten, ohne zu riskieren, dass er sein Gesicht verliert. Auf diese Weise kann er sich auch für ihn selbst nicht so angenehme Einsichten bewusst machen.
- Die Kombination von Text, Grafik, stehendem und vor allem bewegtem Bild macht eine für die Veränderung von Einstellungen sehr wirksame Form der Darstellung von Inhalten möglich, die in dieser Form von einem Referenten in der Regel nicht eingesetzt wird. Vor allem durch die Identifikation mit dem Darsteller in einem Video erlebt der Lernende dessen Gefühle mit. Es kann damit also auch der emotionale Bereich der Teilnehmer systematisch in das Training einbezogen werden.[...]

Abb. 9: Die Frühstücksszene aus dem CBT *Der Persönliche Berater*: Nachdem die Situation im Video gezeigt wurde, kann der Lernende eine Reaktion währen.

Das Programm besteht aus einer CD-ROM und einem Begleitbuch, das auch für ein begleitendes Training als Anregung und Leitfaden dienen kann. Das Multimedia-Programm auf der CD-ROM macht dem Adressaten bewusst, welche Bedeutung die Gestalter-Grundhaltung für das Leben hat, und vermittelt die Fähigkeit, eigeninitiativ zu handeln, sein Leben noch mehr als bisher selbst in die Hand zu nehmen.

Kernpunkt des Multimedia-Programms bilden insgesamt ca. 50 Minuten Videosequenzen. Sie geben dem Lernenden die Möglichkeit, am Bildschirm konkret und mit emotionaler Betroffenheit zu erleben, welche Konsequenzen seine Entscheidungen haben. Der Ablauf der Filme richtet sich dabei danach, für welche der vorgegebenen Alternativen sich der Bearbeiter in den wichtigen Situationen des Filmes entscheidet.

In einem typischen Kapitel des Programms sieht man z. B. ein Paar am Frühstückstisch sitzen. Die Frau macht ein mürrisches Gesicht und der Partner fragt sie: „Schatz, hast du was?" Die Antwort lautet (natürlich): „Nein, nichts!" An dieser Stelle stoppt der Film und der Lernende wird gefragt, wie er in dieser Situation reagieren würde. Es werden ihm mehrere Möglichkeiten zur Auswahl gestellt. Er kann z. B. ärgerlich („Glaubst du, es ist schön, mit jemandem zu frühstücken, der so ein Gesicht macht?"), verständnisvoll („Du hast recht, wir sollten heute Abend darüber reden, da haben wir mehr Zeit!") oder gar nicht reagieren. Je nachdem, welche Möglichkeit man auswählt, zeigt der Film genau diese ausgewählte Reaktion und man erlebt, wie die Umwelt (die Partnerin) darauf reagiert. Als zweites zusätzliches Feedback erhält man einen Kommentar eines Sprechers, der die Aufmerksamkeit darauf lenkt, welche Konsequenzen diese Reaktionen für das eigene Erleben haben.

So erlebt der Lernende Szene für Szene einen typischen Arbeitstag, wobei er immer wieder reagieren muss und somit den gesamten Ablauf des Filmes bzw. des Tages bestimmt. Je nachdem wie diese Reaktionen des Lernenden ausfallen, wird dieser Tag für den „Helden" zu einem schrecklichen Tag oder zu einem guten Tag.

Bei den Kommentaren und den gezeigten Reaktionen der Umwelt berücksichtigt der Computer die vorhergehenden Antworten. Am Ende des Tages kommt der Held dieser Geschichte dementsprechend entweder (wenn der Lernende primär stressvolle Alternativen ausgesucht hat) mit einem völlig genervten Gesicht nach Hause und sieht dann seine Partnerin, die bedrückt auf dem Sofa sitzt. „Ach, du hast ja auch noch deine Probleme" ist seine Reaktion, die sehr schnell zu einem Streit führt; oder (wenn der Lernende primär positive Reaktionen gewählt hat) betritt er mit einer Rose in der Hand die Wohnung und schlägt seiner Partnerin vor, Essen zu gehen, damit sie ihre Probleme in Ruhe besprechen können.

Man kann dieses Kapitel auch als eine Art Computerspiel sehen, bei dem es allerdings nicht das Ziel ist, den Schatz der Prinzessin zu finden, sondern man muss den optimalen Weg durch einen Tag finden – ein „Spiel", das wir eigentlich jeden Tag spielen, nur dass wir uns dabei oft unserer Handlungsalternativen nicht bewusst sind und wir kein Feedback „vom Autorenteam" bekommen.

Neben der Gestalter-Grundhaltung werden in dem Programm weitere verwandte und unterstützende Themen behandelt:

– Das positive Denken und Fühlen: Denn unsere Einstellungen und Gefühle sind davon bestimmt, was wir selbst glauben oder von anderen übernommen haben.

Positives Denken hilft, mit schwierigen Situationen – nicht nur im Berufsleben – gut umgehen zu können.
- Das selbstsichere Handeln: Denn positives Selbstwertgefühl und Selbstsicherheit bestimmen unseren Umgang mit anderen Menschen und den beruflichen Erfolg erheblich. Nicht aggressives Durchsetzen, sondern sich und seine Belange angemessen zu vertreten, ist das Ziel.
- Richtig kommunizieren: Denn die Gestalter-Grundhaltung hilft auch bei der Fähigkeit, offen und direkt mit anderen Menschen zu sprechen, ihnen aktiv zuzuhören und richtig auf sie einzugehen – und das auch in Konfliktgesprächen. Ein Kapitel des Programms beschäftigt sich daher nur mit diesem wichtigen Thema." ([5], 238 ff.).

3 Die 2. Welle des E-Learning: Modulare Web-Based-Trainings

Die zweite große – ebenfalls technologisch getriebene – Welle erlebte E-Learning etwa von 1995 bis 2005: In diese Zeit fallen nicht nur technische Weiterentwicklungen, die den Einsatz größerer Videosequenzen sowie den umfangreicherer Animationen und hochwertigeren Videos und Audios in CD-basierten Computer-Based-Trainings ermöglichten. Durch die zunehmende Verfügbarkeit von Internetzugängen am Arbeitsplatz aber auch in Hochschulen und auch (dank der entsprechenden Flatrate-Angebote) in Privathaushalten, wurde die technische Grundlage für den Einsatz von *Web-Based-Trainings (WBT)* und *Lernplattformen* sowie *Learning Management Systemen* geschaffen, über die den Lernenden nicht nur Lernanwendungen zugänglich gemacht werden konnten, sondern gleichzeitig auch das Verhalten der Lernenden bei der Nutzung der Lernanwendungen erfasst werden konnte.

Web-Based-Trainings unterschieden sich von Computer-Based-Trainings zunächst technisch durch den Distributionsweg: Es mussten nicht mehr zahlreiche Disketten oder CDs kopiert werden, die dann an die zu schulenden Mitarbeiter eines Unternehmens verschickt wurden. Stattdessen wurde nur eine URL an die Mitarbeiter kommuniziert, unter der sie Zugriff auf die web-basierte Lernanwendung hatten. Es änderte sich durch die Weiterentwicklung von Computer-Based-Trainings in Form von multimedialen Lernprogrammen hin zu Web-Based-Trainings aber nicht nur der Distributionsweg für Lernanwendungen, sondern – und hierin liegt der eigentlich wichtigere didaktische Mehrwert von WBTs – es eröffneten sich auch neue Möglichkeiten der Kooperation zwischen Lernenden sowie der Unterstützung der Lernenden während der selbstverantwortlichen Lernphasen: Lernbegleitung durch Teletutoren gewann daher in dieser Phase des E-Learning zunehmend an Bedeutung [6, 7].

Im Rahmen der betrieblichen Aus- und Weiterbildung konnten in diese 2. Welle des E-Learning aber nicht nur die inhaltlichen[5] und wirtschaftlichen Vorteile[6] der netzgestützten Distribution genutzt werden, sondern es bot sich durch diese zentrale netzgestützte Distribution der Lernanwendung auch die Möglichkeit, verschiedene WBTs in Lernplattformen (Learning Management Systemen) zu Qualifizierungsmaßnahmen zu bündeln und diese gezielt und individuell zugänglich zu machen. Derartige unternehmensweite oder hochschulweite Lernplattformen, die neben der Inhaltsdistribution auch eine differenzierte Nutzer- und Kursverwaltung ermöglichen, etablierten sich um den Jahrtausendwechsel flächendeckend in Unternehmen und auch in hochschulischen Bildungseinrichtungen.[7]

Auch wenn in der 2. Welle des E-Learning zunehmend lernpsychologische und didaktische Überlegungen bei der Entwicklung von E-Learning-Maßnahmen Berücksichtigung fanden, so war doch auch die Entwicklungen der 2. Welle meist geprägt von dem Gedanken, die Grenzen des technisch Machbaren auszuloten – beispielhaft sei in diesem Zusammenhang an die Entwicklung und die parallel einhergehende Diskussion um die Möglichkeiten Künstlicher Intelligenz (KI) in Lernprogrammen und/oder die Entwicklung Intelligenter Tutorieller Systeme (ITS) erinnert.

Vor dem Hintergrund steigender Weiterbildungskosten, die zum einen durch eine Erhöhung der durchschnittlichen Teilnehmergebühren und zum anderen durch einen steigenden Anteil der jährlich weitergebildeten Mitarbeiter eines Unternehmens verursacht wurden, prüften in den späten 90er Jahren immer mehr Unternehmen die Einsatzmöglichkeiten von E-Learning zur Mitarbeiterqualifizierung. Treibende Kraft war hierbei oft der Wunsch die Kosten für den wachsenden Bedarf an Aus- und Weiterbildung deutlich zu senken und die sich abzeichnende Kostenexplosion zu vermeiden (eine aktuelle und eindrucksvolle Studie zu den Gründen, die damals für die Einführung von E-Learning verantwortlich waren hat Christian Kreidl [8] unter dem Titel „Akzeptanz und Nutzung von E-Learning-Elementen an Hochschulen" vorgelegt. Kreidl bezieht sich in seiner Arbeit zwar auf Hochschulen, für die Einführung betrieblichen E-Learning lassen sich die dort genannten Begründungen aber übertragen).

---

5 Während es in der 1. Welle des E-Learning sehr schwierig bis unmöglich war, ältere Versionen einer Lernanwendung in einem Unternehmen wieder einzusammeln und durch aktuelle Versionen zu ersetzen, war dieses Problem mit der netzgestützten Distribution von WBTs gelöst: Es reichte die Lernanwendung auf dem zentralen Server zu aktualisieren und es war sichergestellt, dass die Lernenden stets auf die aktualisierten Lerninhalte zugriffen.

6 Die Distribution einer Lernanwendung über einen unternehmens-intern betriebenen Server ist deutlich kostengünstiger, als Produktion, Verpackung und Versand einer CD an die Mitarbeiter.

7 Vor diesem Hintergrund wurde zu dieser Zeit auch ernsthaft diskutiert, ob Präsenzhochschulen nicht geschlossen und durch Virtuelle Hochschulen ersetzt werden sollten. Die Gründungen einiger Virtueller Hochschulen und zahlreicher Virtueller Seminare und Studiengänge sollten die Möglichkeiten auch der Abbildung komplexer Qualifizierungsgänge in virtuellen Settings prüfen.

Beim Einsatz von E-Learning zur Aus- und Weiterbildung waren schon früh deutliche Unterschiede zwischen einzelnen Branchen zu erkennen: Für Finanzdienstleistungsunternehmen (Versicherungen, Banken etc.) war es, bedingt durch die ausgeprägte dezentrale Filialstruktur und die hohe Verfügbarkeit von PC-Arbeitsplätzen, naheliegend, Seminar- und Reisekosten ebenso wie Kosten, die durch die Abwesenheit vom Arbeitsplatz entstehen, einzusparen und den Mitarbeitern neue Produktinformationen und Schulungen zu neuen Produkten per E-Learning zukommen zu lassen. Bedingt durch die Medien- und IT-Kompetenz der Mitarbeiter war es auch für Unternehmen der EDV-, Kommunikations- und Medien-Branche naheliegend, schon früh auf elektronische Lehr- und Lernformen zu setzen.

Anders stellt sich – auch oft heute noch – die Situation in den Branchen Ernährung und Einzelhandel dar: Obwohl die stark dezentrale Filialstruktur den Einsatz von E-Learning in Supermärkten nahelegt, ist die Ausstattung mit PC-Arbeitsplätzen so gering, dass es den Mitarbeitenden oft noch an der Möglichkeit fehlt, die elektronische Lernmaßnahmen am Arbeitsplatz zu bearbeiten (einige Handelsketten sind inzwischen dazu übergegangen entsprechende elektronische Lernmaßnahmen zur Nutzung in der Freizeit oder für mobile Devices optimiert anzubieten.

Mit dem Platzen der dot.com-Blase gerät um den Jahrtausendwechsel auch E-Learning erneut in die Krise: Es wird deutlich, dass die hohen Erwartungen an das finanzielle Einsparpotenzial in vielen Fällen nicht realisiert werden konnten. Darüber hinaus gibt es teilweise erhebliche Akzeptanzprobleme und der zeitliche Vorlauf einer CBT-/WBT-Produktion ist deutlich länger als der eines Workshops oder Seminars. Das „kommerziell-industrielle content-fokussierte E-Learning steckt“, wie es Beat Döbeli Honegger, Anja Ebersbach, Marco Kalz, Helmut Leitner (http://beat.doebe.li/bibliothek/w01275.html.) formulieren „in der Krise. Einerseits ist es kostspielig, professionelle Lerninhalte zu erstellen und zu warten. Andererseits bietet die Interaktion eines Lernenden mit einem technischen System nicht denselben Anreiz wie das Lernen in einer sozialen Umgebung und als Teil einer sozialen Gruppe.“

Mit Blick auf den von Gartner veröffentlichen E-Learning-HypeCycle (siehe Abbildung 10) wird deutlich, dass nach dem Gipfel der überzogenen Erwartungen nach dem Jahrtausendwechsel der Weg in das Tal der Enttäuschungen folgen musste. Die in einigen Unternehmen diskutierte komplette Einstellung aller Präsenztrainings zugunsten vermeintlich preiswerterer und ebenso effektiver E-Learning-Maßnahmen war spätestens zu diesem Zeitpunkt als Illusion entlarvt.

Mit dem Pfad der Erleuchtung und dem Weg zum Plateau der Produktivität änderte sich die Zielsetzung des E-Learning-Einsatzes: Der bis dahin dominierende Kostenaspekt wird zunehmend verdrängt durch den Anspruch mit dem Einsatz von E-Learning die Qualität eines Lehr- und Lernprozesses zu verbessern. Ansätze wie die des Blended Learning (siehe beispielsweise [9]), Einbindung von Tele-Tutoren (siehe beispielsweise [6] oder [7]), die Gestaltung aktiver Lernszenarien (siehe beispielsweise [10]), die Entwicklung neuer motivationaler Ansätze (siehe beispielsweise [11]) und vor allem die stärkere Integration von sozialem Lernen (siehe beispielsweise

[12]), werden seit Beginn des neuen Jahrtausends zu den treibenden KeyFeatures von E-Learning und ebnen den Weg für die 3. Welle des E-Learning (siehe Kapitel 2.4).

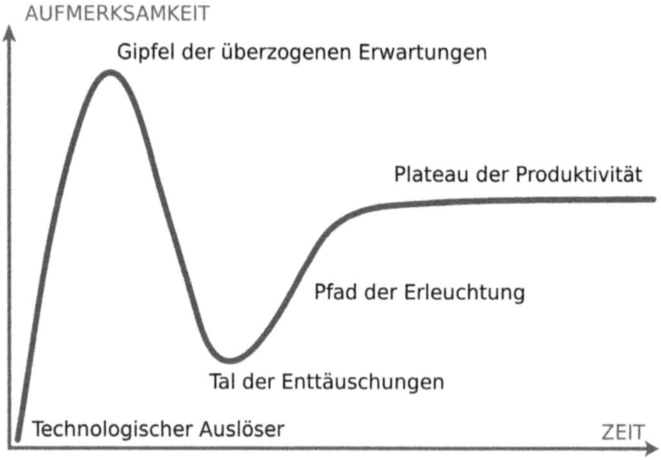

Abb. 10: E-Learning-HypeCycle nach Gartner (Quelle: Gartner Group).

3.1 Beispielhafte Lernanwendungen der 2. E-Learning-Welle: *Casus Curae*

Während in der 1. Welle des E-Learning zahlreiche Lernanwendungen für das Lernen einzelner Lernender im interaktiven Umgang mit dem Programm ausgelegt waren, ist der didaktische Mehrwert der Web-Based-Trainings der 2. Welle des E-Learning vor allem in der Möglichkeit der Kooperation und Kollaboration von Lernenden zu sehen.[8]

Als Beispiel für ein solches Web-Based-Training, das die Kooperation gemeinsam Lernender zur Methode macht, kann das seit 1993 an der Universitätsklinik in München entwickelte Lernsystem CASUS dienen (siehe Abbildung 11): Zwei Lernende können in CASUS gemeinsam einen problembasierten Lernfall bearbeiten, wobei die Interaktionen jeweils abwechselnd durchgeführt werden können und mit dem Lernpartner besprochen werden sollten, um durch die Artikulation der eigenen Gedanken das eigene Wissen zu strukturieren (Lernen durch Lehren). Inga Hege, Martin Adler und Susanne Peter von der CASUS-Projektgruppe beschreiben die zentralen Aspekte von CASUS folgendermaßen:

„CASUS ist ein fallbasiertes Lern- und Prüfungssystem, das bereits in den 90er Jahren an der Medizinischen Fakultät der Ludwig-Maximilians Universität München (LMU) in Zusammenarbeit mit dem Lehrstuhl für Empirische Pädagogik und

8 Ein weiterer Vorteil ist in der Möglichkeit der Begleitung und Kontrolle der Lernen den zu sehen, wie sie Lernplattformen bieten.

Pädagogische Psychologie der LMU entwickelt wurde. Ziel war die Implementierung eines fallbasierten Lernsystems für die medizinische Aus- und Weiterbildung um praxisrelevantes Wissen, insbesondere die Diagnosekompetenz, authentisch zu vermitteln. Außerdem sollte ein einfach zu bedienendes Autorenwerkzeug den Lehrenden ermöglichen Patientengeschichten aus ihrem klinischen Alltag für die Lernenden aufzubereiten. Startpunkt war ein Modellversuch in dem die erste CASUS Version als Macintosh-basierte Applikation und einige Lernfälle aus der Inneren Medizin entwickelt wurden. Mitte der 90er Jahre war das Abspielsystem dann im Routine einsatz in der medizinischen Ausbildung an der LMU. Mit zunehmender Präsenz des World Wide Web wurden zunächst das Abspielsystem und später auch das Autorensystem komplett als web-basierte Anwendung weiter entwickelt. Mittlerweile wird CASUS von einem Spin-Off weiter betreut. Derzeit nutzen das System über 150 Universitäten für die Aus- und Weiterbildung v.a. in Europa und den USA.

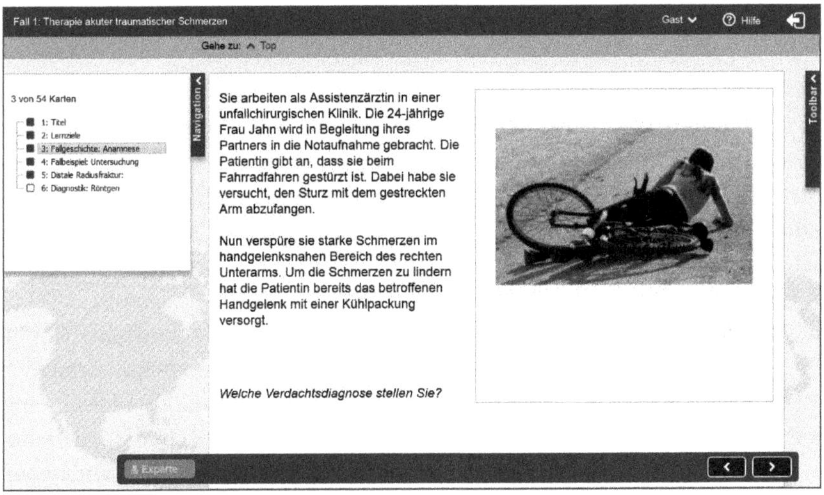

Abb. 11: Ausschnitt aus einem CASUS-Lernfall.

Das didaktische Konzept der *CASUS*-Lernfälle basiert zum einen auf einer Erhöhung der Lernmotivation durch Interaktivität. Zum anderen soll es Lernenden helfen ihr theoretisches Wissen praktisch anzuwenden und somit die Kluft zwischen Wissen und Handeln überwinden helfen. Das Konzept von *CASUS* ist eine lineare Fallgeschichte, im Gegensatz zu verzweigten Systemen bei denen es verschiedene Endpunkte eines Falles geben kann. Vorteile der Linearität sind zum einen eine besser abschätzbare Lernzeit und zum anderen, dass alle Inhalte allen Lernern gleichermaßen zugänglich sind.

Die Interaktivität und Lerneraktivierung sind durch neun verschiedene Frage- und Antwortformate, wie z. B. Multiple Choice, Freitext, Zuordnung aber auch komplexere, wie das differenzialdiagnostische Netzwerk zur Förderung der differenzialdiagnostischen Hypothesenbildung umgesetzt. Optional können Lernende und Experten über ein integriertes Kommentarsystem kommunizieren und Zusatzinformationen oder Hinweise einzelnen Lernenden gezielt gegeben werden.

In der medizinischen Ausbildung spielt für den praktischen Unterricht das sogenannte Bedside Teaching, bei dem die Studierenden im Krankenhaus an echten Patienten unterrichtet werden, eine wichtige Rolle. Solche realen Patienten stehen aber nicht uneingeschränkt zur Verfügung und zudem kann nicht sichergestellt werden, dass sich die Studenten mit allen relevanten Krankheitsbildern auseinandersetzen. Das fallbasierte Lernen an authentischen Problemen kann diese Unterrichtsform ergänzen, in dem Patientengeschichten aufgearbeitet werden und als Vor- und Nachbereitung oder Ergänzung zum klinischen Unterricht eingesetzt werden. Authentische Patientenfälle erleichtern den Transfer auf die spätere klinische Praxis. Der Aufbau von *CASUS* unterstützt die Fallautoren dabei, die Patienten aus der klinischen Arbeit virtuell umzusetzen.

Die Expertenrückmeldung ist neben den Antwortkommentaren auch durch optionale Expertenkommentare gewährleistet, die zu einzelnen Karten z. B. weitergehende Informationen vermitteln.

Speziell zur Förderung des differentialdiagnostischen Denkens wurde das differentialdiagnostische Netzwerk zur Förderung der differentialdiagnostischen Hypothesenbildung entwickelt. Dabei rekonstruiert der Experte seinen Prozess der Diagnosefindung und ermöglicht es den Lernenden diesen nachzubilden. Diese werden zu entscheidenden Zeitpunkten während der Fallbearbeitung aufgefordert ihre Hypothesen zu möglichen Differentialdiagnosen zu formulieren und mit den bisher erhobenen Befunden in Beziehung zu setzen und zu bewerten In einer empirischen Studie wurde gezeigt, dass diese Concept Mapping Strategie besonders effektiv bezüglich des Lerneffekts ist, wenn die Lernenden dazu aufgefordert werden, ihre Lösung mit der des Experten zu vergleichen. Das Werkzeug wurde am Beispiel der Medizin entwickelt, lässt sich jedoch sehr gut auf andere Bereiche übertragen. *CASUS* wird neben den medizinischen Fachgebieten [daher derzeit] auch in der Zahnmedizin, Tiermedizin, Pflegewissenschaften sowie in Anglistik und Rechtswissenschaften für die studentische Ausbildung eingesetzt.“ ([13], 101 ff.).

3.2 Beispielhafte Lernanwendungen der 2. E-Learning-Welle: *Die VIVERSA-Lernplatform der D.A.S.-Versicherung*

Nach einigen Jahren Erfahrungen mit auf Disketten oder CDs vertriebenen Computer-Based-Trainings führten um den Jahrtausendwechsel zahlreiche Unternehmen parallel zum Einsatz von Web-Based-Tranings auch zentrale Lernplattformen ein. Diese zentralen Lernplattformen sollten nicht nur dazu dienen das wachsende Angebot an CBTs und WBTs zu strukturieren und den Mitarbeitern einfacher zugänglich zu machen, sondern zentrale Lernplattformen ermöglichten es zudem, einzelne Lernmedien zu komplexeren Kursen und Schulungsmaßnahmen zusammenzubinden. Führend bei der Einführung von Lernplattformen waren verschiedene Finanzdienstleistungsunternehmen (Banken, Versicherungen etc.); großes Engagement bei der Einführung zunächst von Lernprogrammen, aber auch bei der Einführung einer zentralen Lernplattform zeichnete die D.A.S.-Versicherung aus. Werner Kohn, bei der Fa. VIWIS für die Lernplattform verantwortlich, beschreibt die damaligen Grundgedanken wie folgt:

„E-Learning hat – betrachtet man die zeitliche Entwicklung der elektronischen Medien – in den D.A.S.-Versicherungen eine lange Tradition: Seit 1993 werden Standardlernprogramme und seit 1994 Eigenproduktionen eingesetzt. Versicherungsgesellschaften sind aufgrund der dezentralen Struktur ein prädestiniertes Einsatzfeld von computergestützten Lernsystemen. Die Aus- und Weiterbildung – vor allem der Außendienstpartner – besitzt Einsatzbedingungen, deren Analyse folgerichtig Bildungskonzepte generiert, die von einem Lernen im Medienverbund ausgehen, d. h., eine Synthese von traditionellen Medien und Methoden (Präsenzveranstaltungen jeglicher Art, Analogmedien u.a.) sowie E-Learning-Komponenten. [...] Die technischen, aber vor allem auch die didaktischen Möglichkeiten des Internets führen dazu, dass die Aus- und Weiterbildungskonzepte bzw. das vorhandene Mediumverbundsystem durch vernetzte Lernsysteme ergänzt werden. [...]

Die virtuelle Versicherungsakademie VIVERSA (siehe Abbildung 12) ist eine integrierte und funktional erweiterbare intranet- bzw. internet-basierte Lösung für das Management von Lernprozessen, bei dem unterschiedlichen Rollen (Lernender, Tutor, Administratoren, etc.) unterschieden wer-den. Der E-Learning-Content kann nur in den gesamten didaktischen Möglichkeiten genutzt werden, wenn eine Lernplattform wie die Viversa zur Verfügung steht.

- Die VIVERSA ist ein unternehmensweites Learning Management System, dass in einer Entwicklungspartnerschaft mit Microsoft Deutschland konzipiert und programmiert wurde. In einer aus ergonomischen Erwägungen gewählten Analogie entspricht sie einer virtuellen Universität bzw. einem betrieblichen Ausbildungszentrum mit allen administrativen, didaktischen sowie Kommunikations- und Kooperationsmöglichkeiten anders als bei eigenentwickelten Sonderlösungen – die Betriebskosten niedrig. Hinzu kommt, dass die Implementierungszeit damit verkürzt wird.“ ([14], Seite 305 ff.).

Als besonders bedeutsam werden in diesem Zusammenhang folgende – damals typischen – Aspekte und Funktionen der Lernplattform dargestellt:

- Rollenbasiertes Nutzermodell: In der VIVERSA werden den Benutzern unterschiedliche Rollen zugeordnet. Diese Rollen sind an bestimmte Funktionen und damit Rechte in der VIVERSA gekoppelt. Verschiedene Nutzergruppen haben also verschiedene Zugriffs-, Autoren- und Administrationsfunktionen zur Verfügung.
- Contentverwaltung: Das integrierte dynamische Contentsystem erlaubt eine strukturierte Verwaltung von Inhalten und deren verschiedensten Einsatz, z. B. die flexible Wiederverwendung von bereits existierenden Lernobjekten und Strukturen für die Erstellung weiterer Bildungsangebote.

- Suchfunktion: Die Schlagwortsuche in Lerninhalten und Bibliothek garantiert das schnelle Finden von Informationen.

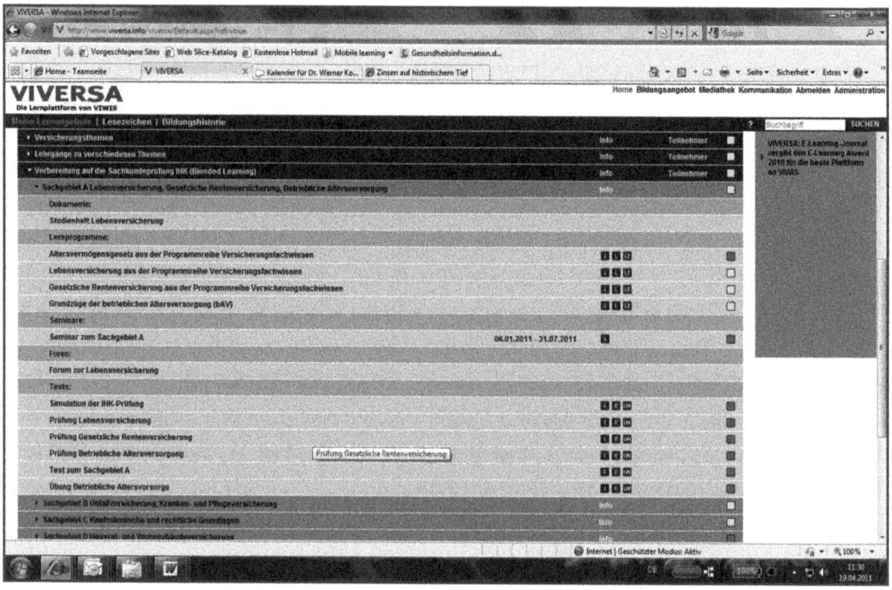

Abb. 12: Übersichtsseite der VIVERSA-Lernplattform, auf der dem Lernenden die verschiedenen Weiterbildungsangebote präsentiert werden.

- Identische Oberfläche für alle Benutzer: In der VIVERSA besteht eine einheitliche Benutzeroberfläche für Lerner, Trainer und Administratoren. Durch die intuitive Menüführung bleibt der Schulungsaufwand gering.
- Unkomplizierte Umsetzung: Die VIVERSA ist praxiserprobt und zeitnah beim Kunden lauffähig.
- Einfacher Zugang zur Lernumgebung: Die Homepage stellt die persönliche Eingangsseite der VIVERSA-Lernplattform dar. Unter Meine Lernangebote werden die dem User zugeordneten Curricula (Bildungsangebote) aufgelistet. Strukturell ist ein Curriculum (CC) ein Bildungsangebot in der Terminologie der VIVERSA-Plattform. Ein Curriculum / Bildungsangebot besteht aus Modulen, Module bestehen wiederum aus sogenannten Bausteinen. Als Bausteine sind zu verstehen: Lernprogramme, Tests, Umfragen, Dokumente, Foren, Datenaustauschbereiche, Links, Seminare.
- Bildungsangebot: Eine Übersicht über alle angebotenen Lehrgänge befindet sich im Bildungsangebot. Diese können auch von dort aus gebucht werden, sofern diese Inhalte für den Lerner zugelassen sind. Wurde ein Kurs ausgewählt, so erscheint er automatisch im Lernzentrum.

- Mediathek: Die VIVERSA verfügt über eine Mediathek, die sich in einen allgemeinen Bibliotheksbereich und einen geschlossenen Bereich für definierte Benutzergruppen (z. B. Trainerunterlagen im Lehrerzimmer) gliedert. Die Mediathek stellt einen Wissens- und Informationspool dar, in welchen unterschiedlichste Medien wie Video- und Audiosequenzen, Textdokumente, PowerPoint-Präsentationen, etc. eingestellt werden können.
- Kommunikation: Die VIVERSA bietet verschiedene synchrone und asynchrone Kommunikations- bzw. Kooperationstools." ([14], Seite 312 ff.).

4 Die 3. Welle des E-Learning: User-Generated-Content des Web2.0

Die dritte große Welle der Veränderung des elektronisch unterstützten Lernens dominierte die Jahre 2005 bis 2012 und wird rückblickend auch als *E-Learning 2.0* bezeichnet. E-Learning 2.0 wurde ermöglicht durch die zunehmende Bedeutung von Blogs, Wikis und Podcasts (und des zugrundeliegenden User-Generated Content) als neue Kommunikationsformen. (vgl. [15]) Diese kollaborativen, internetbasierten Kommunikationsformen, die Tim O´Reilly in seinem bekannten Artikel [16] 2005 als *web 2.0* bezeichnete, ermöglichten es jedem Internetnutzer Informationen und Kommunikationsbeiträge anderen Nutzern zugänglich zu machen. Elektronische Lehr- und Lernangebote begannen diese neuen Möglichkeiten aufzugreifen und sich dahingehend zu ändern, dass die zentrale Bedeutung eines multimedialen Lehr- und Lernprogramms um die kommunikativen Möglichkeiten von Foren, Blogs und Wikis ergänzt wurden. Die hierfür notwendigen Kommunikationsräume wurden in der Regel in Lernplattformen bereitgestellt, in denen diese neben Web-Based-Trainings verfügbar waren. (vgl. [17]) Neben den Inhalten, die durch die Lernanwendung vermittelt wurden, gewann so die im Austausch mit anderen Lernenden geteilten Eindrücke, Meinungen und Erfahrungen für den Lernprozess eines jeden Lernenden zunehmend an Bedeutung. Dennoch haben wir es auch bei den kooperativen Lernanwendungen dieser Zeit meist noch mit institutionalisierten Angeboten zu tun.

Vielfach war bei den einzelnen Entwicklungswellen des E-Learning zu beobachten, dass die Hochschulen nicht als Vorreiter agierten, sondern oftmals die in der betrieblichen Bildung bereits etablierten Trends nachzogen. Ausgehend hiervon wurde gefordert, dass Hochschulen zunehmend auch zukunftsorientierte didaktische Konzeptionen entwickeln die diese Entwicklungswellen des E-Learning aufgreifen und weiterdenken. (vgl. [18]).

4.1 Beispielhafte Lernanwendungen der 3. Welle des E-Learning: *Akubis TV*

Während in dieser Phase des E-Learning unter dem Stichwort *User-Generated Content* von Nutzern unzählige Tutorials auf Plattformen wie YouTube bereitgestellt wurden, in denen in kurzen Videosequenzen Anleitungen für alle möglichen Fragen und Herausforderungen des Alltags gegeben wurden, setzten unter dem Stichwort *(intranetbasiertes) Business-TV* auch Unternehmen – teilweise mit erheblichem Aufwand – auf die Wissensvermittlung mit Bewegtbildern im Stile klassischer Informationssendungen (wie sie aus dem Fernsehen bekannt sind). Um die zunehmend an Bedeutung gewinnenden Aspekte der Kommunikation und Interaktion der Lernenden untereinander aufzugreifen und auch bei der Konzeption der Schulungssendungen zu berücksichtigen, wurden diese (Live-)Sendungen meist durch die Möglichkeit der telefonischen Kommunikation mit den Moderatoren der Sendung (Call-In) und/oder um die Möglichkeit zum kommunikativen Austausch zu den Sendungsinhalten in einem sendungsbegleitenden Intranet-Forum ergänzt.

Der Automobilhersteller Daimler begann bereits in den 80er Jahren mit ersten Versuchen mit einem video-basierten Lehrmedium. Seit Ende der 90er Jahre wurde dieses Format – bei Daimler trägt das Schulungs-TV den Namen AKUBIS – massiv ausgebaut und an die neuen technischen Möglichkeiten der internet-basierten Distribution angepasst. Michael Temme, bei Daimler verantwortlich für AKUBIS, beschreibt die Entwicklung von AKUBIS folgendermaßen:

„[Schon Anfang der 90er Jahre war] absehbar, dass die Daimler AG den gesamten, weltweit extrem wachsenden Schulungs- und Qualifizierungsbedarf über die klassische Methode des Präsenztrainings mittelfristig nicht mehr zufriedenstellend abdecken konnte.

Folglich wurde intensiv nach Möglichkeiten gesucht, Fort- und Weiterbildungsmaßnahmen effizienter für die betreffenden Zielgruppen aufzubereiten, ohne dabei auf didaktisch wichtige und erprobte Trainingsbestandteile zu verzichten.

Völlig unabhängig von diesen Problemstellungen, gab es Ende der achtziger Jahre erste Versuche mit der Informationsbereitstellung über das sog. Business-TV – insbesondere in international tätigen Großkonzernen. Parallel zu dieser Entwicklung wurde zu Beginn der neunziger Jahre im Auftrag des Bundesministeriums für Forschung und Entwicklung in Zusammenarbeit mit der Deutschen Bundespost – im Rahmen der Wiedervereinigung – ein Infrastrukturprojekt zur Erschließung der neuen Bundesländer mit Glasfasernetzen initiiert. Für dieses Projekt wurden Partner aus der Industrie gesucht, um die Möglichkeit zur Übertragung von TV-Signalen über Glasfaserstrecken im größeren Stil zu untersuchen.

Für dieses Infrastrukturprojekt entwickelte die Daimler AG ein entsprechendes TV-Trainingskonzept, welches die didaktischen Grundzüge aus den öffentlich-rechtlichen Telekolleg-Sendungen aufgriff, die in der Bundesrepublik in den siebziger Jahren ein fester Bestandteil des regulären Sendeprogramms – insbesondere der dritten

Programme – darstellte. Dieses Sendekonzept wurde auf die besonderen Belange von After Sales Service-Trainings adaptiert. Wesentliche Neuerungen waren u. a. die Integration von Praxisanteilen im Sendekonzept sowie die Schaffung von Interaktionsmöglichkeiten für die Trainingsteilnehmer während der laufenden Sendungen.

Auf Basis dieser Parameter wurde das TV-Training unter dem Namen AKUBIS (Automobiles Kommunikations- und Breitband Informations-System) konzipiert, in denen der Trainer quasi vor laufender Kamera ein entsprechendes Service-Training durchführte (siehe Abbildung 13), während in sog. Außenstationen die Trainingsteilnehmer dieses live am Bildschirm verfolgen konnten, und bei Bedarf direkt Fragen ins Studio stellen konnten. Die Außenstationen waren hierzu nicht nur über eine Telefonleitung mit dem Studio verbunden, sondern verfügten durch den Einsatz der seinerzeit hochmodernen ISDN-Kanaldopplung sogar über eine Echtzeit Bild-verbindung ins Sendestudio.

Abb. 13: Live-Produktion einer AKUBIS classic Sendung zum Thema PKW.

In den folgenden Jahren wurde dieses TV-Trainingskonzept, welches heute unter dem Namen AKUBIS classic firmiert stetig verfeinert und weiterentwickelt, und bildete damit quasi die Keimzelle für alle später neu dazu gekommenen AKUBIS TV-Trainingsformate. Die Live-Sendungen dauern bis zu acht Stunden täglich und werden unterbrochen durch mehrstündige Praxisbestandteile in welchen die Teilnehmer

– unter Betreuung vor Ort – die im Studio gezeigten Trainingsinhalte live am Fahrzeug nachvollziehen. Daraus entstehende Fragen werden wiederum im Anschluss ebenfalls live direkt ins Studio gestellt, und dort von den Trainern beantwortet. [...]

2004 [haben wir uns] intensiv Gedanken gemacht, wie wir das Thema TV-Training weiter vorantreiben können. Insbesondere vor dem Hintergrund der großen Wachstumsmärkte wie China, Indien, Russland und Brasilien, die wir mit unserem Sendeformat AKUBIS classic nicht erreichen konnten. In diesen Märkten zeigt sich zudem sehr deutlich, dass dort in noch weit stärkeren Masse Trainingsnotwendigkeiten bestehen als dies in Europa der Fall ist. Dort werden derzeit viele neue Retailbetriebe eröffnet und die neuen Mitarbeiter haben einen enormen Trainingsbedarf, da diese in den meisten Fällen noch nicht auf eine langjährige Berufserfahrung zurückgreifen können.

Die Hauptzielsetzung war und ist demnach, das Trainings TV nicht mehr über dedizierte Empfangsstationen auszustrahlen, sondern dieses direkt in jedem Retailbetrieb verfügbar zu machen. Hierzu benötigen wir eine einfache und preiswerte Empfangstechnik und natürlich ein neues effizienteres Sendekonzept. Glücklicherweise hat sich die Hardware in den letzten Jahren schnell weiterentwickelt, so dass wir heute nicht mehr über Rückprojektionsbild-schirme und kanalgebündelte ISDN-Standleitungen nachdenken müssen, sondern uns auf handelsübliche Flatscreen-TV-Geräte in Verbindung mit netzwerkfähigen Sat-Empfangsboxen bzw. Internetbreitbandanbindungen konzentrieren können. [...]

Das bisherige Sendeformat AKUBIS classic war und ist nach wie vor ein TV-Training, welches konzeptionell von klassischen Präsenztrainings abstammt. Das neue Sendeformat, wir nennen es AKUBIS direct, wurde erstmals im November 2006 für den deutschen Markt im Stil einer Nachrichtensendung produziert.

Die Nutzung dieses neuen Sendeformats von AKUBIS war für die Betriebe und Mitarbeiter von Anfang an freiwillig. Demzufolge waren wir natürlich sehr gespannt, ob wir mit unserem neuen Sendekonzept die Bedürfnisse unserer originären Zielgruppe tatsächlich getroffen haben. Um es vorwegzunehmen: die Akzeptanz war sehr gut. Bereits nach nur vier Monaten hatten sich mehr als 400 Retailbetriebe in Deutschland in die benötigte Empfangstechnik investiert und diese installiert.

In den AKUBIS direct Nachrichtensendungen bringen wir heute 1 bis 2-mal pro Woche runde 30 Minuten alles Aktuelle zum Thema Kfz-Technik. Jede Sendung wird mehrmals täglich die ganze Woche wiederholt. Wir produzieren derzeit 50 AKUBIS direct Sendungen pro Jahr, die jeweils in 7 Sprachen ausgestrahlt werden. Jede 30-minütige Sendung besteht aus 4–6 Beiträgen; Themen zu Pkw, Nfz, Antriebstechnik können genauso enthalten sein, wie Telematik, Lack oder Karosseriebau.

Darüber hinaus wird jeder AKUBIS direct Beitrag nach der Ausstrahlung in einer speziell dafür eingerichteten AKUBIS direct Video-on-Demand-Datenbank zur Verfügung gestellt. Damit steht jedem Retailbetrieb, der AKUBIS direct zur Qualifizierung seiner Mitarbeiter einsetzt, zusätzlich eine stetig wachsende AKUBIS direct Mediathek mit aktuell über 900 visualisierten Reparaturanleitungen über alle Mercedes-Benz

Produkte zur Verfügung. Ein Feature dessen Attraktivität durch jährlich über 50.000 Abrufe seitens unserer Retailmitarbeiter nachhaltig dokumentiert wird.“ ([19], Seite 379 ff.).

4.2 Beispielhafte Lernanwendungen der 3. Welle des E-Learning: Das SecondLife-Seminar *How to create an attractive sport event* und ein Blog-Einsatz zur Interview-Dokumentation

Auch an Hochschulen gab es während der 3. Welle des E-Learnings spannende Versuche um die neuen Technologien in die Lehre zu integrieren. Zwei sehr unterschiedliche Umsetzungen sollen im Folgenden kurz vorgestellt werden:

An der Universität Hamburg wurde 2008 in Kooperation mit dem Multimedia-Kontor Hamburg eine Veranstaltungsreihe *Eventmanagement im Sport* entwickelt. Das Besondere dieser Reihe bestand darin, dass die einzelnen Veranstaltungsteile den Lernenden jeweils als Podcast zur Verfügung gestellt wurden – und zumindest in einem Fall auch in der damals sehr trendigen Welt von SecondLife[9] angesiedelt waren. In der Folge *Episode 18: How to create an attractive Sportevent*[10] ist ein Avatar zu sehen, der den Referenten Antonio Bassi repräsentieren soll, der vor einer virtuellen Leinwand zu Folien referiert (siehe Abbildung 14).

Bei dem Betrachter dieser Schulungsaufzeichnung aus SecondLife schleicht sich schnell der Eindruck ein, dass der technische Aufwand zur Erstellung dieser virtuellen Vortragssituation zweifellos groß gewesen sein mag, mit dem Avatar und der nachgebildeten Vortragssituation jedoch ein virtuelles Setting gebaut wurde, das wenig mit einer echten und authentischen Vorlesungssituation – und damit wenig mit der vermutlichen Erwartung des Rezipienten an Hochschulunterricht – zu tun hat: Die visuelle Ausgestaltung des Avatars entspricht weder dem Aussehen des tatsächlichen Referenten, noch einem „durchschnittlichen“ Hochschullehrer. Gestik und Mimik passen nicht zum Vortrag und Vortragsstil. Und auch die sich permanent bewegende Kamera und die unterschiedlichen Kameraperspektiven (so ist der Referent teilweise auch von hinten aus einer Vogelperspektive zu sehen) entsprechen weder dem, was man aus entsprechenden Vortragssituationen gewöhnt ist, noch stellen sie eine sinnvolle Bereicherung zum gesprochenen Wort dar. Es verwundert mit Blick auf dieses Beispiel nicht, dass auch Hochschulen ihre Versuche der Etablierung von Bildungsangeboten in SecondLife zwischenzeitlich beendet haben.

---

9 SecondLife ist eine Online-3D-Infrastruktur für von Benutzern gestaltete virtuelle Welten, in der Menschen durch Avatare interagieren, spielen, Handel betreiben und anderweitig kommunizieren können. Einige Hochschulen, beispielsweise neben der Universität Hamburg auch die TU Darmstadt, bauten ihren Campus in SecondLife nach und boten dort auch virtuelle Lehrveranstaltungen an.

10 Abrufbar unter http://www.podcampus.de/nodes/pjzmE. Hintergrundinformationen finden sich auch in [20], 2008.

Als zweites Beispiel soll an dieser Stelle der Weblog-Einsatz im Rahmen des Studiums der Angewandten Psychologie an der Fachhochschule Nordwestschweiz (FHNW) vorgestellt werden: Im Rahmen des Studiums wurden die 28 Studierenden eines Semesters gebeten paarweise Interviews mit den Marketingverantwortlichen von Unternehmen zu führen. In klassischer Weise wurden die Ergebnisse anschließend in Form von Kurzreferaten (Max 10 Minuten pro Team) dem gesamten Semester vorgestellt und diskutiert. Als Leistungsnachweis mussten die Interviews zudem jeweils transkribiert und dem Dozenten abgegeben werden.

Abb. 14: Der Avatar präsentiert stellvertretend für den Referent A. Bassi in SecondLife den Vortrag zum Thema *How to create an attractive Sportevent.*

Die Abgabe erfolgte jedoch nicht in der traditionellen Form als Papierausdruck, sondern die Transkripte wurden in einem Weblog gesammelt (siehe Abbildung 15), so dass diese nicht nur als Leistungsnachweis für den Dozenten zur Verfügung standen, sondern zudem von alle Seminarteilnehmern jeweils eingesehen und nachgelesen werden konnten. Durch diese Form der Inhaltsaufbereitung hatten die Seminarteilnehmer bei Interesse das gesamte Interview und damit deutlich mehr Informationen zur Verfügung als in den 10 Minuten des studentischen Referats dargestellt werden konnten.

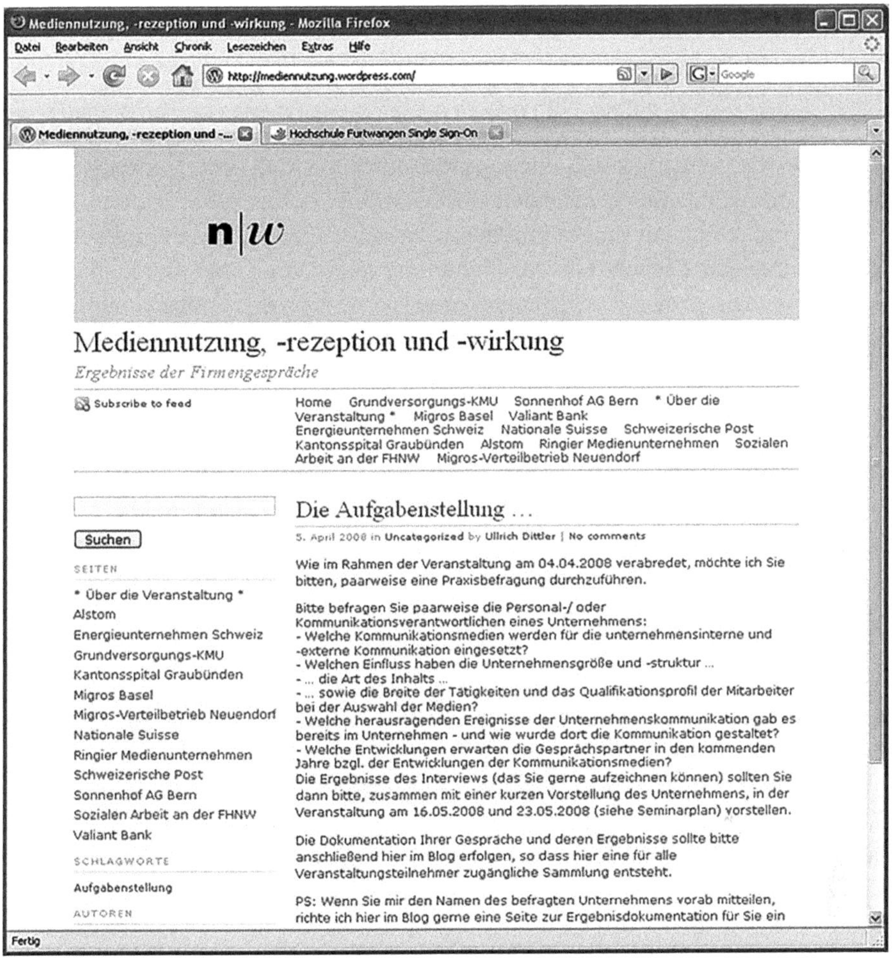

Abb. 15: Weblog zur Veranstaltung Mediennutzung, -rezeption und -wirkung, in dem die transkribierten Interviews für alle Veranstaltungsteilnehmer nachlesbar sind.

4.3 Postmedialität als Basis der 4. Welle des E-Learning

Seit etwa 2005 ist eine weitere dramatisch Änderung der Internetnutzung zu beobachten: Relativ zeitgleich zum Bedeutungszuwachs der Dienste des Web 2.0 begann sich – bedingt durch die zunehmende Verfügbarkeit von sogenannten *Smart Devices* (Smartphone, Tablett-PCs, SmartWatches etc.) – auch die Internetnutzung massiv zu verändern: Das Internet wurde zu einem jederzeit und überall verfügbaren Medium. Die ubiquitäre und jederzeitige Verfügbarkeit des Internet mittels smarten Endgeräte begann innerhalb weniger Jahre E-Learning deutlich stärker und nachhaltiger zu beeinflussen, als dies durch die vorangegangenen Entwicklungen geschehen war. Die

Industrienationen standen an der Schwelle zur *Postmedialität*, die nicht nur E-Learning, sondern ganz grundsätzlich unser Verständnis von Lernen, Wissen und Bildung nachhaltig zu verändern begann.

Postmedialität soll vor diesem Hintergrund verstanden werden als eine Phase, die zeitlich an die Industriegesellschaft (geprägt durch die Kraft- und Transportmaschinen und die sich daraus ergebenden Möglichkeiten der spezialisierten und arbeitsteiligen Produktion von Gütern in Industriebetrieben), die Informationsgesellschaft (geprägt durch die flächendeckende Einführung von Informations- und Kommunikationstechnologie sowie die zunehmende gesellschaftliche Bedeutung von Informationsverarbeitung und Dienstleistungsberufen) sowie die Mediengesellschaft (geprägt durch die weltweite Verfügbarkeit digitalisierter Texte, Bilder und Töne) anschließt, und damit die neue große Kultur und Gesellschaft prägende Phase des 21. Jahrhunderts darstellt. Postmedialität ist daher

- die Allgegenwart technischer Informations- und Kommunikationsmedien,
- die jederzeitige Verfügbarkeit von weltweit existierender Information und vor allem als
- eine neue Form von Datenqualität, die neue Herausforderungen an die Kompetenz des Menschen in Zeiten der Postmedialität stellt.

4.3.1 Die Allgegenwart technischer Informations- und Kommunikationsmedien

Anknüpfend an die klassische, technische Unterteilung des Medienbegriffes ist eine notwendige Voraussetzung für die Postmedialität die Allgegenwart von Präsentations- und Speichermedien. Die technische Form dieser Medien ist beliebig eng mit dem Anwender verzahnt denkbar: von entsprechenden SmartDevices über in Kleidungsstücke integrierte wearable computer bis hin zu subcutan implantierten Chips. Wesentliches Merkmal ist die jederzeitige Verfügbarkeit eines vernetzten Informations- und Kommunikationsmediums.

4.3.2 Die jederzeitige Verfügbarkeit weltweit existierender Information

Neben der Verfügbarkeit dessen, was wir heute als technische Infrastruktur bezeichnen, ist auch die Verfügbarkeit der Information – im Sinne eines Repräsentationsmediums, eines Übertragungsmediums und eines Informationsaustauschmediums – ein notwendiger Bestandteil der Postmedialität: Die technische Form der drahtlosen Vernetzung ist nicht alleine entscheidend, die ubiquitäre Verfügbarkeit der (beispielsweise im Internet und in Sozialen Netzwerken) gesammelten Information ist das zweite zentrale technische Merkmal der Postmedialität.

4.3.3 Die Qualität der Information in der Postmedialität

Das Wissen der Welt, bereits vor Christi Geburt gesammelt in Enkyklios paideia („Kreis der Bildung"), populär geworden in der mehrbändigen Encyclopædia Britannica und derzeit gesammelt in Plattformen wie Wikipedia, verändert sich. Darüber hinaus ändert sich auch die die Qualität dieses Weltwissens – da sich der gesellschaftliche und individuelle Hintergrund der Interpretation der gesammelten Information stets ändert – aber auch das Ziel, mit dem es gesammelt wird ändert, sich:

„Johann Amos Comenius begann im 17. Jahrhundert damit, geleitet von dem philosophischen Grundsatz seiner Pädagogik „omnes omnia omnino" („alle Menschen alles zu lehren"), alles Wissen seiner Zeit zu sammeln. Wie er in seinen Büchern „Orbis sensualium pictus" und „Orbis pictus" darstellt, verfolgte er das Ziel, allen Menschen alles Wissen seiner Zeit zugänglich zu machen und so zur gesellschaftlichen Verbreitung von Bildung beizutragen.

Dieser Gedanke – der das gesamte Leben und Werk von Comenius prägte –, der es für möglich hält alles Wissen einer Zeit niederzuschreiben, um eine vollumfängliche Wissenssammlung zu erstellen, erscheint uns heute – in Zeiten, in denen sich das Wissen der Welt in regelmäßigen Abständen verdoppelt – zunächst fremd.

In aktuellen Bildungsszenarien geht es nicht mehr darum, umfassende Wissenssammlungen zu vermitteln, sondern darum Handlungskompetenzen (auch) für unvorhersehbare Handlungssituationen aufzubauen: Nicht mehr nur umfassende Allgemeinbildung, sondern auch Mündigkeit – im Sinne von Wolfgang Klafki [21] – wurden seit Mitte des letzten Jahrhunderts zu wesentlichen Zielen der institutionalisierten Aus- und Weiterbildung erhoben.

In Zeiten des WorldWideWeb und der beachtlichen Erfolge von Online-Enzyklopädien wie Wikipedia scheint der Comenius-Gedanke der *Sammlung des Weltwissen in einer für alle Menschen zugänglichen Weise* eine Renaissance zu erleben ...

Plakativ kann der Unterschied zwischen dem Ansatz von Comenius und dem Ansatz des der Sammlung des Weltwissen von Wikipedia auf den Unterschied zwischen *Expertenwissen* und *Wisdom of the Crowd* reduziert werden. Da aber neben der Sammlung von Wissen auch der Umgang mit (gesammeltem) Wissen, d. h. unsere Form der Aneignung von Wissen einen massiven Einfluss auf unser Verständnis von Welt hat, soll dieser Gegenüberstellung im Folgenden etwas mehr Raum gegeben werden.

Die zentralen Thesen, die es in diesem Zusammenhang zu prüfen gilt, sind die Vermutungen, dass ...

- ... die Allgegenwärtigkeit von Informationen zu einer radikalen Veränderung von Lernprozessen führt (dies wird im folgenden Kapitel 2 noch deutlicher ausformuliert). Und dass ...

- ... diese Veränderungen der möglichen Lernprozesse auch einen nachhaltigen Einfluss auf Lehrprozesse im Bereich des institutionalisierten Lehrens und Lernens haben (wie dies beispielsweise in Schulen, Hochschulen und in der betrieblichen Aus- und Weiterbildung stattfindet).
- Darüber hinaus ist ein enormer Bedeutungszuwachs im Bereich des non-institutionalisierten Lernens, d. h. des informellen Lernens zu erwarten. Dieser Gedanke soll im Folgenden verfolgt werden, auch da dieser Zuwachs erhebliche Auswirkungen auf Bildungsinstitutionen haben wird.

4.3.4 Institutionalisiertes Lernen: Die Ausgangslage im 20. Jahrhunderts

Nachdem zu Beginn des 20 Jahrhunderts das Verständnis von Lehr- und Lernprozesse stark vom neu entdeckten Behaviorismus geprägt war (siehe oben), gewann Mitte des Jahrhunderts der Kognitivismus zunehmend an Bedeutung. Zum Wechsel ins 21. Jahrhundert setzte sich – gerade mit Blick auf die Möglichkeiten des computerunterstützten Lehrens und Lernens – der Konstruktivismus als dominierende Lerntheorie durch.

Lernen wird im Konstruktivismus verstanden als die Konstruktion von Wissen auf der Basis individuellen Vorwissens; Lehr- und Lernsituation müssen daher immer auf den einzelnen Lernenden und seine individuelle Situation eingehen können. Beim konstruktivistischen Lernen übernimmt der Lehrende die Rolle eines Coaches oder Trainers und unterstützt den Lernenden beim Aufbau von eigenen Wissensstrukturen und mentalen Modellen sowie kognitiven Repräsentationen. Aus den angesprochenen konstruktivistischen Ansätzen zur Gestaltung von Lernumgebungen lassen sich einige zentrale Aspekte ableiten, die den Prozess des Erwerbs anwendbaren Wissens fördern können. Dies sind bekanntermaßen die Möglichkeiten

- Lernen als aktiven und konstruktiven Prozess zu gestalten,
- den Wissenserwerb selbst steuern zu können,
- Wissen in der aktiven Auseinandersetzung mit einem Problem erwerben zu können,
- Wissen in authentischen Problemsituationen erwerben zu können,
- das erworbene Wissen in verschiedenen Problemsituationen anwenden zu können (multiple Kontexte, multiple Perspektiven) und
- das neu erworbene Wissen in einer sozialen Gruppe überprüfen zu können.

In der westlichen Welt haben sich in den vergangenen Jahren vor allem zwei konstruktivistische Instruktionsansätze etablieren können, die zur Gestaltung konstruktivistischer Lernumgebungen geeignet sind:

„Der *Anchored Instruction*-Ansatz geht davon aus, dass es primär von der Art des Wissenserwerbs abhängt, ob Wissen *träge* bleibt (innert knowledge) oder angewendet werden kann (useful knowledge). Damit der Lernende neue Wissensinhalte mit seinem vorhandenen Vorwissen verankern kann, scheint es notwendig die Vermittlung der Wissensinhalte mit Hilfe konkreter Anwendungsfälle zu verdeutlichen und in möglichst realitätsnahen Anwendungs- und Transfersituationen zu erproben. Erst diese Einbindung und Verankerung des neu zu erwerbenden Wissens schafft die Möglichkeit, auf dieses Wissen auch außerhalb der konkreten Lernsituation zurückzugreifen."

Hingegen steht im Zentrum des *Cognitive Apprenticeship*-Ansatzes weniger ein explorativer Ansatz sondern stärker die explizite Anleitung des Lernenden und die Überlegung, dass ein Lernender die Möglichkeit erhalten soll, sein Wissen Schritt für Schritt auszubauen. Er erhält dabei nur jeweils so viel Hilfe, wie nötig ist, damit er selbständig ein Problem lösen kann und dabei kognitive Strukturen ausbaut und festigt. Der cognitive-apprentices-Ansatz greift dabei auf Ergebnisse der Expertiseforschung zurück. Neben explizitem Wissen verfügen Experten auch über implizites, strategisches Wissen, das eng mit der Praxis verbunden ist und auf das sie bei der Lösung von Problemen zurückgreifen; dass aber in klassischen Unterrichtsformen nicht vermittelt wird. Der aus dieser Erkenntnis abgeleitete Ansatz zur Wissensvermittlung fordert, dass – ähnlich wie in der Handwerksausbildung – ein Experte zunächst ein Problem löst, seine kognitiven Problemlöseprozesse artikuliert und auf Fragen des Lernenden eingeht. Im Anschluss an diese Phase der externalisierten Wissensvermittlung löst der Lernende ein ähnliches Problem unter Aufsicht der Experten und kann auf dessen Kompetenz bei Unklarheiten oder Fragen zurückgreifen. In einer dritten Phase löst der Lernende ein Problem selbständig und der Experte kontrolliert nur noch das Ergebnis.

Gemeinsam ist den beiden angesprochenen Instruktionsansätzen, dass sie sehr gut geeignet sind Lehr- und Lernprozesse in institutionalisierten Formen des Lernens zu erklären. Während derartige institutionalisierten Lernformen wie beispielsweise das angeleitete Lernen in Kindergarten, Schule, Hochschule – aber auch in der betrieblichen Aus- und Weiterbildung – in den letzten Jahrhunderten die Lehr- und Lernszenarien maßgeblich prägten und kulturell tief verankert sind, gewinnen seit wenigen Jahrzehnten informelle Lernformen zunehmend an Bedeutung (wie Tully [22] schon sehr früh für den Bereich der Computerkompetenz aufzeigte).

Diese informellen Lernformen sind es, die – wie im nachfolgenden Kapitel gezeigt wird – die die aktuelle 4. Welle des E-Learning ganz massiv prägen und auch auf institutionalisierte Lernformen zurückwirken.

Literaturverzeichnis

[1] Ramelli, A. (1620). *Schatzkammer Mechanische Künste.* i Hannover , Nachdruck von 1976. Curt R. Vincentz Verlag ch.

[2] Seidl, C. & Lipsmeier, A. (1989). *Computer-unterstütztes Lernen: Entwicklungen – Möglichkeiten – Perspektiven.* Suttgart: Verlag für Angewandte Psychologie.

[3] Ehmke, U.; Lobin, G.; Meder-Kindler, B. & Scheffler, C. (1984). *Institut für Kybernetik: 1964–1984 Eine Dokumentation über zwei Jahrzehnte kybernetischer Forschungs-, Entwicklungs- und Aufklärungsarbeit.* Paderborn: o.V.

[4] Hoffmeister, K. & Roloff, K. (2011). *E-Learning-Projekte zur Unterstützung von Changeprozessen.* In: Dittler, Ullrich (Hrsg.). E-Learning: Einsatzkonzepte und Erfolgsfaktoren des Lernens mit interaktiven Medien. 3. Komplett überarbeitete und erweiterte Auflage. München: Oldenbourg. Seite 205–234.
[5] Martens, J.-U. (2011). Der Persönliche Berater: Förderung erfolgsbestimmender Einstellungen. In: Dittler, Ullrich (Hrsg.). *E-Learning: Einsatzkonzepte und Erfolgsfaktoren des Lernens mit interaktiven Medien. 3. Komplett überarbeitete und erweiterte Auflage.* München: Oldenbourg. Seite 235–252.
[6] Rautenstrauch, C. (2001). *Tele-Tutoren: Qualifizierungsmerkmale einer neu entstehenden Profession.* Gütersloh: Bertelsmann.
[7] Böhm, F. (2007). *Tele-Tutor. Der Tele-Tutor: Betreuung Lehrender und Lernender im virtuellen Raum.* Wiesbaden: Verlag für Sozialwissenschaften.
[8] Kreidl, C. (2011). *Akzeptanz und Nutzung von E-Learning-Elementen an Hochschulen: Gründe für die Einführung und Kriterien der Anwendung von E-Learning.* Waxmann, Münster.
[9] Sauter, A.M. und Sauter, W. (2002): *Blended Learning. Luchterhand Verlag*, Neuwied.
[10] Salmon, G. (2006). *E-tivities: Der Schlüssel zu aktivem Online-Lernen.* Orell Füssli, Zürich.
[11] Marx, J. (2007). *Motivationale Aspekte beim E-Learing: Theoretische Ansätze und Hinweise für die Praxis zur Motivation für das Lernen mit dem Computer und im Internet.* Verlag Dr. Müller, Saarbrücken.
[12] Jaques, D. & Salmon, G. (2006). *Learning in groups. A handbook for improving group work.* 4th ed. Abingdon OxonN.Y. NY: Routledge.
[13] Hege, I.; Adler, M. & Peter, S. (2011). CASUS: Ein fallbasiertes Lernsystem. In: Dittler, Ullrich (Hrsg.). *E-Learning: Einsatzkonzepte und Erfolgsfaktoren des Lernens mit interaktiven Medien. 3. Komplett überarbeitete und erweiterte Auflage.* München: Oldenbourg. Seite 101–108.
[14] Kohn, W. (2011). Blended-Learning in der D.A.S.-Versicherung: Ein Erfahrungsbericht. In: Dittler, Ullrich (Hrsg.). *E-Learning: Einsatzkonzepte und Erfolgsfaktoren des Lernens mit interaktiven Medien. 3. Komplett überarbeitete und erweiterte Auflage.* München: Oldenbourg. Seite 305–321.
[15] Dittler, U. & Kreidl, C. (2013): Inwieweit ist Web2.0 in Unternehmen angekommen? In: *Horizonte: Forschung an den Hochschulen für angewandte Wissenschaften in Baden-Württemberg.* Heft 42. Seite 48–52.
[16] O'Reilly T. (2005) *What Is Web 2.0? Design Patterns and Business Models for the Next Generation of Software.* Über http://oreilly.com/web2/archive/what-is-web-20.html; letzter Aufruf: 11. Dezember 2014.
[17] Klimsa, P. & Issing, L. (Hrsg.) (2011): *Online-Lernen: Handbuch für Wissenschaft und Praxis.* München: Oldenbourg.
[18] Scheer, A. (2015): *Hochschule 4.0 – Unterwegs in die digitale Gesellschaft. Whitepaper Nr. 8.* Saarbrücken.
[19] Temme, M. (2011). AKUBIS: Trainings-TV der Daimler AG. In: Dittler, Ullrich (Hrsg.). *E-Learning: Einsatzkonzepte und Erfolgsfaktoren des Lernens mit interaktiven Medien. 3. Komplett überarbeitete und erweiterte Auflage.* München: Oldenbourg. Seite 379–390.
[20] Hellel-Seeger, A. & Förster, J. (Hrsg.) (2008). *Eventmanagement und Marketing im Sport: Emotionale Erlebnisse und kommerzieller Erfolg.* Berlin: Erich Schmidt Verlag.
[21] Klafki, W. (1964). *Das pädagogische Problem des Elementaren und die Theorie der kategorialen Bildung.* Weinheim.
[22] Tully, C. J. (1994). *Lernen in der Informationsgesellschaft: Informelle Bildung durch Computer und Medien.* Westdeutscher Verlag, Opladen.

Ullrich Dittler

Die 4. Welle des E-Learning: Mobile, smarte und soziale Medien erobern den Alltag und verändern die Lernwelt

Vom Bedeutungszuwachs ubiquitären Internetzugriffs und der Verlinkung in Sozialen Netzwerken bis zum E-Learning 4.0

Zusammenfassung: Die seit Jahren zunehmende und inzwischen omnipräsenten Erreichbarkeit des Internet über Mobile Devices ermöglicht den Beginn einer vierten großen Welle des E-Learning, die wiederum die Formen und Möglichkeiten des mediengestützten Lernens in der betrieblichen Aus- und Weiterbildung und der Hochschullehre deutlich zu verändern begonnen hat: Smart Devices sowie die damit verbundene jederzeitige Verfügbarkeit aller Internetinhalte und die Vernetzung in sozialen Netzwerke durchdringen alle Situationen der Freizeit und des Berufsalltags – und verändern das Lernverhalten und die Bildungsinstitutionen.

Schlüsselwörter: mediale Lebenswelten, Mediennutzung, Lernort, Lernzeit, Lernform, Bildungsinstitutionen, Konnektivismus

1 Lebenswelt ist zunehmend eine mediale Lebenswelt

Am Beginn dieses Kapitels soll eine kurze persönliche Anekdote stehen, die verdeutlicht, wie stark und wie tief die auf Internetdiensten basierenden Medien und Kommunikationsformen bereits in den Alltag der nachwachsenden Generationen eingedrungen sind – während Teile der älteren Generationen das Internet noch als *#neuland*[1] bezeichnen: Zu Beginn eines jeden Semesters gibt es bei uns an der Fakultät Digitale Medien der Hochschule Furtwangen eine Vorstellungsrunde der neuen Studierenden des 1. Semesters – die Studierenden stellen sich einander vor und sind gebeten kurz zu erläutern, warum sie den jeweiligen Studiengang gewählt haben. Vor

1 Im Rahmen einer gemeinsamen Pressekonferenz anlässlich des Besuchs von US-Präsident Barak Obama am 19 Juni 2013 sagte Bundeskanzlerin Angela Merkel „Das Internet ist für uns alle Neuland." und löste damit eine heftige Reaktion unter dem Hashtag *#neuland* in den Sozialen Medien aus.

DOI 10.1515/9783110468946-003

zwei Semestern begann ein Student seine Vorstellung mit den Worten: „Ich bin der Kevin und lebe in Bochum und im Internet ...“

Die Selbstverständlichkeit, mit der er seine reale Lebenswelt um die virtuelle Lebenswelt erweiterte und diese beiden sprachlich gleichsetzte, kann als Beleg dazu dienen zu verdeutlichen, welche große Bedeutung auch mediale Welten inzwischen als Teil der Lebenswelt für junge Menschen haben.[2] Das Selbstverständnis, das Kevin zum Ausdruck brachte, spiegelt sich auch in den im Folgenden zitierten empirischen Daten zur Bedeutung von Medienbesitz und Mediennutzung in der Lebenswelt der nachwachsenden Generationen wieder.

Die im privaten Umfeld genutzten Medien und Dienste haben sich in den vergangenen Jahren und Jahrzehnten deutlich gewandelt. Mediennutzung bestimmt heute zu großen Teilen unseren Alltag, sowohl beruflich als auch in der Freizeit: Wir nutzen selbstverständlich täglich und fast rund um die Uhr Medien zur Unterhaltung, zur Kommunikation und zum Informations- und Wissensaustausch und -erwerb.[3] Die massiven Veränderungen, die sich in den vergangenen Jahren in der alltäglichen Mediennutzung in der Freizeit beobachten lassen, dokumentieren für Deutschland beispielsweise die Medienpädagogischer Forschungsverbund Südwest herausgegebenen KIM- und die JIM-Studie [1, 2], aber auch die regelmäßigen Datenerhebungen der ARD [3] und der ARD-ZDF-Onlinestudie [4].

Im Folgenden sollen kurz die zentralen Aussagen der genannten Studien sowohl zur Verfügbarkeit der einzelnen Medien (Medienausstattung) als auch deren Verwendung im Alltag (Mediennutzung) bei Jugendlichen und jungen Erwachsenen zusammenfassend dargestellt werden.[4]

---

2 Man kann an dieser Stelle sicherlich kritisch anmerken, dass ein Student der Fakultät Digitale Medien bzgl. seines Umgangs mit digitalen Medien ggf. kein typischer Vertreter seiner Generation ist; ein Blick in die einschlägigen längsschnitt-orientierten Mediennutzungsstudien lässt aber vermuten, dass Kevin eher als early Adopter, denn als Außenseiter angesehen werden kann.

3 Die massive Durchdringung unserer Kultur mit Medien ist unübersehbar; der Einfluss dieser Medien ist ein seit langem diskutiertes Thema. Die verschiedenen Perspektiven und Argumentationen, die in diesem Zusammenhang ausgeführt werden, sollen und können an dieser Stelle nicht wiederholt werden – es sei daher hier auf die einschlägige und umfangreiche Literatur und Diskussion zum Thema Medienkompetenz verwiesen. Angemerkt sei in diesem Zusammenhang lediglich, dass in zahlreichen Publikationen über die sogenannten Digitale Natives, „Generation Online“ oder „@ Generation“ deren zunehmende Verzahnung mit der Digitalen Welt betont wird; und dies auch immer einhergeht mit einer Zunahme an – zumindest technischer – Medienkompetenz; siehe hierzu beispielhaft [5–7].

4 Die Fokussierung auf die Zielgruppe der Jugendlichen und jungen Erwachsenen wird hier gewählt, da dies in der Regel die Altersklassen sind, die in institutionalisierten Bildungsformen in betrieblicher Aus- und Weiterbildung und/oder in hochschulischen Bildungsangeboten am Stärksten partizipieren.

1.1 Mediale Ausstattung der Jugendlichen und jungen Erwachsenen

In praktisch allen Haushalten in denen Jugendliche und junge Erwachsene leben,[5] sind Mobiltelefone oder Smartphones (zu 99 %, gemäß [2]), Computer mit Internetzugänge (zu 98 % bzw. 96 %, ebd.) sowie Fernsehgeräte (97 %, ebd.) verfügbar. Tablet-PCs gewinnen in diesen Familien an Bedeutung (von 2014 auf 2015 stieg die Verbreitung in den Familien um 10 % auf 58 %, ebd.), während die Verbreitung von Radios, MP3-Playern und Digitalkameras im gleichen Zeitraum um je 5 % gesunken ist.

Fokussiert man die Betrachtung von der familiären Verfügbarkeit auf den Medienbesitz (siehe Abbildung 1) der Jugendlichen und jungen Erwachsenen, so zeigt sich, dass 98 % (Mädchen: 99 %; Jungen 97 %, ebd.) der Befragten ein eigenes Mobiltelefon besitzen; bei 92 % (Mädchen: 93 %; Jungen 91 %, ebd.) ist dies ein Smartphone.

Rund 90 % der Befragten (Mädchen: 88 %; Jungen 91 %, ebd.) können in ihrem Zimmer mobil oder stationär auf das Internet zugreifen; das Internet ist damit für diese Zielgruppe deutlich verfügbarer als beispielsweise Fernsehen oder Radio, da nur rund 57 % der Befragten ein TV-Gerät im Zimmer haben (Mädchen: 55 %; Jungen: 60 %, ebd.) und nur 54 % ein Radiogerät (Mädchen: 57 %; Jungen 51 %, ebd.).

Tablet-PCs besaßen 30 % der Mädchen und 28 % der Jungen (ebd.), wobei sich bei diesen – im Gegensatz zu den anderen Medien – eine leichte Abhängigkeit vom Bildungshintergrund zeigt: Bei Jugendlichen mit niedrigem Bildungshintergrund sind Tablet-PCs etwas häufiger zu finden (ebd.).

Neben dem Besitz ist die subjektive Wichtigkeit ebenfalls aufschlussreich, um die Bedeutung eines Mediums beurteilen zu können: In der JIM-Studie [2] gaben über 90 % (Mädchen: 88 %; Jungen: 91 %, ebd.) der Befragten 14- bis 19-jährigen an, dass ihnen die Nutzung des Internet „sehr wichtig“ oder “wichtig“ sei. Individueller Musik-Konsum spielt in dieser Altersgruppe traditionell eine bedeutende Rolle; 87 % (Mädchen: 90 %; Jungen: 84 %, ebd.) bewerten daher Musik zu hören als für sie „wichtig“ oder „sehr wichtig“. Ähnlich große Bedeutung wird der Mobiltelefonnutzung bescheinigt (86 %; Mädchen: 89 %; Jungen 83 %, ebd.), während der Konsum der alten Medien Radio (51 %, Mädchen: 56 %; Jungen: 47 %; ebd.), Fernsehen (46 %; Mädchen: 49 %; Jungen 44 %; ebd.) und Tageszeitungen (31 %; Mädchen: 28 %; Jungen 34 %; ebd.) von deutlich weniger Befragten als „wichtig“ oder „sehr wichtig“ bewertet wird.

---

5 Den hier zitierten Zahlen der JIM-Studie [2] liegt die Basiserhebung zum Medienumgang 12- bis 19 Jähriger zugrunde.

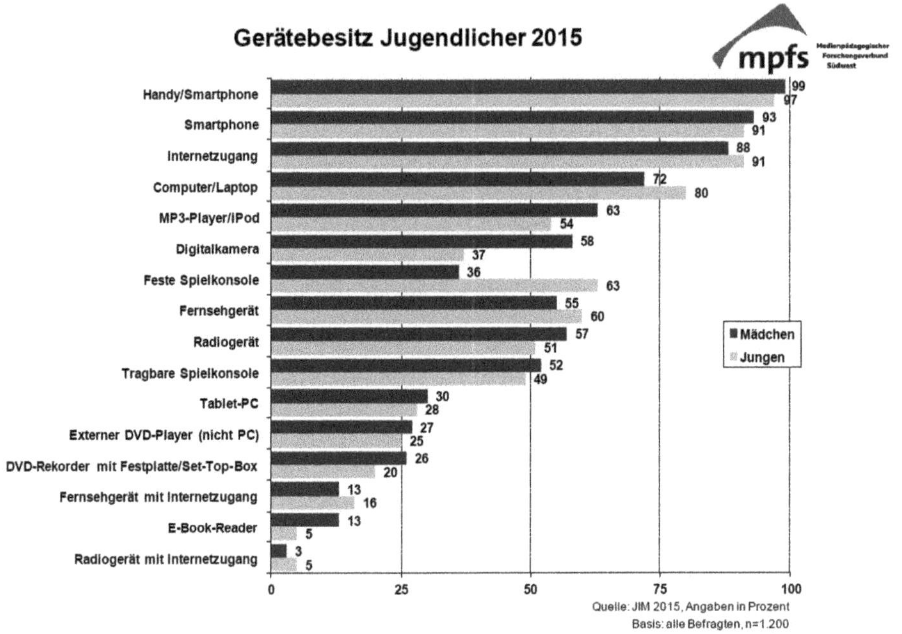

Abb. 1: Geschlechtsspezifische Betrachtung des Besitzes von ausgewählten Medien durch Jugendliche und junge Erwachsene (Quelle: mpfs, 2015, [2]).

1.2 Nutzung von Medien im Alltag von Jugendlichen und jungen Erwachsenen

Gemäß der aktuellen Ergebnisse der ARD-Studien [3, 4], hat das Internet als meistgenutztes Medium das jahrzehntelang dominierende Fernsehen inzwischen fast abgelöst: Die durchschnittliche tägliche Internetnutzung in Deutschland wird mit 169 Minuten angegeben, gegenüber 190 Minuten täglicher Fernsehnutzung.[6] Bei einer Betrachtung unterschiedlicher Altersgruppen zeigt sich, dass bei den 14- bis 29-jährigen die Internetnutzung mit durchschnittlich 272 Minuten deutlich vor der Fernsehnutzung (mit durchschnittlich 149 Minuten täglich) liegt. Bei den 30- bis 49-jährigen liegen beide Nutzungszeiten quasi gleichauf (durchschnittlich 168 Minuten TV-Nutzung täglich und 164 Minuten durchschnittliche tägliche Internetnutzung), während bei den über 50-Jährigen die TV-Nutzung (mit durchschnittlich 220 Minuten täglich noch vor der Internetnutzung (mit durchschnittlich 116 Minuten täglich) liegt.

6 Die Fernsehnutzung ist jedoch mehrheitlich unterhaltungsorientiert (und nicht informations- / wissensorientiert): So lag die durchschnittliche Quote der 10 meistgesehenen Informationssendungen des Jahres 2007 bei nur 12,5 %, die Quote der 10 meistgesehenen Unterhaltungsshows erreichte hingegen im gleichen Jahr mit 25 % einen doppelt so hohen Wert [3].

Diese Zahlen, die die altersabhängige unterschiedliche Mediennutzung belegen, können kaum verwundern, da zu erwarten ist, dass Menschen weitgehend den Informations-, Unterhaltungs- und Kommunikationsmedien treu bleiben, mit denen sie im Rahmen ihrer Mediensozialisation ihr Mediennutzungsverhalten gelernt haben [8].

Insgesamt gaben 84 % der Befragten 14- bis 29-Jahrigenan, dass sie das Internet täglich nutzen (dieser Wert ist damit im Vergleich zum Vorjahr um rund 4,8 % gestiegen, im Vergleich zum Wert aus 2013 sogar um 6,1 %, (ARD-ZDF, 2015)).

1.3 Veränderungen der Kommunikation durch web-basierte Kommunikationsdienste

Ein differenzierender Blick auf die von der hier schwerpunktmäßig betrachteten Gruppe der 14- bis 29-Jährigen genutzten Internetdienste und -funktionen zeigt, dass es weniger das Informations-, Wissens- und Unterhaltungsangebot, als vielmehr die Kommunikationsangebote sind, die den größten Teil der Nutzungszeit auf sich vereinen (siehe Abbildung 2): 98 % der Befragten gaben an, täglich Kommunikationsdienste wie *Facebook, WhatsApp* oder Social-Media-Angebote zu nutzen, zu chatten oder E-Mails zu schreiben oder lesen. [4]. Demgegenüber nutzen nur 44 % das Internet täglich für Informationssuche (recherchieren im Internet, z. B. bei Google oder Wikipedia) und fast gleichviele (43 %, ebd.) nutzen das Internet täglich zum Spielen von Onlinespielen. Die seit Jahren vorhergesagte Konvergenz der unterschiedlichen Medien schlägt sich auch darin nieder, dass 76 %, (ebd.) der Befragten angaben, das Internet täglich zur Mediennutzung zu verwenden, also Videos und Fernsehsendungen zu schauen, Radio, Audios oder Musik zuhören oder Nachrichten/News im Internet zu lesen.

Die große Dominanz der Kommunikationsfunktion bei der täglichen Internetnutzung (im Vergleich zu den Funktionen Unterhaltung oder Informationssuche) ist durch wenige Dienste bedingt: 90 % der Befragten 14- bis 29-Jährigen nutzen täglich Instant-Messaging-Dienste wie *WhatsApp* [2], 44 % checken täglich ihre eMails und 51 % nutzen täglich Online-Communities wie *Facebook*. Microblogging-Dienste wie *Twitter* spielen hingegen nur für 10 % täglich eine Rolle, wichtiger sind da noch Fotocommunities wie *Instagram*, die 26 % täglich nutzen (ebd.)

Die Möglichkeit internet-basierter, weltweiter Kommunikation ermöglicht eine massive Erweiterung der Sozialen Gruppe, innerhalb derer Kommunikation – und damit auch informelles Lernen – stattfindet. Der internet-basierte Informationsaustausch, beispielsweise in Fachforen oder Social Communities, findet nicht mehr nur mit Freunden, Klassenkameraden oder Nachbarn statt (mit Menschen also, mit denen man durch ein gemeinsames/ähnliches Alter und/oder einen regionalen Bezug verbunden ist), sondern ermöglicht einen regional- und altersübergreifende Kommunikation, mit Personen, mit denen man nur durch ein inhaltliches Interesse verbunden bin. Auch wenn es sich grundsätzlich zunächst um eine Erweiterung der (möglichen) Kommunikationspartner handelt, ist diese neue und medienvermittelte

Kommunikationsmöglichkeit auch mit Einschränkungen verbunden: Während die face-to-face-Kommunikation innerhalb einer städtischen oder dörflichen Peergroup vor allem durch die (sich verändernden) Trends einer jugendlichen Subkultur geprägt ist und im Rahmen der Interessensveränderung der Teilnehmer auch verändert wird [5, 6, 7], ist die massenmedien-gestützte weltweite Kommunikation vor allem auch durch die Besonderheiten des Kommunikationsmediums und der verwendeten -technologie geprägt und somit erheblich von der Tatsache beeinflusst, dass die (große) Gruppe der Teilnehmer zwar ein gemeinsames thematisches Interesse (beispielsweise ein gemeinsames Hobby) habt, jedoch meist keine gemeinsame Entwicklung erleben. Das Model der Mediatisierten Gemeinschaftskommunikation (siehe Abbildung 3) versucht die Besonderheiten des informellen Austauschs in Web-basierten Diensten, beispielsweise in Sozialen Netzwerken, zu erklären:

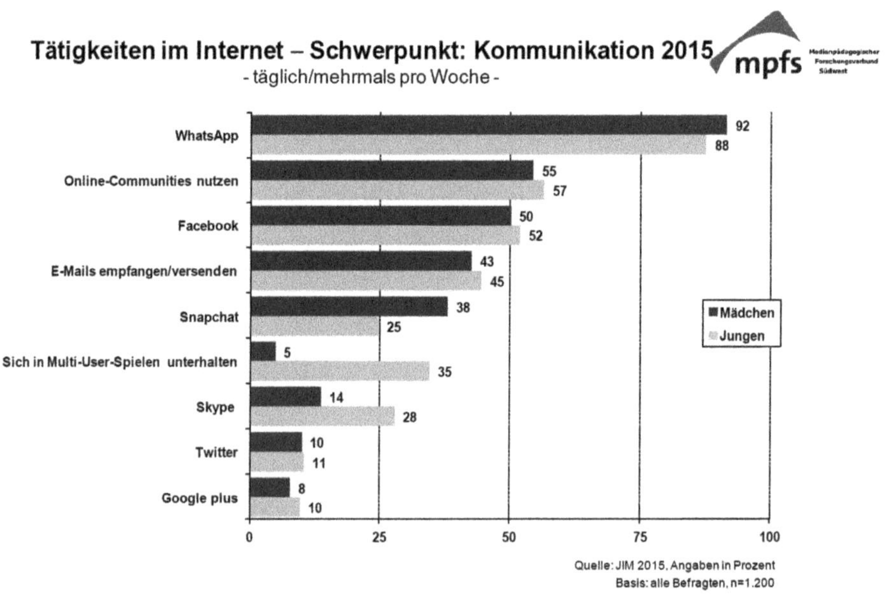

Abb. 2: Geschlechtsspezifische Betrachtung der zur Kommunikation von Jugendlichen und jungen Erwachsenen genutzten Dienste (Quelle: mpfs, 2015m [2]).

Ausgehend vom Feldschema von Gerhard Maletzke [9], dass entwickelt wurde um klassische Massenkommunikation (Fernsehen, Radio, Zeitungen etc.) zu beschreiben und zu erklären, erweiterte Walter Hömberg und Roland Burkart diesen Ansatz zu einem Modell der elektronisch mediatisierten Gemeinschaftskommunikation [10]. Zentral bei diesem Modell ist sowohl die – schon von Maletzke entwickelte – Einbindung der Kommunikationsteilnehmer (hier: „B1-n" und „B2-n") in individuelle soziale Strukturen (hier: „im Team", „in der Institution", „in sonstigen sozialen Beziehungen") und die Berücksichtigung deren individueller Eigenschaften (hier: „Selbstbild",

„Persönlichkeit“) als auch der durch das gewählte Kommunikationsmedium und dessen kommunikationsstrukturierende Organisation entstehende Einfluss: Durch die Wahl des Kommunikationsmediums (hier: „Inanspruch- und Indienstnahme“ sowie „Teilhabe und Teilnahme“) begeben sich die Kommunikationspartner in einen elektronischen Raum, von dem sie spezifische Vorstellungen und Erwartungen habe; das gewählte Medium beeinflusst – ganz im Sinne von Marshall McLuhan – die stattfindende Kommunikation. Wie im Modell dargestellt, werden sowohl Kommunikationsinhalte (hier: „Stoffauswahl“) als auch die Art der Nutzung dem Rahmen des Kommunikationsraums unterworfen (hier: „Zwang der kommunikativen Infrastruktur“). Aber nicht nur das Medium des gewählten elektronischen Kommunikationsraums nimmt Einfluss auf die stattfindende Kommunikation, sondern auch die kommunikationsstrukturierende Organisation. In einem elektronischen Kommunikationsraum sind nicht alle Teilnehmer gleich: Wie in der IT-Welt üblich, gibt es auch in elektronischen Kommunikationsräumen unterschiedliche Rollen mit unterschiedlichen Rechten. Im Modell sind die Anwender mit weiterreichenden Rechten (beispielsweise Administratoren oder Moderatoren) als „organisierende Beteiligte“ (hier: „OB 1-n“ und „OB 2-n“) dargestellt. Diese organisierenden Beteiligten nehmen auf drei Ebenen Einfluss auf die Kommunikation im elektronischen Raum:

1) Die organisierenden Beteiligten legen in der Regel die Umgangsformen, d. h. die Netiquette fest.
2) Die organisierenden Beteiligten können aktiv Einfluss auf einzelne Beiträge nehmen und diese auch verändern oder löschen.
3) Alleine das Wissen um das Vorhandensein organisierender Beteiligter führt zu einem veränderten Kommunikationsverhalten der Teilnehmer.

Dass Kommunikation in elektronischen Räumen anders abläuft als in face-to-face-Situationen ist offensichtlich, da sich nicht nur das Wissen um Selbstbild, Persönlichkeit und Einbindung in soziale Strukturen in den beiden Kommunikationssituationen erheblich unterscheidet, sondern auch die Rollen der beteiligten Personen (Kommunikationspartner und organisierende Beteiligte) nicht in der Form ausgehandelt werden, wie dies bei Face-2-Face-Kommunikation üblich ist.

Es steht zu vermuten, dass dieses Modell um die Kommunikation in der aktuellen Phase des ubiquitären Internetzugangs mittels smarter Devices erklären zu können, modifiziert werden muss (siehe Abbildung 3): Nicht nur das neue Medien und Kommunikationstools die Bildfläche betreten, verlassen und damit die mediengestützte Kommunikation verändern werden, sondern auch durch die Vereinfachung der Möglichkeit eigene Kommunikationsräume zu eröffnen wird es eine zunehmende Zahl von elektronischen Orten geben, an denen sich Menschen in virtuellen Räumen treffen und austauschen können. Neben einigen dominierenden netzgestützten Kommunikationsräumen (wie beispielsweise *Facebook*) werden wir auch weiterhin Mitglieder in kleineren elektronischen sozialen Gruppen sein (beispielsweise Fach-Communities), aus denen man sich – in Abhängigkeit der eigenen Entwicklung aber auch in Abhängigkeit der Entwicklung der elektronischen Gruppe – schneller auch wieder zurückziehen kann und wird. Noch vor wenigen Jahren musste hingegen – auch weil es oft bei Produkt-, Fach- oder Expertenforen an Alternativen mangelte – die Kommunikations- und Umgangsregeln in einem Forum sehr viel stärker festgeschrieben und vereinbart sein (beispielsweise in Form einer so genannte *Netiquette*) als dies zukünftig der Fall sein wird.

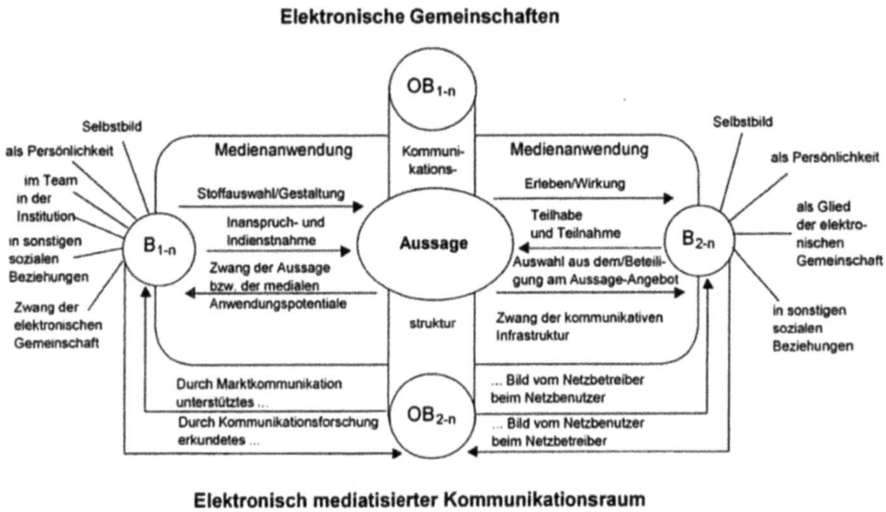

Abb. 3: Modell der elektronisch mediatisierten Gemeinschaftskommunikation [11, Seite 11].

Heutzutage lassen sich durch die Verwendung entsprechender Gruppen oder Hashtags (#) in Kommunikationsräumen und -diensten wie Facebook und Twitter schnell Menschen finden, die sich in der Vergangenheit oder aktuell mit dem gleichen Thema/Hashtag beschäftigen – so dass es nicht einmal mehr notwendig ist, thematisch sortierte Kommunikationsräume (Foren) aufzusuchen; es reicht aus, in den großen Kommunikationsräumen der sozialen Netzwerke nach entsprechenden Gruppen oder Stichworten zu suchen.

Parallel zu dieser Entwicklung nimmt in der aktuellen Phase des ubiquitären Internetzugangs mittels smarter Devices auch die Medienkompetenz der Nutzer weiter zu, um mit den verschiedenen kommunikativen Spielarten einzelner elektronischer Kommunikationsräume angemessener umgehen zu können.

Auch wenn sich die Form der elektronisch mediatisierten Kommunikation in den virtuellen und sozialen Netzgemeinschaften in der Phase des ubiquitären Internetzugangs mittels smarter Devices verändert, so wird es inhaltlich vermutlich auch weiterhin um das Aushandeln und Aufrechterhalten von Beziehungen und um den Austausch von Informationen gehen. Es geht damit auch dann und dort um die Aneignung von Welt und damit um: Lernen.

2 Smart Devices und ubiquitäres Internet verändern Lernorte, Lernzeiten und Lernformen ...

Zur Beschreibung von Lernprozessen haben sich traditionell drei Kriterien etabliert: *Lernort*, *Lernzeitpunkt* und *Lernform*. Gerade mit Blick auf die institutionalisierten Lernformen, wie Schule, Hochschule oder auch betriebliche Aus- und Weiterbildung, wird die Bedeutung dieser drei Faktoren schnell deutlich: Der *Lernort* kann mit der Bildungsinstitution beschrieben werden, die *Lernzeit* wird in Stundenplänen, Seminarplänen oder Workshop-Programmen beschrieben und bei der *Lernform* dominierte lange Zeit das frontale oder seminaristische Präsenzlernen.

Seit Ende des letzten Jahrtausends sind grundlegende Änderungen in allen drei Bereichen – d. h. sowohl was die Orte des Lernen, was die Zeiten des Lernens als auch was die Formen des Lernens angeht, zu beobachten. Diese Veränderungen stellen nicht nur evolutionäre Erweiterungen und Ausdehnungen der Lernorte, der Lernzeiten und der Lernformen dar, sondern können auch als revolutionäre Veränderungen verstanden werden, die in den kommenden Jahren zunehmend auch zu grundlegenden Veränderungen von institutionalisierten Lernformen führen werden. Die im Folgenden skizzierten Veränderungen von Lernort, Lernzeit und Lernform sind gleichermaßen getrieben und bedingt durch technische Entwicklungen aber auch durch die gesellschaftlichen Auswirkungen der Globalisierung auch auf die privaten Lebensbereiche (wie sie der jüngst verstorbene Soziologe Ulrich Beck auch mit dem Fokus auf die Veränderung von partnerschaftlichen Beziehungen beschrieben hat (vgl. ([12])).

2.1 Erweiterung der Lernorte zur Erreichung neuer Lernimpulse

Die Erweiterung und Veränderung der Lernorte hat eine lange Tradition: In der Handwerksausbildung war es seit jeher üblich Gesellen auf Wanderschaft zu schicken, damit diese Wissen und Kompetenz nicht nur in der Zusammenarbeit mit einem einzigen Handwerksmeister entwickeln und ausprägen, sondern fachliche (und lebensweltliche) Anregungen von mehreren Experten erhalten – und gleichzeitig auch ihrerseits Wissen in die Welt tragen und so verbreiten. Ähnliche Ansätze finden sich mit der Idee des Auslandssemesters auch in der hochschulischen Ausbildung; mit den Bologna-Beschlüssen sollte dieser Idee weiter der Weg geebnet werden. Ziel dabei ist es, Lernprozesse durch Veränderungen des Lernorts anzustoßen, die gleichermaßen auch immer mit Veränderungen des Lebensraums und der Lebenswelt verbunden sind und daher nicht nur zu neuen fachliche Impulse führen, sondern zudem durch die Erweiterung des Lebensraumes auch zur Entwicklung der Persönlichkeit (im Sinne Klafkis bildungstheoretischer Didaktik und ihres Ziels der Mündigkeit) beitragen. Diese Bedeutung des Lernorts scheint durch die webbasierte Verfügbarkeit von Information in den Hintergrund gedrängt zu werden: Jede Information ist jederzeit überall verfügbar und auch Kommunikation mit Mitlernenden oder Lehrenden ist nicht mehr an Orte oder Institutionen gebunden: audio- oder videobasierter Chat aber auch textbasierte Mail- oder Messaging-Formate ermöglichen eine jederzeitige und – gefühlt distanzlose – Kommunikation ohne eines gemeinsamen Lernort zu bedürfen (das hierbei viele der Attribute eines Lernortes (Stimmung eines Lesesaals einer großen Bibliothek, Ausstrahlung von historischen Universitätsgebäuden etc.) nicht wirken können, ist einsichtig). Im Kleinen finden sich die skizzierten Ansätze der Bedeutung des Lernorts auch dann wieder, wenn betriebliche Aus- und Weiterbildungsangebote nicht „in house" stattfinden, sondern in entsprechende Seminarhotels abseits der Unternehmensinfrastruktur verlegt werden.

2.2 Erweiterung der Lernzeiten: Just-In-Time-Lernen Rund-um-die-Uhr wird zum Ideal der betrieblichen Aus- und Weiterbildung

Die Veränderung der Lernzeiten ist ebenso offensichtlich und geht eng mit der Flexibilisierung von Arbeitszeiten einher: Nicht nur, dass mit dem Begriff des „lebensbegleitenden Lernens" zum Ausdruck gebracht wurde, dass ein intensive Schul-, Ausbildungs- oder Studienzeit zu Beginn des Lebens in (nahezu) allen Berufen heute nicht mehr ausreicht, um ein ganzes Erwerbsleben hindurch mit einem einmal erworbenen Wissensstand arbeitsfähig zu bleiben. Zudem hat sich in vielen Berufen die Arbeitszeit deutlich von der klassischen Idee einer „9-to-5"-Tätigkeit wegentwickelt: Die permanente Erreichbarkeit von Mitarbeitern auch außerhalb einer Kernarbeitszeit ist für viele Unternehmen inzwischen selbstverständlich – und wird von zunehmend mehr Menschen auch als selbstverständliche Anforderung einer beruflichen Tätigkeit verstanden.

Die Verfügbarkeit einer entsprechenden Infrastruktur von Tablet-PC oder PC sowie Internet-Flatrate auch im häuslich-stationären und privat-mobilen Umfeld erleichtert diese Ausweitung der Lern- und Arbeitszeit im gleichen Masse, wie die Möglichkeit über mobile Devices wie Smartphone und Tablet nicht nur erreichbar zu sein, sondern jederzeit auch auf Unternehmensdaten zugreifen zu können (auf die Auswirkungen, die individuellen und gesellschaftlichen Auswirkungen, die diese Ausdehnung der Arbeitsverfügbarkeit hat, soll an dieser Stelle nicht weiter eingegangen werden; es sein in diesem Zusammenhang beispielsweise verwiesen auf [13]). Im Bereich der schulischen und hochschulischen Ausbildung ist eine hohe Flexibilität der Lernzeit seit jeher üblich: Neben der Präsenzzeit in Schule und Hochschule sind die Lernenden hier bei der Zeiteinteilung für Hausaufgaben und Seminararbeiten völlig frei und gehen selbstverständlich davon aus, dass Mitstudierende rund um die Uhr auch zu fachlichen Fragen kontaktiert werden können – diese jederzeitige Erreichbarkeit wird zunehmend auch von Lehrern und Dozenten erwartet. Diese Entwicklung wird getrieben auch durch die unterschiedlichen studentischen Lebens- und Studienweisen (Vollzeitstudium, Teilzeitstudium, häusliche/familiäre Verpflichtungen wie Pflege oder Betreuung von Angehörigen), die eine zunehmend individualisierte Gestaltung der Lernzeiten und -weisen zur Folge haben. Diese Individualisierung oder Fragmentierung der Lernzeiten hat eine Veränderungen der Kommunikationsformen mit Mitstudierenden und Lehrenden zur Folge; eine Entwicklung, die erst durch die Verfügbarkeit aktueller Webtechnologien in der Form möglich wurde, wie sie derzeit von der Mehrheit der Studierenden tagtäglich genutzt wird.

Für Lehrende und Lernende aber auch für Vorgesetzte und Mitarbeitende mag eine solche Ausweitung der Kommunikationsbereitschaft (wie sie sich beispielsweise um den Jahrtausendwechsel in Medienagenturen und Webunternehmen entwickelten, in denen ein freundschaftlicher und partnerschaftlicher Umgang miteinander die Unternehmenskultur prägte) für berufliche Belange auch gut und selbstverständlich zusammenpassen.

Es steht zu vermuten, dass mit zunehmender Verbreitung derartiger hierarchiearmer Unternehmenskultur auch die Erwartung – aber auch das Selbstverständnis der Mitarbeitern – nach einer (nahezu) jederzeitigen Erreichbarkeit und Arbeitsbereitschaft der Mitarbeitern verbunden mit der Bereitschaft nach jederzeitiger Erreichbarkeit und jederzeitiger Arbeitsbereitschaft ist; und sich dies zunehmend auch in einer Erwartung an eine jederzeitige Lernbereitschaft niederschlägt: Auch betriebliche Lernangebote finden nicht mehr nur in der Kernarbeitszeit in den Räumen des Unternehmens statt; Lernen in der Freizeit (besser: vermeidlich privaten Zeit) wird für viele Mitarbeitern zunehmend selbstverständlich. Gerade aber weil durch diese Entwicklung ein jederzeitiges und ortsunabhängiges Lernen möglich erscheint – und viele Entscheidungsträger in Unternehmen daher davon ausgehen, dass Wissenslücken selbständig von den Mitarbeitern geschlossen werden können – besteht für die Teilnehmenden an betrieblicher Weiterbildung immer öfter ein zentraler Vorteil von Präsenzmaßnahme darin, endlich dezidiert Zeit für Lernen und Weiterbildung zu haben. Auch wenn Informationen im Arbeitsalltag jederzeit verfügbar sind – so ist es oft die erforderliche zeitnahe Reaktion auf Anfragen und Kommunikation über Kommunikationskanäle wie E-Mail etc., die ein konzentriertes Lernen ist in der Arbeitsumgebung nur schwer möglich – Zeit für konzentriertes Lernen wird somit zu einem hohen Gut, das den Mitarbeitern im Rahmen einer Präsenzveranstaltung (Seminar, Workshop etc.) zielgerichtet eingeräumt werden kann.

2.3 Neue Lerntechnologien als Basis neuer Lernformen

Die Veränderungen der Lernformen sind seit mehreren Jahrzehnten ebenfalls vielfältig: Neben den klassischen institutionalisierten Lernformen wie Schule, Hochschule, betriebliche Aus- und Weiterbildung gewinnen „teil-institutionalisierte Formen“ und „selbstorganisierten Formen“ den Lernens zunehmend an Bedeutung: Die in allen Altersklassen und Gesellschaftsschichten zunehmende Nutzung elektronischen Kommunikations-, Informations- und Unterhaltungsmedien und die damit einhergehende zunehmende Bedeutung von Informationen und Kommunikationsbeiträgen, die über diese Kanäle zum Rezipienten gelangen, führen dazu, dass auch Lernen zunehmend computer- und netzvermittelt stattfindet. Mit klassischen, noch disketten-basierten Computer-Based-Trainings griffen zahlreiche Unternehmen seit dem Jahrtausendwechsel dieser Entwicklung auf. Später setzten sich Web-Based-Trainings und Virtuelle Seminare als medienvermittelte Formen des institutionalisierten Lernens in der betrieblichen Aus- und Weiterbildung durch. In den Hochschulen etablierten sich diese Formen der elektronischen Lernmedien nur in wenigen Disziplinen (beispielsweise der Medizin) im großen Stil. Oft scheiterte die Entwicklung solcher Lernmedien in Schulen und Hochschulen (zumindest abseits der großen und finanzstarken Förderprogramme von Bund und Ländern) an den erheblichen Kosten. Medienvermittelte Lehre erreichte erst mit den vor wenigen Jahren eingeführten Massiv Open Online Courses (MOOCs) auch in Hochschulen eine neue Stufe, da diese hierbei auf ihre Kernkompetenz, die Wissensvermittlung durch Experten, zurückgreifen können.

Auch wenn diese MOOCs von Bildungsinstitutionen angeboten werden, werden sie von den Lernenden selbstgesteuert oder bestenfalls teil-institutionalisiert rezipiert: Die Lernenden entscheiden völlig frei, welche MOOC-Angebote eines Anbieters sie annehmen wollen und organisieren ihre Lernprozesse und Lerngruppen meist völlig unabhängig vom Bildungsanbieter über die üblichen (und auch privat genutzten) sozialen Netzwerke. In diesem Zusammenhang ist die Etablierung einer neuen Form des „Smart Social E-Learning" zu beobachten [14].

Die Bereitstellung entsprechender webbasierter Bildungsangebote wie MOOCs ist für deren Erfolg notwendig, aber nicht hinreichend. Ausschlaggebend für den Erfolg derartiger Dienste ist die jederzeitige Verfügbarkeit dieser Dienste auch im mobilen Einsatz, wie sie erst durch die Verbreitung der Smart Devices möglich wurde: Dank Smartphone und Tablet-Computer kann an Kommunikation in Sozialen Netzwerken ubiquitär und jederzeitig partizipiert werden (dies mag auch die zahlreichen inhaltlich trivialen Posts erklären, die trotz inhaltlicher Belanglosigkeit dennoch ihre soziale Funktion erfüllen). Während schon heute Texte und Bilder mit den aktuellen SmartDevices (Smartphones, Tablets-PCs etc.), mit wenig Aufwand in sozialen Netzwerken publiziert und rezipiert werden können, stehen wir derzeit an der Schwelle zum nächsten technischen Schritt, der die netzgestützte Kommunikation nochmals vereinfachen und noch enger mit unserem Alltag verbinden wird: Wearable Computern (wie Smart Watches oder Smart Glasses etc.) wird vorausgesagt „the next big thing" zu sein, das die Form des Lernens abermals verändert.

Während – wie oben skizziert – bisher die Lernorte, Lernzeiten und Lernformen erweitert wurden um neue Lernimpulse zu erhalten, ist aktuell mit der derzeit zunehmenden Durchdringung der Lebens- und Arbeitswelt mit technischen Kommunikations- und Arbeitsmedien ein gegenläufiger Trend zu beobachten: Die jederzeitig und ubiquitär verfügbaren Kommunikationsmedien und der selbstverständliche Internetzugang in der Jackentasche machen eine Ausweitung des Lebensraumes zur Ausweitung des Lernraumes obsolet: Die Lernenden müssen nicht mehr in die Welt fahren um neue Lernimpulse zu erhalten – die Welt kommt zu ihnen. Dank Internet, Sozialen Netzwerken und MOOC sind die Besten ihres Faches auch in der Provinz jederzeit als medienvermittelte Dozenten verfügbar; Diskurse können in Echtzeit mit Studierenden auch am anderen Ende der Welt geführt werden.

Der Einsatz von Smartphone, Tablett und Internetflatrate ist bereits für viele Nutzende an Hochschulen Realität um eigenverantwortlich, zeitlich sehr flexibel und individuell Lernprozesse mit Hilfe webbasierter Technologien zu gestalten und dabei dennoch in (institutionalisierten) Lerngruppen – und damit in sozialen Gruppen – eingebunden zu sein. Die Verfügbarkeit dieser webbasierten Kommunikationstechniken ist dabei notwendig für diese aktuelle Form der Gestaltung von Lernprozessen und Lernabläufen – und hat massiven Einfluss auf Bildungsanbieter wie Hochschulen und auch auf die betriebliche Aus- und Weiterbildung.

3 ... und haben erheblichen Einfluss auf Bildungsinstitutionen

Wir leben – wie gezeigt wurde – zu Beginn des 21. Jahrhunderts in einer Situation, in der institutionalisierte Lehr- und Lernformen (klassischer Weise geprägt durch einen Lehrer als Experte) und informelle Lernformen (geprägt durch die Verfügbarkeit zahlreicher und weltweit verteilter Experten [oder informierter Laien]) nebeneinander existieren.

In der Phase des ubiquitären Internetzugangs mittels smarter Devices ist mit einem weiteren radikalen Bedeutungszuwachs des Informellen Lernens zu rechnen.[7] Dies hat erhebliche Auswirkungen auch auf die Institutionen Schule und Hochschule: Bisher galten Schule und Hochschule als Institutionen in denen gesichertes

7 Der Bedeutungszuwachs des informellen Lernens wird bereits seit rund 20 Jahren beobachtet. Der Begriff des Informellen Lernens beschreibt dabei die Wissensaneignung außerhalb institutionalisierter Settings. Ausgehend auch vom Ansatz des lebenslangen oder lebensbegleitenden Lernens setzte sich seit den 90er Jahren des vergangenen Jahrhunderts die Erkenntnis durch, dass sehr große Teile des für die Bewältigung des Alltags und des Berufsalltags notwendigen Wissens außerhalb von Schule und Ausbildung erworben werden. Während Schüler und Studierende als quasi hauptberuflich Lernende angesehen werden können finden – je nach Schätzung – bis zu 80 % des Lernens im Erwachsenenalter außerhalb von Schulungen oder Workshops statt. Für das informelle Lernen von Erwachsenen, aber ebenso für das informelle Lernen von Kindern und Jugendlichen, spielt das soziale Umfeld die ausschlaggebende Rolle: Es sind die Freunde, Arbeitskollegen und Peers die Wissen untereinander weitergeben, prüfen, mit vorhandenem Wissen kombinieren und so neues Wissen schaffen. Die seit einigen Jahren zu beobachtende Bedeutungszunahme des Informellen Lernens bei Kindern und Jugendliche aber auch bei Erwachsenen geht auf zwei Ebenen mit der zunehmenden Mediennutzung und Medienverfügbarkeit einher: Sowohl auf der Ebene der Medienkompetenz als Lerninhalt als auch auf der Ebene der Mediennutzung als Lehrmittel oder Lernpartner.

Wissen von Kompetenzträgern weitergegeben wurde (als Vorlesung, als Empfehlung für Lehrbücher etc.), das in der Regel von den Rezipienten aufgenommen wurde (gelernt wurde) ohne hinterfragt zu werden, bzw. werden zu müssen. Darüber hinaus dienen Bildungsinstitutionen seit jeher der Vermittlung gesellschaftlicher Werte und Normen. Spätestens seit der Verfügbarkeit von Web 2.0-Anwendungen (Blogs, Podcasts, YouTube, Facebook etc.) stehen viele Kommunikations- und Informationskanäle zur Verfügung, die Jedermann eine Wissenspräsentation (und die Präsentation seiner individuellen Sicht auf die Welt) ermöglichen. Es mangelt daher nicht mehr an (aufbereiteten) Informationen oder dem Zugang zu diesen – und Institutionen wie Schule oder Hochschule haben keine Hoheit über die Verbreitung von Wissen – und wohl auch keine mehr über Werte und Normen.

In der Phase des ubiquitären Internetzugangs mittels smarter Devices ist – wie gezeigt werden konnte – Wissen in unterschiedlichsten Darstellungsformen und Komplexitäten jederzeit und überall verfügbar. Nicht mehr die Weitergabe von Wissens wird daher zur zentralen Aufgabe von Bildungsinstitutionen, sondern die Befähigung der Lernenden zum angemessenen Umgang mit den Informationsangeboten:

1) Die Auswahl, Prüfung und Bewertung der relevanten Informationen setzt einen kritischen Umgang mit diesen ebenso voraus wie die Verfügbarkeit von Kriterien zur Beurteilung der Informationsqualität (sowohl fachlicher Art als auch gesellschaftliche Normen und Werte).
2) Institutionen wie Schule und Hochschule müssen nicht mehr (nur) Antworten geben auf (Sach-)Fragen, sondern sie müssen die Lernenden befähigen angemessene Fragen zur Lösung eines Problems zu stellen.
3) Aneignung von Welt findet – aus konstruktivistischer und konnektivistischer Sicht – stets auf der individuellen Basis vorhandenen Wissens statt. Die Schaffung einer belastbaren Basis für den lebenslangen Aufbau einer individuellen Bildungsbiografie und einer individuellen Lebensweisheit wird auch in der Phase des ubiquitären Internetzugangs mittels smarter Devices eine zentrale Aufgabe von institutionalisierten Bildungseinrichtungen bleiben. Diese Basis wird sowohl Hardskills umfassen (einen fachlichen Teil im Sinne einer „Allgemeinbildung") als auch Softskills, die die Grundlage zu einem angemessenen Verhalten in sozialen Gruppen (sowohl reale PeerGroups als auch medial vermittelten Netzgemeinschaften und Social Communities) bilden.

Vor dem Hintergrund der Zunahme des informellen Lernens verlieren Schulen und Hochschulen ihre Position und ihre Bedeutung als „Orte des Wissens"; ubiquitärer Zugang zu weltweit verfügbarer Information erlaubt jederzeit und überall Zugriff auf deutlich mehr Informationen als beispielsweise in Hochschulbibliotheken versammelt sind.

Dennoch stellt die Postmedialität nicht grundsätzlich die Institution der Hochschule in Frage – aber sie verändert sie nachhaltig: Hochschulen als „Orte des Wissens" werden sich in der aktuellen Phase des ubiquitären Internetzugangs mittels smarter Devices zu „Orten des Lernens" entwickeln. Orte des Lernens in dem Sinne, dass Hochschulen den nachwachsenden Generationen Handlungs- und Orientierungswissen für die ubiquitäre und jederzeitige Informationsflut vermitteln müssen. Auch die Rolle der Lehrenden ändert sich daher massiv: Der Dozent ist nicht mehr länger der, der bestimmte Informationen in den Erfahrungshorizont der Lernenden bringt, nicht mehr der, der Zugang zu Wissen ermöglicht, sondern der Lehrende wird vielmehr – ganz konstruktivistisch – zum Coach, der die Lernenden dabei unterstützt ihr Wissen und individuelle Handlungskompetenz auszubauen. Nicht mehr die Regelung des Zugangs zum Wissen ist die Aufgabe des Lehrenden, sondern die Befähigung der Lernenden zum angemessenen Umgang mit den Informationsangeboten.

Die oben skizzierten Änderungen betreffen die Rolle der Bildungsinstitutionen und die Rolle der dort arbeitenden Lehrenden, aber ändern sich in der Phase des ubiquitären Internetzugangs mittels smarter Devices auch die Ziele von Lehr- und Lernmaßnahmen; von Bildungsmaßnahmen?

Unser Alltagsverständnis von Bildung umschreibt diese als die Entwicklung und/ oder Formung eines Menschen hin zu einem verantwortlich agierenden Mitglied der Gesellschaft. Dieses Verständnis ergibt sich aus der seit dem 18. Jahrhundert bestehenden Verbindung des Bildungsbegriffs mit Aspekten und Zielen der Aufklärung: Ziel der Bildung ist es seit der Aufklärung nicht mehr den Menschen zum Abbild Gottes zu formen, sondern den Menschen als aufgeklärtes Wesen zu verstehen, das in wissenschaftlichen und rationalen Kategorien handelt und denkt. Die Betonung des aufklärerischen Verständnisses von Bildung (im Gegensatz zu der bis zur Aufklärung dominierenden theologischen Orientierung) findet sich beispielsweise in den Texten von Johann Heinrich Pestalozzi ebenso wie in den Texten von Johann Gottfried Herder, Imanuel Kant und Wilhelm von Humboldt.

Quasi revolutionär – und immer noch vielbeachtet – sind die Änderung des Schulsystems, die Wilhelm von Humboldt in seiner Funktion als Kultusminister entwarf und durchsetzte – und mehr noch: Sein Verständnis von Bildung und seine Bildungsziele. Das den Gedanken von Humboldts zugrundeliegende (neu-)humanistische Bildungsideal prägte Jahrhunderte lang unser Schul- und Universitätswesen: Menschenbildung – und nicht Ausbildung zu einer Tätigkeit – wurden als Ziel der Bildung und Selbstbildung verstanden; von Humboldt formuliert dies folgendermaßen: „Der wahre Zweck des Menschen ist die höchste und proportionierlichste Bildung aller Kräfte zu einem Ganzen“. Die aktive Auseinandersetzung mit sprachlichen und bildnerischen Kulturgütern dient somit in diesem Bildungsideal als Basis für die Entfaltung des Schülers/Menschen (vgl. [15]). Diese „Menschenbildung“ umfasst somit nach von humboldt‘scher Vorstellung die Ausbildung aller Fähigkeiten eines Menschen (musische, sportliche, mathematische, sprachliche, historische, philosophische und ästethisch-sinnliche Fähigkeiten) – die ausschließliche Ausbildung der fachlichen Berufs-kompetenz musste in diesem Bildungsideal damit als zu eng angesehen werden.

Trotz aller Kritik (fehlender Praxisbezug, unzweckmäßiges Ideal, reformresistent etc.) prägte dieses Bildungsideal lange Zeit unser Verständnis von Bildung – ehe es

Anfang des 19. Jahrhunderts mit einem Bildungsideal konkurrieren musste, das stark durch ein stofflich-lexikalisches Bildungsverständnis geprägt war. Kritiker bezeichnen Schulen mit diesem neuen Verständnis daher eher als Stoffvermittlungsanstalten, denn als Einrichtungen zur (Menschen-)Bildung.

Wolfgang Klafki stellt in der Mitte des letzten Jahrhunderts (wieder und) ebenfalls den aufgeklärten Menschen ins Zentrum seiner bildungstheoretischen Didaktik und versuche zu-dem seine Bildungsziele mit einer didaktischen Methode zu kombinieren [16]: Mündiges, selbstbestimmtes und solidarisches Handeln – im Sinne von Selbstbestimmungsfähigkeit, Mitbestimmungsfähigkeit und Solidaritätsfähigkeit – werden zur Maxime seines Bildungs-ideals. Klafki formuliert daher als zentrale Frage der bildungstheoretischen Didaktik – und damit als Leitfrage für alle Lehrenden: „Mit welchen Inhalten und Gegenständen müssen sich junge Menschen auseinandersetzen, um zu einem selbstbestimmten und vernunftgeleiteten Leben in Menschlichkeit, in gegenseitiger Anerkennung und Gerechtigkeit, in Freiheit, Glück und Selbsterfüllung zu kommen?" ([17], S. 461). Das Ziel von Bildung und Erziehung ist es daher in seinem Verständnis – das wird in dem genannten Zitat deutlich – dem unmündigen Menschen zur Mündigkeit zu verhelfen. Unter Aufhebung der bis dahin vorherrschenden Trennung von ‚Materialer Bildungstheorie' und ‚Formaler Bildungstheorie' entwickelt Klafki die ‚Kategoriale Bildung', die „die objektbezogene (materiale) Seite der Didaktik mit der subjektbezogenen (formalen) Seite dialektisch verschränken" soll ([16], S. 38). In diesem Zusammenhang weist Klafki auch explizit darauf hin, dass nicht jeder mögliche Lehrinhalt auch einen Bildungsgehalt hat. Vielmehr sollte die Breite der Bildungsinhalte nicht nur die rein kognitiven Fähigkeiten den Menschen berücksichtigen, sondern beispielsweise auch handwerklich-technische Fähigkeiten, soziale Fähigkeiten, ästhetische Gestaltungs- und Beurteilungsfähigkeiten, (Selbst-) Kritikfähigkeit und -bereitschaft sowie Empathie umfassen) – auch hier wird die Parallele zum Bildungsideal von Wilhelm von Humboldt deutlich.

Seit der Formulierung der Bildungsideale durch von Humboldt und Klafki gab es zwei wesentliche Veränderungen des Bildungsverständnisses: Zum einen fand ein Bedeutungswandel des Begriffs „Bildung" über „Allgemeinbildung" zu „Allgemeinwissen" statt (vgl. [18]) der mit einer deutlich Fokussierung auf zu erwerbendes oder zu lernendes (fakten-)Wissen verbunden ist – und sich auch im Begriff der „Wissensgesellschaft" niederschlägt. Die zweite Veränderung ist darin zu sehen, dass das Durchlaufen von Bildungsinstitutionen (Schule, Ausbildung und/oder Hochschule) nicht mehr als ausreichend für eine erfolgreiche Bewältigung des gesamten Lebens verstanden wird, sondern „lebenslanges Lernen" – oder weniger negativ konnotiert: „Lebensbegleitendes Lernen" – (mit dem Fokus auf Wissen) oder „Bildung über die Lebenszeit" (mit dem Fokus auf umfassendere Bildung) zur unumgänglichen Notwendigkeit erklärt wurden (vgl. [19]).

Zweifellos waren „Leben" und „Lernen" schon immer miteinander verbunden und auch lebenslanges Lernen war schon immer notwendig. Dennoch wird mit dem seit rund 50 Jahren an Bedeutung gewinnenden Terminus des lebenslangen Lernens versucht eine gesellschaftlich Veränderung – und deren Bedeutung für die individuelle Biografie und Lernbiografie – zu beschreiben: Unser Bild der traditionellen Gesellschaften zeichnet diese als statische Gesellschaften, die meist zyklisch verliefen (bspw. zyklische Produktionsprozesse im Handwerk oder in der Landwirtschaft) und bei denen gelernte Inhalte für die Dauer des Lebens ihre Gültigkeit behielten [20]. Bildungsprozesse in traditionellen Gesellschaften waren zweigeteilt: an den institutionalisierten Formen der Bildung in Schule und Hochschule konnte nur ein geringer Anteil der Bevölkerung teilnehmen, alle anderen erwarben ihr (Handlungs-) Wissen in praxisnaher Ausbildung oder durch „learning by doing". Da die traditionellen Gesellschaften keine mobilen Gesellschaften waren, und die (Arbeits-)Biografien meist ohne größere Veränderungen oder einschneidende Brüche verliefen, war das in der Kindheit, der Jugend und im jungen Erwachsenenalter erworbene Wissen durchaus ausreichend um eine Erwerbsbiografie erfolgreich zu bewältigen.

Anders in den modernen Gesellschaften, die wir als mobil, schnelllebig und dynamisch erleben: Die allgemeine Schulpflicht eröffnet allen den Zugang zu Bildungsinstitutionen, gleichzeitig ist das (Arbeits-)Leben in der modernen Gesellschaft von zahlreichen freiwilligen und unfreiwilligen Wechseln und Brüchen geprägt (Verlust des Arbeitsplatzes, berufliche Neuorientierung durch Weiterbildung oder durch Wohnortwechsel etc.). Die regelmäßigen Änderungen in den zur Sicherung des Lebensunterhalts notwendigen Erwerbstätigkeiten führen in Verbindung mit den seit der Industrialisierung zu beobachtende Ausdifferenzierung von beruflichen Tätigkeiten (Expertentum) zwangsweise zu einer Notwendigkeit des lebenslangen Lernens: Zum einen können in der Phase der primären Ausbildung (Schule, Berufsausbildung, Studium) nicht alle späteren beruflichen Tätigkeiten bekannt sein, zum anderen bedingen die rasanten technischen Entwicklungen, dass die Arbeitnehmer sich regelmäßig über neue Produktionsprozesse informieren um im zunehmend internationaler werdenden Wettbewerb der Globalisierung konkurrenzfähig arbeiten zu können. Ein lebenslang an der jeweils aktuellen Tätigkeit und dem aktuellen Arbeitsprozess orientierter Lernprozess ist daher in einer modernen Gesellschaft unumgänglich. Teilweise – gerade im beruflichen Umfeld – findet auch dieses lebenslange Lernen in institutionalisierter Form statt (berufliche Weiterbildung), im privaten Bereich gewinnt hingegen das informelle Lernen (wie oben gezeigt wurde) zunehmend an Bedeutung.

Im Zusammenhang mit dem „Lebensbegleitenden Lernen" oder „Lebenslangen Lernen" wird „Lernen" in unseren modernen Gesellschaften jedoch stark auf die kognitiven oder psychomotorischen Aspekte fokussiert betrachtet – interessant wäre es, dem „Lebensbegleitenden Lernen" ein eher/auch affektiv orientiertes Konstrukt der „lebensbegleitenden Bildung" zur Seite zu stellen.

Gemeinsam ist den oben kurz exemplarisch skizzierten Bildungstheorien von von Humboldt und Klafki, dass Bildung in ihrem Verständnis kein autodidaktischer Prozess ist, sondern stets vor dem Hintergrund gesellschaftlicher Werte, Normen und Visionen stattfindet. Wenn Klafki als Ziel schreibt „... um zu einem selbstbestimmten und vernunftgeleiteten Leben in Menschlichkeit, in gegenseitiger Anerkennung und

Gerechtigkeit, in Freiheit, Glück und Selbsterfüllung zu kommen", so betont er neben der Selbstverantwortung und Selbstverantwortlichkeit des Lernenden eben gerade auch die gesellschaftlichen Werte der Gerechtigkeit, der Freiheit und der Selbsterfüllung! Während es außer Frage steht, dass ein autodidaktisches Lernen von Fakten (im Sinne kognitiver Lernziele und im Sinne einer Materialen Bildungstheorie bzw. eines Bildungstheoretischen Objektivismus) möglich ist, bedarf aber gerade das Lernen von Normen und Werthaltungen (affektive Lernziele) die aktive und angeleitete Auseinandersetzung mit der Kultur bzw. den Produkten der Kultur (Kunst, Musik, Literatur, Film etc.). Die Rolle der Lehrenden und/oder Lernbegleiter in der Phase des ubiquitären Internetzugriffs mittels smarter Devices mag sich daher dahingehend ändern, dass sie nicht mehr die Funktion übernehmen Lernenden (meist dekontextualisierte) Information zugänglich zu machen, ihre Bedeutung bei der Vermittlung von gesellschaftlichen Normen und Werten bleibt jedoch unbenommen und wird – vor dem Hintergrund der verfügbaren scheinbar unbegrenzten Informationen zunehmend wichtiger – auch hier zeigt sich die eingangs bereits erwähnte Veränderung der Rolle der Lehrenden.

Unbeantwortet bleibt an dieser Stelle jedoch die – zugegebenermaßen zentrale – Frage, ob in der aktuellen Phase des ubiquitären Internetzugangs mittels smarter Devices eine Orientierung an den Bildungsidealen der Aufklärung überhaupt noch zeitgemäß und angebracht ist – verwiesen sei in diesem Zusammenhang auf die unterhaltend und pointiert dargelegten Gedanken von Michael Naumann [21] zu dieser Frage.

Neben den bereits skizzierten Auswirkungen der Phase des ubiquitären Internetzugangs mittels smarter Devices auf institutionalisierte Lehr- und Lernformen, auf die Bildungsinstitutionen sowie auf Bildungsziele wird die aktuellen Entwicklungen, einhergehend mit der zunehmenden Bedeutung von sozialen Netzwerken und der fortschreitenden Digitalisierung – wie im nächsten Kapitel ausgeführt wird – auch unser Verständnis von den „Wissen", „Wissensmanagement" und „Wissensvermittlung" nachhaltig verändern.

3.1 Überfluss des Wissens – oder überflüssiges Wissens?

Die Sammlung von Wissen (in Sinne des stofflich-lexikalischen Bildungsbegriffs) und das Anbieten von Wissen zur Menschenbildung (im Sinne des (neu-)humanistischen Bildungsbegriffs) war Jahrhunderte lang das Ziel von Hochschulen; die Weitergabe von Wissen das erklärte Ziel von Studien- und Ausbildungsgängen; Wissen zu erwerben das Ziel der Lernenden.

Die aktuelle Phase des ubiquitären Internetzugangs mittels smarter Devices bietet hingegen nun jederzeit und ubiquitär Zugriff auf eine scheinbar unendliche Fülle an Informationen – und damit die Grundlage von Wissen:

1) Laut Denic sind derzeit rund 16.000.000 Domains alleine in Deutschland registriert; täglich kommen rund 5.000 neue .de-Domains dazu. Ein scheinbar unendliches Potential an Informationen.
2) Über 95 % der derzeit verkauften Mobiltelefone sind sogenannte Smartphones, die es auch erlauben damit jederzeit im Internet zu surfen und mit sogenannten Apps auf spezifische News- und Informationssammlungen und Communities zuzugreifen.
3) Bücher müssen von Hochschulen nicht mehr einzeln ausgewählt und gekauft werden; große Verlage bieten „E-Book-Flatrates" an: Alle Bücher, die inner-halb eines Jahres erscheinen werden hierbei den Bibliotheken als E-Book zur Nutzung für alle Studierenden und Lehrenden zur Verfügung gestellt.
4) Mit Tablett-PCs und aktuellen eBook-Readern können ganze (Fach-)Bibliotheken problemlos in der Aktentasche transportiert werden – ein eBook-Reader speichert schon heute mehr Bücher als ein Mensch in seinem ganzen Leben lesen kann.

Die Menge an zugänglichen Informationen erscheint bereits heute unüberschaubar. Für den jederzeitigen Zugriff auf alle diese weltweiten Informationen bedarf es heute nicht viel: „Eine kleine UMTS-Karte, nicht größer als ein Daumennagel, reicht aus, es abzurufen" ([22], S. 211 f.).

Bei dieser Aufstellung wird deutlich, dass Information nicht gleich Wissen ist, eine Differenzierung tut daher Not.

3.2 Arten des Wissens in der Wissensgesellschaft

Als Informationen sollen – in Übereinstimmung mit den aktuellen Überlegungen der Wissenschaftstheorie (siehe hierzu auch [23]) – zunächst alle in Zeichensystemen codierten Daten verstanden werden. Diese Informationen sind zunächst kontextfrei. Informationen können von einzelnen Lernenden – ganz individuell – zu Wissen verarbeitet werden, in dem sie kognitiv durchdrungen und in bestehende mentale Modelle integriert werden: Der Auf- oder Ausbau mentaler Modelle stellt damit den Aufbau von Wissen dar. Es ist hilfreich dieses Verständnis weiter zu differenzieren und verschiedene Arten von Wissen zu unterscheiden:

1) Eine geläufige Unterteilung unterscheidet zwischen den beiden Wissensarten des *Expliziten Wissens* und des *Impliziten Wissen*: Als *Explizites Wissen* wird der Teil des Wissens bezeichnet, der dem Individuum bewusst ist und der sprachlich artikuliert werden kann. *Implizites Wissen* hingegen kann hingegen nicht sprachlich artikuliert werden und ist dem Individuum nicht bewusst – dieses Wissen kann aber beispielsweise in Anwendungssituationen dennoch erfolgreich eingesetzt werden/angewendet werden.

2) Eine weitere Unterscheidung trennt *Deklaratives Wissen* und *Prozedurales Wissen*: Als *Deklaratives Wissen* werden die Teile des Wissens bezeichnet, die sprachlich eindeutig formuliert werden können (know that); umgangssprachlich: Fakten. Dieses Deklarative Wissen kann weiter unterteilt werden in Semantisches Wissen (abstraktes Weltwissen/Faktenwissen) und Episodisches Wissen (Erinnerungen/Erfahrungen). *Prozedurales Wissen* hingegen beschreibt Wissen, dass auf Handlungsabläufe/Handlungskompetenz bezogen ist (know how).
3) Eine weitere Unterteilungsmöglichkeit ordnet nach der Lebensdauer des Wissens: Informationen, die nur im Kurzzeitgedächtnis verarbeitet werden (beispielsweise wenn wir uns den Anfang eines gesprochenen Satzes so lange merken, bis wir das Satzende gehört haben und so dem Satz einen Sinn entnehmen können) unterscheiden sich von Wissen, die wir im Langzeitgedächtnis ablegen (beispielsweise mathematische oder physikalische Gesetzmäßigkeiten, wie wir auch Jahrzehnte nach der Schulzeit/dem Studium noch anwenden können).

Das durch die kognitive Verarbeitung der scheinbar unendlichen Informationen (in die verschiedenen Arten) entstehende Wissen bildet die Basis für die Wissensgesellschaft. Der Begriff der Wissensgesellschaft – der wie Kübler [24] betont, bereits vielfach beliebig und phrasenhaft verwendet wird – versucht (ähnlich – und oft synonym verwendet – wie der Begriff der Informationsgesellschaft) eine Gesellschaft zu beschreiben, die „eng an oder einseitig an die Entwicklung der Informations- und Kommunikationstechnologie [...] gebunden ist und damit einem gewissen, meist impliziten technologischem Determinismus huldigt" (ebd., S.90). Der Begriff hat sich damit ein Stück weit entfernt von der zunächst in den 60er Jahren des vorigen Jahrhunderts damit verbundenen Bedeutung, die im beobachteten Zuwachs wissenschaftlichen Wissens zunächst vor allem eine Chance für eine wachsende Wissenschaftlichkeit und wachsende Rationalität sah. Stehr [25] skizziert in diesem Zusammenhang ein Menschen- und Gesellschaftsbild, das sich dadurch auszeichnet, dass diese für die wissenschaftliche Forschung einen beachtlichen Teil ihrer Ressourcen aufwendet und dieses Wissen dazu nützt die Gesellschaft zu erklären und auch im Sinne der eigenen Werte und Zielvorstellungen zu verändern.

Die aktuelle Bedeutung des Begriffs legt – unter Berücksichtigung der aktuellen gesellschaftlichen, technischen und wirtschaftlichen Entwicklungen (die deutlich anders fokussiert sind als die von Stehr genannten Erwartungen an die Entwicklung einer Wissensgesellschaft) – den Schwerpunkt stärker auf technische und wirtschaftliche Erzeugung, Vermarktung, Verteilung und Monetisierung von Wissen. Wissensverarbeitung im Sinne der Wertschöpfung dominiert – als Beispiel für die derartig orientierten Unternehmen der New Economy sei nur das Unternehmen Google genannt – deutlich gegenüber dem erkenntnisgeleiteten – und damit wissenschaftlichen und „wissenschaffenden" – Ansatz den Stehr als Basis einer Wissensgesellschaft sieht.

Die heute dominierende Verbindung von „Wissen“ und „Technologie“ wurde bereits mehrfach betont, Kerres & de Witt [26] sprechen daher von einer „mediatisierten Wissensgesellschaft“ und fordern – im Gleichklang mit zahlreichen anderen Autoren – den Ausbau der Medienkompetenz und der computer literacy um allen Mitgliedern einer Gesellschaft gleichermaßen den Zugang zu Informationen zu ermöglichen. Insgesamt sind es drei Faktoren, von denen der Aufbau von Wissen durch die Nutzung der verfügbaren, medien- und/oder internetgebundenen Informationen abhängt:

- Die angesprochene Medienkompetenz und computer literacy,
- die Zugänglichkeit/Verfügbarkeit des medialen Informations- und Wissensangebots und
- die tatsächliche Nutzung des Informations- und Wissensangebots.

3.3 Konnektivistisches Lernen in Sozialen Netzwerken

Die durch das Internet zwar nicht entstehenden, aber seit der (fast) flächendeckenden Verfügbarkeit des Internet, sehr viel bedeutungsvoller gewordene Möglichkeit der weltweiten Kommunikation in elektronisch mediatisierten Kommunikationsräumen soll als 2. Phase des Informellen Lernens bezeichnet werden: In dieser 2. Phase des Informellen Lernens ist unser Kommunikationsraum digital so stark erweitert, dass uns thematische Ansprechpartner weltweit zur Verfügung stehen. Ansprechpartner von denen wir meist zunächst nichts anderes wissen, als das sie auch Interesse an dem Gegenstand haben, mit dem sich der entsprechende Kommunikationsraum befasst, in dem wir sie kennengelernt haben.

Es ist offensichtlich, dass die traditionellen Modelle des behavioristischen Lernens, des kognitivistischen Lernens und des konstruktivistischen Lernens nicht mehr ausreichen um Lernen in der 2. Phase des informellen Lernens zu erklären.

George Siemens thematisierte dieses seit dem Jahrtausendwechsel in Ansätzen beobachtbare veränderte Lernverhalten in seiner Schrift „Connectivism: a learning Theory of the Digital Age“ [27] und entwickelte darin als Erklärungsmodell den Konnektivismus (ebd.), der in seinem Verständnis über den Konstruktivismus hinausgeht – und in wesentlichen Punkten geeignet ist das veränderte Kommunizieren und Lernen zu beschreiben.

Ausgangspunkt für den Konnektivismus ist die Feststellung, dass die klassischen Lerntheorien weder mediale Lehr- und Lernformen angemessen berücksichtigen noch die sich schnell ändernde Informationsmenge berücksichtigen. Auch die sich ständig weiterentwickelnde Lebensumwelt lernender Individuen erscheint Siemens nicht ausreichend berücksichtigt. Einen weiteren Kritikpunkt sieht er in der Tatsache, dass Wissen in den klassischen Lerntheorien stets an Personen gebunden ist, Institutionen (Lernende Unternehmen) oder technische Wissensspeicher (Informationsdatenbanken) jedoch keinerlei Berücksichtigung finden.

Siemens stellt acht Prinzipien des Konnektivismus auf:

1) Lernen und Wissen setzen verschiedene Meinungen und Denkansätze voraus, um aus ihnen die besten Alternative zu wählen. („Learning and know-ledge rests in diversity of opinions", [28])
2) Lernen ist ein Prozess, der spezialisierte Wissensknoten oder Informationsquellen miteinander verbindet. („Learning is a process of connecting specialized nodes or information sources", ebd.)
3) Wissen/Lernen kann in nicht-menschlichen Einrichtungen stattfinden/gespeichert werden. („Learning may reside in non-human appliances", ebd.)
4) Die Eigenschaft mehr wissen zu wollen ist wichtiger als der aktuelle Wissensstand. („Capacity to know more is more critical than what is currently known", ebd.)
5) Pflege und Aufrechterhaltung von Verbindungen ist notwendig zur Unterstützung durchgehender Lernprozesse. („Nurturing and maintaining connections is needed to facilitate continual learning.", ebd.)
6) Die Fähigkeit, Verbindungen zwischen Wissensbereichen, Ideen und Konzepten zu erkennen ist eine Kernkompetenz. („Ability to see connections between fields, ideas, and concepts is a core skill.", ebd.)
7) Zeitgemäßes, aktuelles Wissen ist das Ziel aller konnektivistischen Lernaktivitäten. („Currency (accurate, up-to-date knowledge) is the intent of all connectivist learning activities.", ebd.)
8) Entscheidungen zu treffen ist schon an sich ein Lernprozess. Die Auswahl von Lerninhalten und die Bewertung von Informationen finden in einer sich verändernden Welt statt. Was heute richtig erscheint kann morgen falsch sein, da sich das Informationsumfeld geändert hat. („Decision-making is itself a learning process. Choosing what to learn and the mean-ing of incoming information is seen through the lens of a shifting reality. While there is a right answer now, it may be wrong tomorrow due to altera-tions in the information climate affecting the decision", ebd.)

Ausgehend von diesen Prinzipien versteht Siemens ein lernendes Individuum als ein stark vernetztes Wesen, dass auch mehrere Informationsquellen – technischer und menschlicher Art – zugreifen kann und Wissen durch verschiedene Kontakte und Verbindungen (bei Siemens als „Pipe" bezeichnet) austauscht. Die Auswahl und Bewertung der erhaltenen Informationen ist dabei ein wesentlicher Teil der Lernleistung (siehe Abbildung 4). Die Aufrechterhaltung der bestehenden Verbindungen zu Wissensquellen ist dabei ebenso essenziell, wie das Erkennen von thematischen Verbindungen zwischen verschiedenen Disziplinen. Ebenso unabdingbar ist für das Modell des Konnektivismus die (intrinsische) Motivation des Individuums zum Lernen und die Bereitschaft sich auf Themen und Fragestellung zu unterschiedlichen Zeitpunkten wieder neu einzulassen, da die Bewertung der Situation durch die sich entwickelnde ändernde Lebenswelt stets neu und unvoreingenommen vorgenommen werden sollte.

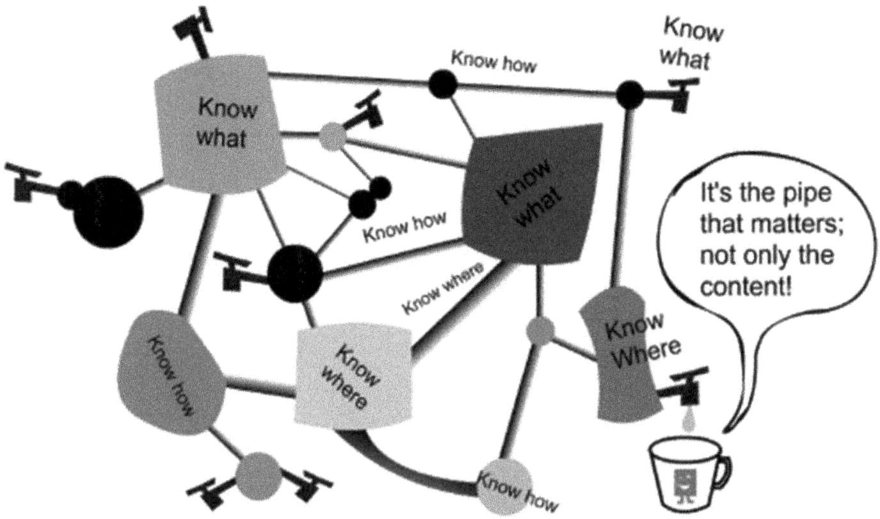

Abb. 4: Grafische Darstellung des Konnektivismus nach G. Siemens Quelle: [18].

Mit Blick auf die heute den Alltag vieler Arbeitnehmerinnen und Arbeitnehmer dominierenden Formen des Lernens zeigen sich in diesem Zusammenhang massive Veränderungen: Parallel zu den in den meisten Unternehmen angebotenen institutionalisierten Lernangeboten aus Inhouse-Seminaren, externen Workshops und medialen Angeboten zum Lernen in unternehmenseigenen Learning-Management-Systemen, haben in zahlreichen Unternehmen die Mitarbeitenden eine parallele Kommunikationsstruktur aufgebaut, die auf die auch in der Freizeit erfolgreich genutzten Kommunikationsplattformen und Soziale Netzwerke zurückgreift. Die Trennung zwischen Arbeit und Freizeit wird auch bezogen auf die Kommunikationsinhalte und -tools zunehmend – wie oben schon mit anderem Fokus gezeigt werden konnte – durchlässiger: Mitarbeiter publizieren in Sozialen Netzwerken auch Aspekte der beruflichen Tätigkeit und tauschen sich beispielsweise mit anderen über Kunden oder Kollegen aus. Neben Texten und Bildern, die schon heute mit den aktuellen SmartDevices wie Smartphones und Tablets mit wenig Aufwand in sozialen Netzwerken publiziert und rezipiert werden können, stehen wir derzeit an der Schwelle zum nächsten technischen Schritt, der die netzgestützte Kommunikation nochmals vereinfachen und noch enger mit unserem Alltag verbinden wird. Es ist anzunehmen, dass wearable Computer-Devices, die zur Nutzung nicht einmal mehr aus der Hosen- oder Jackentasche genommen werden müssen, sondern direkt verbal aktiviert werden können, eine nochmals einfachere Nutzung sozialer Netzwerke und webbasierter Informationssysteme ermöglichen werden.

Während die vergangenen Jahre unter dem Schlagwort des „mobile Learning" oft die Verwendung von klassischen multimedialen Lernanwendungen auf einem Notebook, Netbook oder SmartDevice verstanden wurde, werden Wearable Computer eine völlig neue Form des mobile Learning ermöglichen, bei der vermutlich der Austausch mit anderen Lernenden eine deutlich wichtigere Rolle spielen wird, als der Abruf vorgefertigten Lerncontents. Neben den derzeit zu beobachtenden Ansätzen des Social E-Learning werden die SmartDevices der wearable Computer zukünftig eine neue Form des „Smart Social E-Learning" ermöglichen/hervorbringen (siehe hierzu auch [14]).

Literaturverzeichnis

[1] Medienpsychologischer Forschungsverbund Südwest (mpfs). (2014). *KIM-Studie 2014: Kinder + Medien, Computer + Internet – Basisuntersuchung zum Medienumgang 6- bis 13-Jähriger.* Stuttgart.

[2] Medienpsychologischer Forschungsverbund Südwest (mpfs). (2015). *JIM-Studie 2015: Jugend, Information, (Multi-)Media – Basisuntersuchung zum Medienumgang 12- bis 19-Jähriger.* Stuttgart.

[3] ARD Mediendaten. http://www.ard.de/home/intern/presse/pressearchiv/50_Jahre_ARD_ZDF_Studie_Massenkommunikation/2115394/index.html

[4] ARD-ZDF-Onlinestudie: http://www.ard-zdf-onlinestudie.de/

[5] John, P. & Gasser, U. (2008). *Generation Internet: Die Digital Natives: Wie sie leben – Was sie denken – Wie sie arbeiten.* München: Carl Hanser.

[6] Nieswiodek, E. (2008). *Generation Online: Jugendliche und Internet – alles, was Erwachsene wissen sollten.* München: Hänssler.

[7] Johnson, S. *Neue Intelligenz: Warum wir durch Computerspiele und TV klühger werden.* Kiepenheuer & Witch, Köln, 2006.

[8] Vollbrecht, R. & Wegener, C. (Hrsg.). (2009). *Handbuch Mediensozialisation.* Heidelberg: VS Verlag für Sozialwissenschaften.

[9] Gerhard, M. (1963). *Psychologie der Massenkommunikation*, Verlag Hans Bredow Institut.

[10] Hömberg, W. & Burkhart, R. (1993). Elektronisch mediatisierte Gemeinschaftskommunikation. Eine Herausforderung für die kommunikationswissenschaftliche Modellierung. In: PFAMMATTER, René (Hrsg.): *Multi Media Mania. Reflexionen zu Aspekten neuer Medien.* Konstanz, S. 19–36. Leu, H.R. Wie Kinder mit dem Computer umgehen. München.

[11] Dittler, U. (2011). *E-Learning: Einsatzkonzepte und Erfolgsfaktoren des Lernens mit Interaktiven Medien.* München: Oldenbourg.

[12] Beck, U. & Beck-Gernsheim, E. (2013). *Fernliebe: Lebensformen im globalen Zeitalter.* München: Suhrcamp.

[13] Frank, E. & Hübschen, T. (2015). *Out of Office: Warum wir die Arbeit neu erfinden müssen.* München: Redline Verlag.

[14] Dittler, U. & Kreidl, C. (2015). *Was nun – stehen wir an der Schwelle zum „Smart Social E-Learning"?*: gibt es durch den Einsatz von Smartphones, Tablet-PCs und Apps neue Möglichkeiten im E-Learning, die interessante Perspektiven eröffnen? In: HMD : Praxis der Wirtschaftsinformatik. Bd. 52.2015, 301, S. 46–57. Wiesbaden: Springer Vieweg.

[15] Baumgart, F. (2007) (Hrsg.): *Erziehungs- und Bildungstheorien*. Klinkhardt, Bad Heilbrunn.
[16] Klafki, W. (1963). *Neue Studien zur Bildungstheorie und Didaktik: Zeitgemäße Allgemeinbildung und kritisch-konstruktive Didaktik*. Beltz, Weinheim.
[17] Klafki, W. (1986). *Die Bedeutung der klassischen Bildunsgtheorien für ein zeitgemäßes Konzept allgemeiner Bildung*. In: Zeitschrift für Pädagogik. 4/1986, S. 455–476. Beltz, Weinheim.
[18] Fakte, R. & Merkens, H. (2006) (Hrsg).: *Bildung über die Lebenszeit*. Verlag für Sozialwissenschaften, Wiesbaden.
[19] Dewe, B. & Weber, P.J. (2007). *Wissensgesellschaft und Lebenslanges Lernen: Eine Einführung in bildungspolitische Konzeptionen der EU*. Klinkhardt, Bad Heilbrunn.
[20] Casale, R., Jacobi, J., Oelkers, J. & Tröhler, D. (2006). *Lebenslanges Lernen – ein alter Hut?*. In: Fatke, R. & Merkens, H. (Hrsg.). Bildung über die Lebenszeit. Verlag für Sozialwissenschaften, Wiesbaden, S. 131–142.
[21] Naumann, M. (2006). *„Bildung" – eine deutsche Utopie. In: Fatke, R. & Merkens, H. (Hrsg.). Bildung über die Lebenszeit*. Verlag für Sozialwissenschaften, Wiesbaden, S. 15–30.
[22] Schirrmacher, F. (2009). *Payback: Warum wir im Informationszeitalter gezwungen sind zu tun, was wir nicht tun wollen, und wie wir die Kontrolle über unser Denken zurückgewinnen*. Blessing, München.
[23] Kuhlen, R. (2004). *Informationsethik*. UVK, Konstanz.
[24] Kübler, H.-D. (2009). *Mythos Wissensgesellschaft: Gesellschaftlicher Wandel zwischen Information, Medien und Wissen. Eine Einführung*. Verlag für Sozialwissenschaften, Wiesbaden.
[25] Stehr, N. (1994). *Arbeit, Eigentum und Wissen: Zur Theorie von Wissensgesellschaften*. Suhrkamp, Frankfurt.
[26] Kerres, M. & de Witt, C. (2006). *Perspektiven der Medienbildung*. In: Fatke R. & Merkens H. (Hrsg). Bildung über die lebenszeit. Verlag für Sozialwissenschaften, Wiesbaden, S. 209–220.
[27] Siemens, G. (2004). *A Learning Theory for the Digital Age*: http://www.elearnspace.org/Articles/connectivism.htm.
[28] Siemens, G. (2006). *Knowing knowledge*, S. 32.

Ullrich Dittler & Christian Kreidl

Erwartungen der *digital natives* an Bildungsangebote

Mediennutzung und Medienwünsche im Zeitalter des E-Learning 4.0

Zusammenfassung: Im Rahmen einer Studie mit über 1300 Teilnehmern aus Deutschland und Österreich wurde erhoben, welche Medien zur Kommunikation im privaten und beruflichen Kontext eingesetzt werden. Darüber hinaus wurde die Medienwahl vor dem Hintergrund der Informationssuche für allgemeine, bzw. beruflich/fachliche Inhalte erhoben. Zudem wurde die Nutzung von Sozialen Netzwerken differenziert erfasst und die Einstellung gegenüber elektronischen Lehr- und Lernangeboten.

Die Darstellung der Ergebnisse erfolgt jeweils in Abhängigkeit vom Alter bzw. geclustert nach Stellung in Ausbildung, Studium und Beruf, um darauf basierend abschließend Hinweise zur zielgruppengerechten Entwicklung von elektronischen Bildungsangeboten geben zu können.

Schlüsselwörter: Medienwahl, Mediennutzung, Soziale Netzwerke, Messenger-Dienste, Unterhaltungsmedien

1 Beschreibung der empirischen Studie

1.1 Ausgangslage und Zielsetzung

Wie in Kapitel 1 gezeigt werden konnte, nimmt seit den 90er Jahren des vergangenen Jahrhunderts der Einsatz elektronischer Lehr- und Lernformen sowohl in der betrieblichen Aus- und Weiterbildung, als auch in der schulischen und hochschulischen Ausbildung, kontinuierlich zu. Parallel hierzu gewinnen seit 2007 (d. h. seit der Vorstellung des ersten iPhone) auch mobile SmartDevices – wie im vorangegangenen Kapitel 2 verdeutlicht werden konnte – im Alltag zunehmend an Bedeutung.

Ausgehend von diesen Entwicklungen sollte im Rahmen einer empirischen Studie[1] der Einfluss der ubiquitären und jederzeitigen Verfügbarkeit internetbasierter

1 In diesem Beitrag werden ausgewählte Ergebnisse der Studie vorgestellt und interpretiert. Die komplette und reine Datenauswertung (ohne Interpretation) der Studie ist unter https://opus.hs-furtwangen.de/files/799/Gesamtergebnisse+Second+Screen–1.pdf abrufbar.

DOI 10.1515/9783110468946-004

Medien und Dienste auf die Mediennutzung, die Medienkompetenz und die Erwartungshaltung von Studierenden und Berufstätigen der Befragten in Bezug auf mediengestützte Lernangebote erhoben werden:
- Neben der Erfassung der zur Kommunikation im privaten und beruflichen Umfeld genutzten Medien
- wurde auch erhoben, welche Medien zur Informationsbeschaffung im privaten und beruflichen Kontext bevorzugt verwendet werden.
- Einen weiteren Schwerpunkt der Studie bildete die Nutzung mediengestützter Sozialer Netzwerke im privaten und beruflichen Kontext, sowie im Kontext des Studiums.
- Außerdem wurden auch Daten zu der Erfahrung im Umgang mit und den Erwartungen an E-Learning erhoben, um anschließend Empfehlungen zur Entwicklung und dem Einsatz von elektronischen Lehr- und Lernangeboten für die Generation der „*digital natives*“ ableiten zu können.

1.2 Beschreibung der Stichprobe

Für die hier vorgestellte Studie wurden im Zeitraum von Mai 2015 bis April 2016 insgesamt 1.323 Personen in Deutschland und Österreich befragt. Die Befragung erfolgte teilweise papiergestützt und teilweise mit einem elektronischen (Online-) Fragebogen.

937 der Teilnehmer gaben an, in Deutschland ihren ständigen Wohnsitz zu haben (dies entspricht 73,5 %), 248 Teilnehmer nannten Österreich als Land ihres Wohnsitzes (entspricht 18,7 %). 138 Teilnehmer haben ihren ständigen Wohnsitz in einem anderen Land (dies entspricht 10,4 % der Befragten), genannt wurden insgesamt 35 verschiedene Länder aus denen die Befragten kamen (darunter auch Auslandsstudierende, die während des Befragungszeitraums ein Semester an einer deutschen oder österreichischen Hochschule verbrachten).[2]

Die Geschlechterverteilung war unter den Befragten nahezu ausgeglichen: 618 Teilnehmerinnen (entspricht 46,7 %) standen 679 Teilnehmer (entspricht 51,3 %) gegenüber; während 26 Teilnehmende keine Aussage zum Geschlecht machten (entspricht 1,9 %).

1.297 Teilnehmerinnen und Teilnehmer gaben ihr Alter an (26 Personen, d. h. 1,9 % machten keine diesbezüglichen Angaben) und es zeigt sich, dass der Altersdurchschnitt der Befragten bei 29,7 Jahren lag, während der Median bei 24,0 Jahren lag. Der jüngste Teilnehmer war 18 Jahre alt und der älteste Studienteilnehmer 76 Jahre. Verteilt nach Altersgruppen – und angenommenen Phasen der Ausbildung und Erwerbstätigkeit – ergibt sich folgendes Bild:

2 Der Wortlaut der Frage: In welchem Land ist Ihr ständiger Wohnsitz?

- Die Gruppe der „bis 22-Jährigen“ Studienteilnehmer bilden die Gruppe der „Menschen in Ausbildung oder Studienanfänger“: 516 Teilnehmer der Studie (entspricht 39,0 %) sind dieser Gruppe zuzuordnen,
- „Menschen im Studium oder im ersten Job“ beschreibt die Gruppe der „über 22- bis 30-Jährigen“. Zu dieser Gruppe zählen 509 Studienteilnehmer (entspricht 38,4 %).
- Als „Menschen, die schon länger berufstätig sind“ werden die „über 30- bis 40-Jährigen“ zusammengefasst. Zu dieser Gruppe zählen 175 Teilnehmende der Studie (entspricht 13,2 %) und
- die Gruppe der „über 40-Jährigen“ ist mit nur 97 Teilnehmenden in der Studie vertreten und macht daher nur 7,3 % aus.

Da in der Studie das Mediennutzungsverhalten im privaten Kontext dem Mediennutzungsverhalten im beruflichen Kontext gegenübergestellt werden sollte, wurden zudem die Dauer der Berufstätigkeit und die Größe des Unternehmens erhoben:[3,4] Neben 761 aktuell studierenden Personen (entspricht 57,5 %), gaben 664 Teilnehmende an, berufstätig zu sein (entspricht 50,1 %) – 102 der Befragten befinden sich demnach in einem berufsbegleitenden Studium parallel zur Erwerbstätigkeit (entspricht 7,7 %).

Ein näherer Blick auf die Berufstätigkeit der Studienteilnehmer zeigt, dass diese durchschnittlich seit 6,8 Jahren berufstätig sind (Median bei 4,0 Jahren):

- Berufstätigkeit bis zu einem Jahr: 109 Studienteilnehmende (entspricht 8,2 % aller Teilnehmenden und 16,4 % der berufstätigen Teilnehmenden),
- Berufstätigkeit zwischen einem und fünf Jahren: 292 Studienteilnehmende (entspricht 22,0 % aller Teilnehmenden und 43,9 % der berufstätigen Teilnehmenden),
- Berufstätigkeit zwischen fünf und zehn Jahren: 134 Studienteilnehmende (entspricht 10,1 % aller Teilnehmenden und 20,1 % der berufstätigen Teilnehmenden) und
- über zehn Jahre berufstätig: 129 Studienteilnehmende (entspricht 9,7 % aller Teilnehmenden und 19,4 % der berufstätigen Teilnehmenden).

Von den 664 berufstätigen Studienteilnehmenden gaben 577 die Anzahl der Mitarbeiter ihres Unternehmens an. Durchschnittlich verfügen diese arbeitsgebenden Unternehmen über ca. 2.800 Mitarbeitende (Median bei 80 Mitarbeitenden, was sich durch ein paar genannte Großunternehmen mit über 50.000 Mitarbeitenden erklären lässt) und sind folgendermaßen den verschiedenen Unternehmensgrößen zuzuordnen.

---

3 Der Wortlaut der Frage: „Wie lange sind Sie bereits berufstätig (gesamt)? Bitte Anzahl an Jahren angeben:“

4 Der Wortlaut der Frage: „Wie viele Personen arbeiten ungefähr in Ihrem Unternehmen? Bitte Anzahl an Mitarbeitern angeben:“

- 260 Befragte arbeiten in Kleinunternehmen mit bis zu 50 Mitarbeitenden (dies entspricht 45,1 %),
- 137 Befragte arbeiten in mittelständischen Unternehmen mit 51 bis 250 Mitarbeitenden (dies entspricht 23,7 %) und
- 180 Befragte arbeiten in Unternehmen mit mehr als 251 Mitarbeitenden (dies entspricht 31,2 %).

2 Ergebnisse der empirischen Studie

2.1 Nutzung von Informationsmedien

Um aus der Studie Hinweise und Empfehlungen für den Einsatz von zielgruppengerechten E-Learning-Maßnahmen ableiten zu können, wurden zunächst erhoben, in welchem Maße einzelne Medien zur Informationsbeschaffung verwendet werden. Es wurde hierbei unterschieden zwischen „allgemeinen Informationen“, „beruflich bzw. fachlich relevanten Informationen“ und „Informationen für die Aus- und Weiterbildung“ (siehe folgende Abb. 1).[5]

Es zeigt sich, dass bei der Suche nach „allgemeinen Informationen, d. h. Informationen im privaten Kontext (Nachrichten, Wetter ...)“, von 51,2 %der Befragten das „Fernsehen“ den drei wichtigsten Medien zugeordnet wird, über die sie diese Art von Information beziehen. Zudem geben 47,5 % der Befragten an, dass sie allgemeine Informationen über „Internetrecherche“ beziehen und 42,5 % nennen „regelmäßig besuchte Internetseiten“ als wichtige Quelle für allgemeine Informationen.

Deutlich abgeschlagen bei der Suche nach allgemeinen Informationen rangieren hingegen „Zeitschriften (inkl. Fachzeitschriften)“, die nur 7,3 % der Befragten den drei genannten wichtigsten Medien zuordnen, sowie „Internet-Videos (YouTube)“ und „Nachrichtenticker/Newsfeeds“, die von 15,6 % bzw. 18,6 % bei der Fragen nach den drei wichtigsten Medien für die Versorgung mit allgemeinen Informationen genannt werden.

5 Wortlaut der Frage: „Bitte markieren Sie die jeweils drei wichtigsten Medien, über die Sie Informationen beziehen (d. h. drei pro Spalte)“. Die Spalten waren mit „Allgemeine Informationen/ Informationen im privaten Kontext (Nachrichten, Wetter etc.“, „Beruflich bzw. fachlich relevante Informationen“ und „Informationen für die Aus- und Weiterbildung“ überschrieben. In den Zeilen der Matrix standen folgende Medien zur Auswahl: „Radio“, „Fernsehen“, „Zeitung“, „Zeitschriften (incl. Fachzeitschriften“, „Regelmäßig besuchte Internetseiten“, „Internetrecherche (googlen)“, „Soziale Netzwerke (Facebook, XING etc.)“, „Internet-Videos (YouTube etc.)“ sowie „Nachrichtenticker/Newsfeeds“.

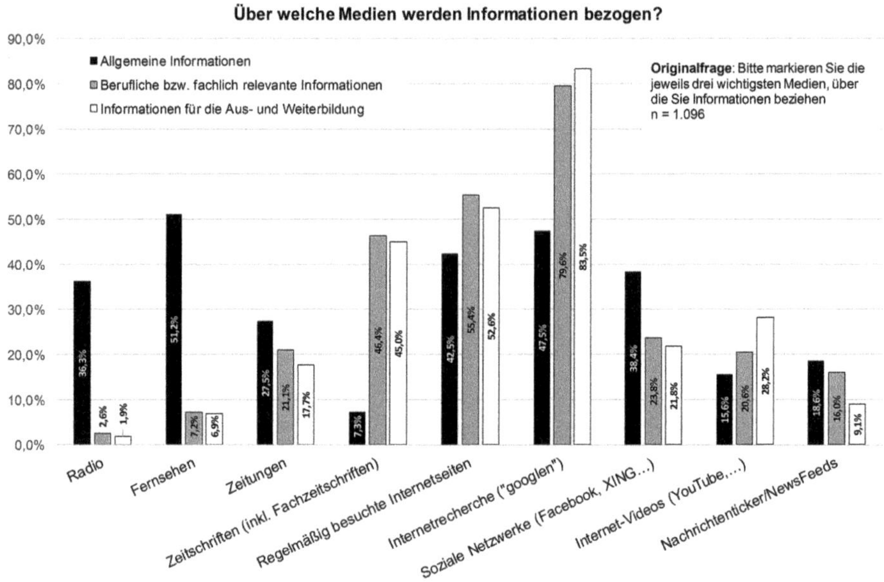

Abb. 1: Nutzung unterschiedlicher Medien zur Beschaffung von Informationen für verschiedene Belange.

Ein anders Bild zeichnet sich mit Blick auf die Medien, die zur Suche von „beruflichen bzw. fachlich relevanten Informationen" verwendet werden: deutlich führt hier die „Internetrecherche", die von 79,6 % der Befragten genannt wird. Immer noch mehr als die Hälfte der Befragten (55,4 %) zählt zudem „regelmäßig besuchte Internetseiten" zu den drei wichtigsten Quellen für Informationen dieser Art. Während sie sich bei der Suche nach allgemeinen Informationen als wenig bedeutungsvoll herausstellten, werden „Zeitschriften (inkl. Fachzeitschriften)" bei der Suche nach beruflichen bzw. fachlich relevanten Informationen hingegen von 46,4 % der Befragten genannt. Als das Medium mit der geringsten Bedeutung bei der Suche nach beruflicher bzw. fachlich relevanter Information wird – nicht ganz überraschend – das „Radio" genannt; nur 2,6 % der Befragten zählen es zu den drei wichtigsten Informationsmedien. Auch „Fernsehen" und „Nachrichtenticker/Newsfeed" spielen für die Versorgung mit Informationen dieses Typus nur eine geringe Rolle; nur 7,2 % bzw. 16,0 % nennen diese Medien bei der Frage nach den drei wichtigsten Medien für die Versorgung mit beruflich bzw. fachlich relevanten Informationen.

Bei der Einschätzung der drei wichtigsten Medien für die Versorgung mit „Informationen für die Aus- und Weiterbildung" dominieren die gleichen Medien, wie bei den beruflichen bzw. fachlich relevanten Informationen: Sogar 83,5 % der Befragten nennen hier die „Internetrecherche", gefolgt von 52,6 %, die „regelmäßig besuchte Internetseiten" nennen und 45,0 %, die „Fachzeitschriften" als eine der drei wichtigsten Quellen für Informationen für die Aus- und Weiterbildung nennen. „Radio", „Fernsehen" und „Nachrichtenticker/Newsfeeds" sind auch hier die am wenigsten wichtigen Medien und werden nur von 1,9 %, 6,9 % bzw. 9,1 % der Befragten bei der Frage nach den drei wichtigsten Medien für die Versorgung mit Informationen für die Aus- und Weiterbildung genannt.

Wie oben bereits skizziert, wurden die Teilnehmenden der Studie in vier Gruppen unterteilt; anhand des Alters fanden so Zuordnungen zu Phasen der Ausbildung, des Studiums oder der Positionierung in der Arbeitswelt statt. Die Teilnehmenden „bis 22 Jahre" sind vermutlich mehrheitlich Menschen in Ausbildung oder Studienanfänger, deren aktuelle Lebensphase – aber auch die vergangenen Jahre – durch die Verankerung in institutionalisierten Ausbildungs- und Studienstrukturen geprägt ist.

Die Gruppe der „über 22- bis 30-Jährigen" kann als Menschen im Studium oder im ersten Job verstanden werden und ist geprägt entweder durch einen fortgeschrittenen Studienverlauf oder durch die Phase des Berufseinstiegs. Diese Phase ist in der Regel auch dadurch gekennzeichnet, dass der Erwerbstätigkeit im Alltag eine große Bedeutung zugesprochen wird und – im Sinne eines klassischen soziologischen biografischen Bruchs – der Alltag und auch die Mediennutzung unter Berücksichtigung der Anforderungen der Erwerbsarbeit neu strukturiert wird.

Bei den „über 30- bis 40-Jährigen" kann angenommen werden, dass es sich um Menschen handelt, die schon länger berufstätig sind. Diese Lebensphase ist oft durch Souveränität im Umgang mit den beruflichen Anforderungen geprägt und einem Bedeutungszuwachs des Privaten: Familien und Hobbys werden in dieser Phase für viele Arbeitnehmer wieder wichtiger, als dies in der Phase des Berufseinstiegs der Fall war.

Nur gering war der Anteil der „über 40-Jährigen" unter den Teilnehmenden an der Studie; dennoch soll diese Gruppe (immerhin auch knapp 100 befragte Personen) gesondert betrachtet werden, da zahlreiche der in dieser Studie betrachteten Medien zur Zeit deren Ausbildung und Studium noch nicht verfügbar waren und sich diese Gruppe daher ggf. in Bezug auf Medienkompetenz und Mediennutzung von den anderen betrachteten Gruppen unterscheidet.

Die oben zusammenfassend dargestellten Ergebnisse der Studie zur Suche nach „allgemeinen Informationen", „beruflichen bzw. fachlichen Informationen" sowie „Informationen für die Aus- und Weiterbildung" sollen im Folgenden differenziert nach diesen Altersklassen bzw. Ausbildungs- und Berufsphasen betrachtet werden.

Die folgende Tab. 1 zeigt die Antworten der Teilnehmenden an der Studie zum Item „Bitte markieren Sie die jeweils drei wichtigsten Medien, über die Sie Allgemeine Informationen / Informationen im privaten Kontext (Nachrichten, Wetter etc.) beziehen", differenziert nach den vier genannten Altersgruppen. Zur Erhöhung der Übersichtlichkeit sind in der Tabelle pro Altersgruppe die drei Medien mit den höchsten Prozentwerten markiert.

Es zeigen sich auf den ersten Blick in zwei Altersgruppen jeweils Ausreißer im Vergleich zu den oben skizzierten Gesamtergebnissen: In der Gruppe der „bis 22-Jährigen" sind „Soziale Netzwerke (Facebook, XING etc.)" bedeutungsvoller für die Informationssuche als in den anderen Altersgruppen und bei den „über 40-Jährigen" kommt dem „Radio" eine Rolle bei der Suche nach allgemeinen Informationen zu, die die in den anderen Altersgruppen deutlich übersteigt.

Mit Blick auf die Gruppe der „bis 22-Jährigen" zeigt sich zudem, dass diese mit 56,1 % überdurchschnittlich oft das „Fernsehen" als Informationsquelle angaben, „Internetrecherche" sowie „regelmäßig besuchte Internetseiten" spielen in dieser Gruppe erstaunlicherweise eine untergeordnete Rolle, während – nicht überraschend – „Soziale Netzwerke (Facebook, XING, etc.)" als Quelle für Allgemeine Informationen mit 43,9 % überdurchschnittlich oft genannt werden.

Ein etwas anderes Bild zeichnet sich bei den wichtigsten Medien für Allgemeine Informationen der Gruppe der „ab 22- bis 30-Jährigen": Diese Gruppe stimmt in den meistgenannten Medien mit dem Durchschnitt überein, nutzt jedoch „Radio", „Fernsehen", „Zeitungen" und auch „Zeitschriften (inkl. Fachzeitschriften)" unterdurchschnittlich oft, während „regelmäßig besuchte Internetseiten", „Internetrecherche", „Soziale Netzwerke", „Nachrichtenticker / NewsFeeds" und vor allem „Internet-Videos (YouTube etc.)" deutlich häufiger als vom Durchschnitt der Befragten genannt wurden.

Bei der Gruppe der „über 30- bis 40-Jährigen" bleiben die meistgenannten Medien für allgemeine Informationen ebenfalls „Fernsehen", „Internetrecherche" und „regelmäßig besuchte Internetseiten" wobei gerade das Letztgenannte mit 55,6 % deutlich häufiger genannt wurde, als vom Durchschnitt der Befragten (42,5 %). Erwartungsgemäß nannte diese Gruppe „Soziale Netzwerke (Facebook, XING etc.)" mit 29,9 % deutlich seltener als der Durchschnitt (38,4 %). Aber auch bei „Zeitungen" nennt diese Gruppe eine unterdurchschnittliche Nutzung (21,5 % gegenüber 27,5 %).

Tab. 1: Bedeutung unterschiedlicher Medien als Informationsquelle für „allgemeine Informationen bzw. Informationen im privaten Kontext (Nachrichten, Wetter...)" in verschiedenen Altersgruppen[6].

Medium	Bis 22 Jahre	Über 22 bis 30 Jahre	Über 30 bis 40 Jahre	Über 40 Jahre	Gesamtgruppe (gewichtet)
Radio	36,8 %	30 %	41,7 %	51,3 %	36,3 % (40,1 %)
Fernsehen	56,1 %	45,1 %	52,1 %	55,0 %	51,2 % (52,1 %)
Zeitungen	30,9 %	24,0 %	21,5 %	41,3 %	27,5 % (29,4 %)
Zeitschriften (inkl. Fachzeitschriften)	7,1 %	5,9 %	9,0 %	13,8 %	7,3 % (8,9 %)
Regelmäßig besuchte Internetseiten	35,9 %	45,1 %	55,6 %	42,5 %	42,5 % (44,8 %)
Internetrecherche („googlen")	43,9 %	49,0 %	50,0 %	52,5 %	47,5 % (48,9 %)
Soziale Netzwerke (Facebook, XING,...)	43,9 %	39,5 %	29,9 %	22,5 %	38,4 % (33,9 %)
Internet-Videos (YouTube,...)	15,0 %	20,1 %	8,3 %	5,0 %	15,6 % (12,1 %)
Nachrichtenticker / NewsFeeds	16,4 %	21,3 %	22,9 %	10,0 %	18,6 % (17,7 %)
Datenbasis (n=)	**421**	**408**	**144**	**80**	**1.086**

6 Da sich die Stichprobengröße in den einzelnen Altersgruppen teilweise erheblich unterscheidet, ist zum Vergleich sowohl der Gesamtmittelwert („Gesamtgruppe") über alle Daten angeführt als auch ein gewichteter Mittelwert („Gesamtgruppe gewichtet"), der dem Mittelwert aus den vier Altersgruppen, unabhängig von deren Stichprobengröße, entspricht.

In der Gruppe der „über 40-Jährigen" ist die deutlich geringere Bedeutung von „Sozialen Netzwerken (Facebook, XING etc.)" sowie der „Internet-Videos (YouTube etc.)" auffällig, während vor allem „Zeitungen" und – überraschend – auch „Radio" eine große Bedeutung für die Versorgung mit allgemeinen Informationen zugesprochen wird.

Wie im zusammenfassenden Überblick oben bereits gezeigt wurde, verliert das „Fernsehen" deutlich an Bedeutung (7,2%), wenn es um den Bezug von „beruflichen bzw. fachlich relevanten Informationen" geht. „Zeitschriften" (46,4%) gewinnen hingegen an Bedeutung und zählen zusammen mit „regelmäßigen besuchten Internetseiten" (55,4%) sowie vor allem „Internetrecherche" (79,6%) zu den drei meistgenannten Medien für die Versorgung mit fachlichen Informationen geht (siehe folgende Tab. 2).

Die Gruppe der „bis 22-Jährigen" gibt als Quelle für fachliche Informationen überdurchschnittlich oft „Fernsehen" (10,1%) sowie noch deutlicher „Zeitungen" an (30,6%) an. Bei allen anderen Medien liegt diese Gruppe nahe an den Werten der Gesamtstichprobe.

Eine leicht überdurchschnittliche Bedeutung von „Zeitschriften (inkl. Fachzeitschriften)" lässt sich auch noch in der Gruppe der „über 22- bis 30-Jährigen" feststellen (48,9%); unterdurchschnittlich sind hingegen vor allem „Fernsehen" (5,8%) sowie vor allem „Zeitungen" (17,6%).

Wie schon bei den Allgemeinen Informationen, so zeigt sich auch bei den beruflich relevanten Informationen, dass für die Gruppe der „über 30- bis 40-Jährigen" die „regelmäßig besuchten Webseiten" eine deutlich überdurchschnittliche Bedeutung (66,2%) haben. Als ebenfalls überdurchschnittlich wichtig für diese Zielgruppe sind „Zeitschriften (inkl. Fachzeitschriften)" sowie „Soziale Netzwerke (Facebook, XING etc.)".

Tab. 2: Bedeutung unterschiedlicher Medien als Informationsquelle für „beruflich bzw. fachlich relevante Informationen" in verschiedenen Altersgruppen

Medium	**Bis 22 Jahre**	**Über 22 bis 30 Jahre**	**Über 30 bis 40 Jahre**	**Über 40 Jahre**	**Gesamtgruppe (gewichtet)**
Radio	3,8 %	2,4 %	0,7 %	0,0 %	2,6 % (1,7 %)
Fernsehen	10,1 %	5,8 %	2,6 %	5,9 %	7,2 % (6,1 %)
Zeitungen	30,6 %	17,6 %	10,6 %	10,6 %	21,1 % (17,3 %)
Zeitschriften (inkl. Fachzeitschriften)	39,5 %	48,9 %	48,3 %	62,4 %	46,4% (49,8 %)
Regelmäßig besuchte Internetseiten	50,1 %	54,5 %	66,2 %	62,4 %	55,4 % (58,3 %)
Internetrecherche („googlen")	78,1 %	78,8 %	78,8 %	82,4 %	79,6 % (79,5 %)
Soziale Netzwerke (Facebook, XING,...)	21,9 %	24,3 %	29,1 %	21,2 %	23,8 % (24,1 %)
Internet-Videos (YouTube,...)	19,3 %	21,2 %	19,2 %	22,4 %	20,6 % (20,5 %)
Nachrichtenticker / NewsFeeds	13,6 %	16,9 %	21,2 %	12,9 %	16,0 % (16,2 %)
Datenbasis (n=)	**425**	**415**	**151**	**85**	**1.086**

Bei den „über 40-Jährigen" liegen die Angaben zu den drei meistgenannten Medien „Internetrecherche", „Regelmäßig besuchte Webseiten" sowie „Zeitschriften (inkl. Fachzeitschriften)" jeweils über dem Durchschnitt, während hingegen vor allem „Zeitungen" eine deutlich geringere Bedeutung für die Versorgung mit beruflich relevanten bzw. fachlichen Informationen zu gesprochen wird (siehe vorangegangene Tab. 2).

Für den Zugriff auf „Informationen für die Aus- und Weiterbildung" wurden über alle Altersgruppen hinweg übereinstimmend „Internetrecherche", „Regelmäßig besuchte Webseiten" und „Zeitschriften (inkl. Fachzeitschriften)" als wichtigste Medien genannt; lediglich die Ausprägung und die Reihenfolge unterscheiden sich je nach Altersgruppe (siehe Tab. 3).

Bei der jungen Gruppe der „bis 22-Jährigen" ist mit Abstand die „Internetrecherche" das wichtigste Informationsmedium und wird bei dieser Altersgruppe mit 88,0 % auch öfter genannt als vom Durchschnitt der Befragten. Auch „Zeitungen" werden überdurchschnittlich häufig als Quelle für Informationen für die Aus- und Weiterbildung genannt, während „Zeitschriften (inkl. Fachzeitschriften)" hingegen unterdurchschnittlich oft genannt werden.

Die Gruppe der „über 22- bis 30-Jährigen" bewertet die Bedeutung der Medien für bildungsrelevante Informationen weitestgehend so wie der Durchschnitt aller Befragten, lediglich den „Sozialen Netzwerken (Facebook, XING etc.)" wird eine überdurchschnittliche Bedeutung zugesprochen (24,6 %).

Für die Gruppe der „über 30- bis 40-Jährigen" spielen „Nachrichtenticker / Newsfeeds" eine überdurchschnittlich große Rolle (16,8 %), aber auch bei den „regelmäßig besuchten Internetseiten" und „Zeitschriften (inkl. Fachzeitschriften)" liegt diese Altersgruppe über dem Durchschnitt. Bei „Internetrecherche" und „Zeitungen" jedoch liegen sie hingegen teilweise deutlich unter dem Durchschnitt.

Tab. 3: Bedeutung unterschiedlicher Medien als Informationsquelle für „Informationen für die Aus- und Weiterbildung" in verschiedenen Altersgruppen

Medium	**Bis 22 Jahre**	**Über 22 bis 30 Jahre**	**Über 30 bis 40 Jahre**	**Über 40 Jahre**	**Gesamtgruppe (gewichtet)**
Radio	3,1 %	0,7 %	1,4 %	3,5 %	1,9 % (2,2 %)
Fernsehen	10,6 %	6,0 %	1,4 %	4,7 %	6,9 % (5,7 %)
Zeitungen	25,1 %	16,5 %	7,0 %	9,4 %	17,7 % (14,5 %)
Zeitschriften (inkl. Fachzeitschriften)	41,8 %	43,5 %	52,4 %	61,2 %	45,0 % (49,7 %)
Regelmäßig besuchte Internetseiten	51,9 %	51,2 %	58,0 %	55,3 %	52,6 % (54,1 %)
Internetrecherche („googlen")	88,0 %	83,3 %	76,2 %	76,5 %	83,5 % (81,0 %)
Soziale Netzwerke (Facebook, XING,...)	20,2 %	24,6 %	21,0 %	21,2 %	21,8 % (21,7 %)
Internet-Videos (YouTube,...)	29,8 %	27,8 %	28,0 %	22,4 %	28,2 % (27,0 %)
Nachrichtenticker / NewsFeeds	8,0 %	7,7 %	16,8 %	9,4 %	9,1 % (10,5 %)
Datenbasis (n=)	**426**	**418**	**143**	**85**	**1.096**

Die steigende Bedeutung von „Zeitschriften (inkl. Fachzeitschriften)" mit zunehmendem Alter setzt sich auch bei der Gruppe der „über 40-Jährigen" fort: 61,2 % dieser Altersgruppe beziehen Informationen für Aus- und Weiterbildung über dieses Medium. Deutlich unterdurchschnittlich ist jedoch die Bedeutung von „Internet-Videos (YouTube etc.)" sowie „Internetrecherche" für die Versorgung dieser Altersgruppe mit weiterbildungsrelevanten Informationen (siehe Tab. 3).

Dass bei der Versorgung mit „allgemeine Informationen" noch die klassischen Massenmedien „Fernsehen" und „Radio" eine wichtige Rolle spielen, ist nicht sehr überraschend – wurden diese Medien doch seinerzeit gerade mit dem Ziel eingeführt, allgemeine Informationen flächendeckend zu verbreiten. Je spezifischer die gesuchten Informationen jedoch werden („beruflich bzw. fachlich relevante Informationen" bzw. „Informationen für die Aus- und Weiterbildung"), umso mehr gewinnen die internetbasierten Informationsquellen an Bedeutung, weil sie eine spezifische Informationssuche unterstützen und deutlich differenziertere und detailliertere Informationen anbieten können. Dass „Zeitschriften (inkl. Fachzeitschriften") in diesem Kontext ebenfalls zu den meistgenannten Informationsquellen zählen, liegt ggf. auch daran, dass dies das einzige Informationsmedium in der vorgeschlagenen Auswahl war, das explizit den Bezug zu Fachinformationen bereits im Titel trägt.

2.2 Nutzung von Kommunikationsmedien

Betriebliche Abläufe sind – ebenso wie Abläufe im Studium – erheblich von kooperativen und kollaborativen Verhaltensweise in Gruppen geprägt. Bedingt durch die Auflösung bzw. Erweiterung klassischer Arbeitszeiten und der Erweiterung von Teams auf verschiedene Unternehmensstandorte, kommt einer zielgerichteten Kommunikation mit allen Beteiligten eine zentrale Rolle zu. Daher wurde im Rahmen der hier vorgestellten Studie auch der Umgang mit Kommunikationsmedien erhoben – wieder getrennt zum einen nach Medieneinsatz im Rahmen „privater Kommunikation" und im Rahmen „beruflicher Kommunikation"; zudem wurde unterschieden zwischen der „Häufigkeit der Kommunikation" über ein Medium und der „Bedeutung der Kommunikation" über dieses Mediums.[7]

7 Wortlaut der Fragen: „Bitte geben Sie jene drei Medien an, die in Ihrer privaten [bzw. beruflichen] Kommunikation die größte Bedeutung (im Sinne von: Wichtigkeit bzw. nicht darauf verzichten wollen) haben". „Bitte geben Sie jene drei Medien an, die Sie in Ihrer privaten [bzw. beruflichen] Kommunikation am häufigsten verwenden (im Sinne von: die meiste Zeit damit kommunizieren) haben". Zur Auswahl standen bei den Fragen nach der Bedeutung bzw. Häufigkeit der privaten Kommunikation die folgenden Medien: „Sprachtelefonie", „Briefe", „E-Mail", „SMS", „WhatsApp", „VideoChats (z. B. Facetime)", „Facebook", „Google+", „Twitter" sowie „Andere, und zwar:". Bei den Fragen nach der Bedeutung bzw. Häufigkeit der beruflichen Kommunikation konnte gewählt werden zwischen „Sprachtelefonie", „Schriftliche Kommunikation (z. B. Briefe, Memos, etc.", „E-Mail", „SMS", „WhatsApp", „VideoChats / Videokobferenzen", Business Social Network (z. B. XING)", „Wissensmanagementsysteme / Intranet" sowie „Andere, und zwar:".

In der folgenden Abb. 2 sind zunächst die Antworten auf die Frage nach der „Bedeutung“ der jeweiligen Medien für die berufliche und private Kommunikation dargestellt. Es zeigt sich, dass „E-Mail“ das bedeutungsvollste Kommunikationsmittel im betrieblichen Kontext ist: Es wird von 91,9 % der Befragten zu den drei wichtigsten betrieblichen Kommunikationsmitteln gezählt. Es folgt die „Sprachtelefonie“, die mit 67,2 % ebenfalls noch von mehr als zwei Dritteln genannt wird. Mit deutlicherem Abstand folgen die klassischen „Briefe (schriftliche Kommunikation)“, genannt von 32,4 % der Befragten.

Die geringste Bedeutung für die berufliche Kommunikation wird „VideoChats“ (diese nannten nur 10,9 %), „SMS“ (genannt von 14,1 %) sowie „Facebook/Sozial Media“ (genannt von 18,0 %) zugesprochen.

Teilweise deutlich anders fällt die Bewertung der Medien bei der Beurteilung deren Bedeutung für die private Kommunikation aus: Hier dominiert mit 79,6 % der erst 2009 entwickelte und damit recht neue Kommunikationsdienst „WhatsApp“, während „E-Mail“ mit 64,1 % nur knapp vor der klassischen „Sprachtelefonie“ (mit 61,2 %) liegt.

Der für die berufliche Kommunikation noch wichtige „Brief (schriftliche Kommunikation)“ nimmt in der privaten Kommunikation keine große Bedeutung ein, er wird nur von 3,4 % der Befragten genannt. Ebenfalls weitestgehend bedeutungslos sind „VideoChats“ (genannt von 9,0 % der Befragten) sowie inzwischen auch „SMS“ (genannt von 19,9 %) für die private Kommunikation, wie die Abb. 2 veranschaulicht.

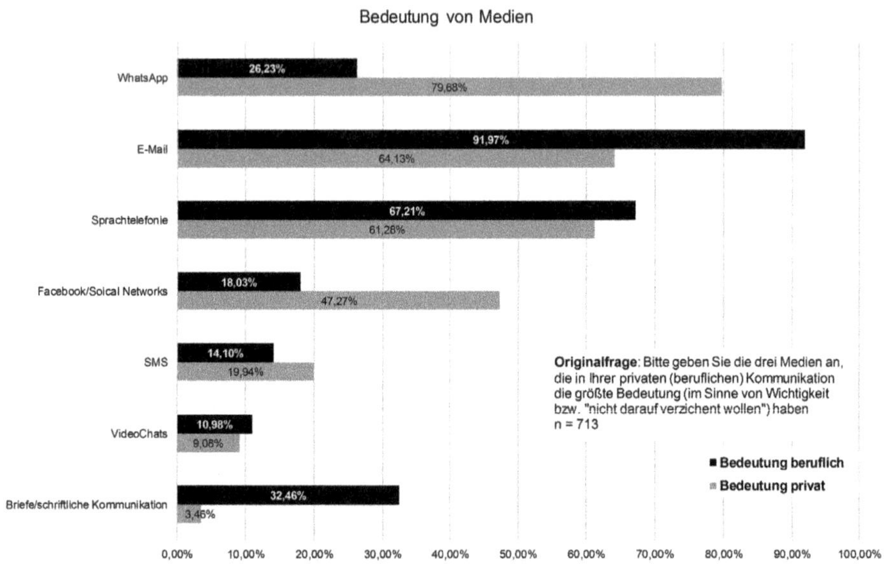

Abb. 2: Unterschiedliche Bedeutung von Medien für die private und berufliche Kommunikation (sortiert nach der Bedeutung der Medien für die private Nutzung).

Auch bei der Betrachtung der Antworten zur Bitte die drei Medien zu benennen, die in der „privaten Kommunikation" die größte „Bedeutung (im Sinne von Wichtigkeit bzw. nicht darauf verzichten wollen)" haben, ist eine Differenzierung in die verschiedenen Altersgruppen hilfreich, um Unterschiede im frei gewählten Kommunikationsverhalten der Altersgruppen erkennen zu können.

Die „bis 22-Jährigen" gaben an, dass die neueren Kommunikationsformen „VideoChats", „WhatsApp" und vor allem „Facebook" in ihrer privaten Kommunikation bedeutungsvoller sind als für den Durchschnitt aller Befragten; bei „Facebook" weist diese Gruppe einen auffällig höheren Wert auf als der Durchschnitt (siehe folgende Tab. 4). Weniger Bedeutung als im Durchschnitt aller Befragten haben hingegen „Briefe", „Sprachtelefonie" und vor allem „E-Mails" in der privaten Kommunikation dieser Altersgruppe.

Die Gruppe der „über 22- bis 30-Jährigen" zeigt einen dem Durchschnitt entsprechenden Umgang mit den Kommunikationskanälen „VideoChats" sowie „Brief". Leicht überdurchschnittlich bedeutungsvoll sind für diese Altersgruppe auch noch die neuen Kanäle „Facebook" und „WhatsApp", wohingegen „Sprachtelefonie" und „SMS" von dieser Gruppe für die private Kommunikation eine unterdurchschnittliche Bedeutung zugesprochen wird.

Für die private Kommunikation der Gruppe der „über 30- bis 40-Jährigen" zeichnet sich hingegen eine deutlich unterschiedliches Kommunikationsverhalten ab: Für diese Gruppe sind vor allem „Sprachtelefonie" (75,9 %) sowie „E-Mail" (79,4 %) überdurchschnittlich bedeutungsvoll. Aber auch „SMS" und „Briefe" werden in dieser Gruppe häufiger genutzt als im Durchschnitt der Befragten. Deutlich weniger Bedeutung haben für diese Altersgruppe hingegen „Facebook" (25,9 %) und auch bei „WhatsApp" und „VideoChats" bleiben die Angaben dieser Gruppe unter dem Durchschnitt.

Der Trend hin zu klassischen Medien verstärkt sich bei der Gruppe der „über 40-Jährigen" nochmals: Sowohl bei „E-Mail" als auch bei „Sprachtelefonie", „SMS" sowie „Briefen" erreicht diese Altersgruppe mit 92,6 %, 78,9 %, 34,7 % sowie 8,4 % für diese Medien die höchsten Werte aller Gruppen. Nicht überraschend ist daher, dass diese Gruppe „WhatsApp", „VideoChats" sowie „Facebook" unterdurchschnittliche Bedeutung für die private Kommunikation zuspricht – bei „Facebook" ist dieser Wert um beachtliche 20 % bzw. 30 % unter dem Durchschnitt aller Befragten – wie die folgende Tab. 4 zeigt.

Bei einer nach Altersgruppen differenzierten Betrachtung der Bedeutung der unterschiedlichen Medien für die „berufliche Kommunikation" (dargestellt in Tab. 5) fallen die sich ergebenden Unterschiede deutlich geringer aus, als dies bei der „privaten Kommunikation" beobachtet werden konnte: Mit großem Abstand werden „E-Mail" und „Sprachtelefonie" als die bedeutendsten Medien für die berufliche Kommunikation genannt. Diese Dominanz findet sich bei den Altersgruppen der „bis 22-Jährigen" und der „über 22- bis 30-Jährigen" wieder; mit nur geringen Schwankungen. An dritter Stelle wird übereinstimmend „Schriftliche Kommunikation (z. B. Briefe)" genannt.

Tab. 4: Bedeutung unterschiedlicher Medien für die „private Kommunikation“ in verschiedenen Altersgruppen

Medium	Bis 22 Jahre	Über 22 bis 30 Jahre	Über 30 bis 40 Jahre	Über 40 Jahre	Gesamtgruppe (gewichtet)
Sprachtelefonie	55,9 %	58,5 %	75,9 %	78,9 %	61,3 % (67,3 %)
SMS	20,1 %	16,1 %	21,2 %	34,7 %	19,9 % (23,0 %)
Facebook	57,7 %	49,8 %	25,9 %	17,9 %	47,3 % (37,8 %)
Briefe	1,8 %	3,8 %	5,3 %	8,4 %	3,5 % (4,8 %)
WhatsApp	85,4 %	81,9 %	70,6 %	53,7 %	79,7 % (72,9 %)
E-Mail	52,6 %	64,9 %	79,4 %	92,6 %	64,1 % (72,4 %)
Videochats	11,3 %	8,9 %	6,5 %	4,2 %	9,1 % (7,7 %)
Datenbasis (n=)	**513**	**496**	**170**	**95**	**1.299**

Tab. 5: Bedeutung von unterschiedlichen Medien für die „berufliche Kommunikation“ in verschiedenen Altersgruppen[8]

Medium	Bis 22 Jahre	Über 22 bis 30 Jahre
Sprachtelefonie	64,0 %	70,5 %
Business Social Networks (z. B. XING)	20,4 %	14,5 %
WhatsApp	28,6 %	23,6 %
Schriftliche Kommunikation (z. B. Briefe...)	31,6 %	33,2 %
Wissensmanagementsysteme / Intranet	19,1 %	20,0 %
SMS	16,1 %	12,3 %
E-Mail	91,6 %	92,7 %
VideoChats / -konferenzen	9,5 %	13,6 %
Datenbasis (n=)	**367**	**220**

Diese geringeren Unterschiede der Bedeutung der einzelnen Medien für die berufliche Kommunikation in den Altersgruppen kann entweder darauf zurückgeführt werden, dass die berufliche Kommunikation in der Regel innerhalb der in den Unternehmen üblichen und bewährten Kommunikationskanälen verläuft, so dass sich für die Mitarbeitenden weniger die freie Wahl der Kommunikationskanäle anbietet (bzw. zumindest die Grenzen enger und auf weniger Kommunikationskanäle konzentriert sind). Neben dieser inhaltlichen Erklärung kann es aber auch eine methodische Erklärung

8 Da bei dieser Fragestellung in den beiden Altersgruppen „über 30- bis 40-Jährigen“ und „über 40-Jährigen“ nur sehr kleine Stichprobengrößen erreicht wurden, wurde hier auf den Vergleich mit dem Gesamtmittelwert bzw. dem gewichteten Mittelwert verzichtet.

für die geringen Unterschiede geben: Leider konnten bei dieser Frage zahlreiche Datensätze auf Grund eines technischen Fehlers nicht in die Auswertung mit einbezogen werden. An dieser Stelle sind daher nur die beiden Altersgruppen angeführt, zu denen einigermaßen aussagekräftige Gruppen gebildet werden konnten.

Während im Vorangegangenen die „Bedeutung“ der einzelnen Medien für die private und berufliche Kommunikation betrachtet wurde, soll im Folgenden (siehe folgende Abb. 3) die „Häufigkeit“ der Nutzung der jeweiligen Medien in der beruflichen und privaten Kommunikation dargestellt werden:

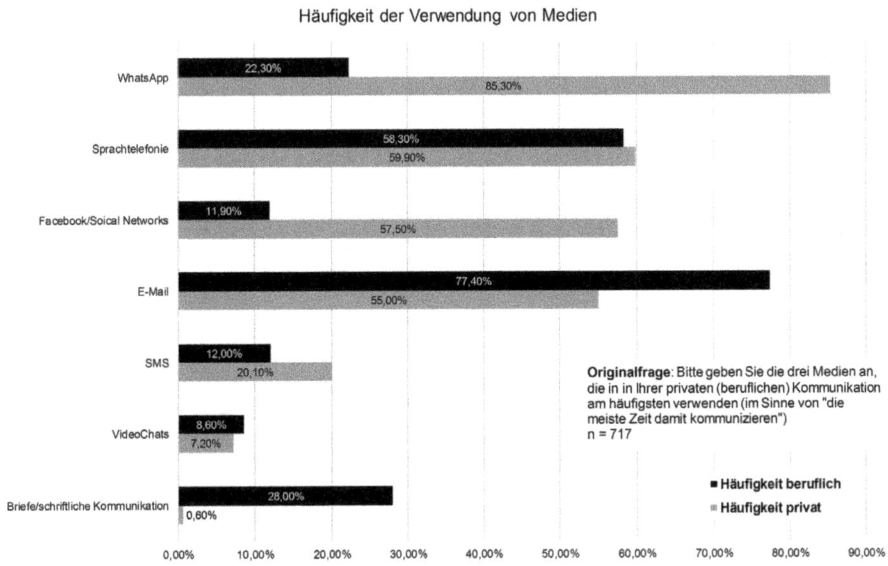

Abb. 3: Unterschiedliche Häufigkeit der Verwendung von Medien (sortiert nach der Häufigkeit in der privaten Nutzung).

Die drei in der „beruflichen Kommunikation“ am häufigsten genutzten Medien sind – und die Reihenfolge deckt sich mit den Antworten zu den drei bedeutungsvollsten Medien für die berufliche Kommunikation – „E-Mail“, genannt von 77,4 % aller Befragten, gefolgt von „Sprachtelefonie“ (genannt von 58.3 %) sowie „Briefe (schriftliche Kommunikation)“ (genannt von 28 %). Am wenigsten häufig werden „SMS“ (genannt von 12 %), „Facebook“ (genannt von 11,9 %) sowie „VideoChats“ (von 8,6 %) genannt.

Bei der „privaten Kommunikation“ führt „WhatsApp“, genannt von 85,3 % der Befragten, die Liste der am häufigsten genutzten Kommunikationskanäle mit deutlichem Abstand an. Es folgen „Sprachtelefonie“ (genannt von 59,9 % aller Befragten), „Facebook“ (genannt von 57,5 %) sowie „E-Mail“ (genannt von 55,0 %) dicht beieinander, während „SMS“ (genannt von 20,1 %), „VideoChats“ (genannt von 7,2 %) und „Briefe (schriftliche Kommunikation)“ (genannt von nur 0,6 %) die Kommunikationsmedien im privaten Kontext mit der geringsten Nutzungshäufigkeit sind.

Auch diese Ergebnisse sollen kurz nach Altersgruppen differenziert betrachtet werden (siehe folgende Tab. 6 und Tab. 7).

Tab. 6: Häufigkeit der Verwendung unterschiedlicher Medien für die private Kommunikation in verschiedenen Altersgruppen

Medium	Bis 22 Jahre	Über 22 bis 30 Jahre	Über 30 bis 40 Jahre	Über 40 Jahre	Gesamtgruppe (gewichtet)
Sprachtelefonie	55,4 %	57,7 %	73,5 %	75,8 %	59,9 % (65,6 %)
SMS	20,3 %	15,9 %	25,9 %	30,5 %	20,1 % (23,2 %)
Facebook	67,8 %	61,1 %	33,5 %	27,4 %	57,5 % (47,5 %)
Briefe	0,4 %	0,6 %	0,6 %	1,1 %	0,6 % (0,7 %)
WhatsApp	91,2 %	89,1 %	72,9 %	62,1 %	85,3 % (78,8 %)
E-Mail	42,3 %	56,0 %	70,6 %	90,5 %	55,0 % (64,9 %)
Videochats	8,6 %	6,9 %	5,9 %	3,2 %	7,2 % (6,1 %)
Datenbasis (n=)	**513**	**496**	**170**	**95**	**1.274**

Tab. 7: Häufigkeit der Verwendung unterschiedlicher Medien für die berufliche Kommunikation in verschiedenen Altersgruppen

Medium	Bis 22 Jahre	Über 22 bis 30 Jahre
Sprachtelefonie	63,8 %	74,1 %
Business Social Networks (z. B. XING)	15,5 %	12,7 %
WhatsApp	29,4 %	23,2 %
Schriftliche Kommunikation (z. B. Briefe...)	31,6 %	34,5 %
Wissensmanagementsysteme / Intranet	18,5 %	18,2 %
SMS	15,5 %	12,7 %
E-Mail	90,2 %	91,8 %
VideoChats / -konferenzen	8,7 %	12,3 %
Datenbasis (n=)	**364**	**220**

In der Gruppe der „bis 22-Jährigen“ decken sich die am häufigsten genutzten Medien für die private Kommunikation mit den Angaben aller Befragten, es fällt jedoch auf, dass die jüngsten Studienteilnehmer bei „Facebook“ und „WhatsApp“ deutlich über dem Durchschnitt liegen, während die Sprachtelefonie rund 5 % und „E-Mails“ deutlich seltener genannt wurden.

Bei der Gruppe der „über 22- bis 30-Jährigen“ nähern sich alle genannten Zahlen dem Durchschnitt an: Die genannte Nutzung von „WhatsApp“ und „Facebook“ sinken, während die Angaben zu „Sprachtelefonie“ und „E-Mail“ steigen. Auffällig ist die geringe Nutzung von „SMS“ in dieser Altersgruppe.

Sowohl in der Gruppe der „über 30- bis 40-Jährigen", als auch bei den „über 40-Jährigen" sticht ins Auge, dass „E-Mail" in diesen Altersgruppen wichtiger als „Facebook" ist und diesen Kommunikationskanal in der Liste der drei am häufigsten genutzten Meiden ersetzt. Zudem fällt die überdurchschnittliche Nutzung der „Sprachtelefonie" in beiden Altersgruppen ins Auge, die über den gemittelten Angaben aller Befragten liegt. Wie bereits angedeutet, werden hingegen sowohl „Facebook" als auch „WhatsApp" in diesen Altersgruppen deutlich seltener genannt als bei den Jüngeren.

Beim Blick auf die Häufigkeit der zur „beruflichen Kommunikation" genutzten Medien (siehe Tab. 7) zeigt sich – nicht ganz überraschend –, dass „E-Mail" und „Sprachtelefonie" die berufliche Kommunikation deutlich dominieren. Mit großem Abstand folgt die „Schriftliche Kommunikation (z. B. Briefe)". Bei den „bis 22-Jährigen" erreicht „WhatsApp" ähnliche Werte wie die „Schriftliche Kommunikation (z. B. Briefe)", in der Altersgruppe der „über 22- bis 30-Jährigen" sind die Bedeutung dieses elektronischen Kommunikationsdienstes jedoch schon um mehr als 6 % ab; liegt jedoch ebenfalls auf Platz 4. Die von zahlreichen Firmen aktiv vorangetriebenen „Wissensinformationssysteme / Intranet" werden von weniger als 20 % der Befragten der beiden Altersgruppen genannt, diese werden damit aber noch häufiger genutzt, als „Business Social Networks (z. B. XING)" und „SMS", die in beiden Altersgruppen jeweils gleichhäufig genannt werden. „VideoChats/-konferenzen" werden in beiden Altersgruppen am seltensten genutzt.

Ein direkter Vergleich zwischen den Antworten der Befragten zu „Bedeutung" und „Häufigkeit" der einzelnen Medien in der „beruflichen" und „privaten Kommunikation" zeigt eine Übereinstimmung in der Reihenfolge der genannten Medien (siehe folgende Tab. 8): So dominieren „E-Mails" die berufliche Kommunikation sowohl in Bezug auf Bedeutung als auch Nutzungshäufigkeit – gleiches gilt beispielsweise für „WhatsApp" im privaten Kontext.

Es zeigen sich jedoch auch interessante Unterschiede zwischen den beiden Aspekten: So können die Angaben zur „WhatsApp"-Kommunikation im Sinne einer häufigen aber auch weniger bedeutungsvollen Kommunikation verstanden werden, während die Kommunikation mittels „Brief (schriftliche Kommunikation)" hingegen sehr selten stattfindet, ihr dann aber eine deutlich höhere Bedeutung zugesprochen wird.

Im Rahmen der Studie wurden die Teilnehmer darüber hinaus um die Bewertung verschiedener Aussagen zum eigenen Kommunikationsverhaltens auf einer 5-stufigen Skala (1= keine Zustimmung, 5= volle Zustimmung) gebeten. Die Ergebnisse sollen hier nicht im Detail erläutert werden (stattdessen sei hierzu auf die folgende Tab. 9 verwiesen), aber hingewiesen sei an dieser Stelle auf die Einschätzung zur Aussage „Mein Kommunikationsverhalten (insbesondere hinsichtlich Mediennutzung) hat sich in den letzten drei Jahren wesentlich verändert.": Diese erhält mit einem Mittelwert von 3,8 eine deutlich höhere Zustimmung in der Gruppe der „unter 22-Jährigen" als in den anderen Altersgruppen. Dieses Ergebnis deckt sich mit den oben zitierten Aussagen zur Nutzung neuerer Kommunikationsmedien wie „WhatsApp" und „Facebook" in dieser Gruppe und spiegelt die auch in der Literatur immer wieder genannte Aussage wider, dass neue Technologien schneller von jüngeren Menschen adaptiert und in den Alltag integriert werden, als von Älteren (siehe beispielsweise [1, 2]).

Tab. 8: Vergleich der Bedeutung sowie der Häufigkeit der Nutzung verschiedener Medien, beruflich und privat

Medium	**Bedeutung privat**	**Bedeutung beruflich**	**Häufigkeit der Nutzung privat**	**Häufigkeit der Nutzung beruflich**
WhatsApp	79,7 %	26,2 %	85,3 %	22,3 %
E-Mail	64,1 %	92,0 %	55,0 %	77,4 %
Sprachtelefonie	61,3 %	67,2 %	59,9 %	58,3 %
Facebook / Social Networks	47,3 %	18,0 %	57,5 %	11,9 %
SMS	19,9 %	14,1 %	20,1 %	12,0 %
Video-Chats	9,1 %	11,0 %	7,2 %	8,6 %
Briefe / schriftliche Kommunikation	3,5 %	32,5 %	0,6 %	28,0 %
Datenbasis (n=)	**1.299**	**610**	**1.303**	**717**

Tab. 9: Einschätzung des privaten und beruflichen Kommunikationsverhaltens

Wie sehr stimmen Sie den folgenden Aussagen zu? (Mittelwert der Zustimmung)	**Bis 22 Jahre**	**Über 22 bis 30 Jahre**	**Über 30 bis 40 Jahre**	**Über 40 Jahre**	**Gesamt (gewichtet)**
Meiner Meinung nach lässt sich berufliche Kommunikation klar von privater Kommunikation trennen	3,66	3,67	3,79	3,60	3,68 (3,68)
Ich denke, dass sich mein berufliches Kommunikationsverhalten von meinem privaten deutlich unterscheidet	3,98	3,86	3,60	3,56	3,85 (3,75)
Mein Kommunikationsverhalten (insbesondere hinsichtlich Mediennutzung) hat sich in den letzten drei Jahren wesentlich verändert.	3,80	3,61	3,25	3,48	3,62 (3,54)
Datenbasis (n=)	516	509	175	97	1.297
	5stufige Zustimmungsskala, 5 = volle Zustimmung, 1 = keine Zustimmung				

2.3 Nutzung von Sozialen Netzwerken

Um aus dem Mediennutzungsverhalten der nachwachsenden Generationen Hinweise für die Entwicklung von elektronischen Lehr- und Lernangeboten für diese Zielgruppen ableiten zu können, widmete sich die Studie auch detaillierter der Nutzung von Sozialen Netzwerken wie Facebook, der Nutzung von Kommunikationsdiensten wie WhatsApp und Twitter sowie der Nutzung von Videoportalen wie YouTube.[9]

Da rund 75 % der Befragten angeben, den 2006 eingeführten Kommunikationsdienst Twitter nicht zu nutzen, wurde die Nutzung dieses Dienstes nicht weiter betrachtet; „Facebook“ gaben hingegen nur 9,7 % der Befragten an nicht zu nutzen, „Messanger-Dienste (wie WhatsApp)“ nutzen 5,5 % nicht und „Videoportale (wie YouTube)“ werden von 4,8 % der Befragten nicht genutzt.

Wie in der nachfolgenden Abb. 4 zu erkennen ist, dominiert bei allen genannten Diensten und Kommunikationsformen deutlich die private Nutzung: „Facebook“ nutzen insgesamt 72,6 % der Befragten „fast nur privat“ oder „überwiegend privat“, während nur 3,4 % der Befragten eine „überwiegend berufliche“ Nutzung oder „fast nur berufliche“ Nutzung nannten. Eine teilweise private und teilweise berufliche Nutzung (Antwortoption „teils, teils“) nannten ergänzend 14,3 % der Befragten.

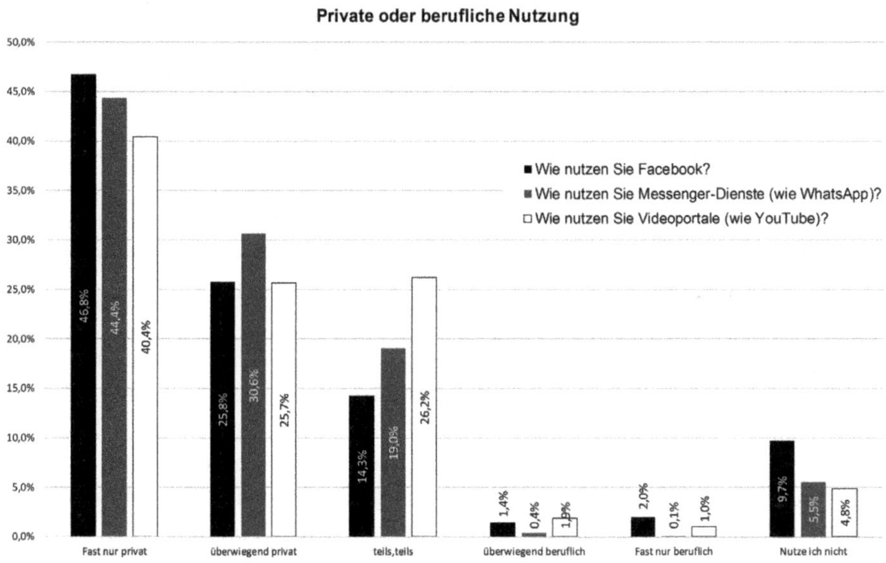

Abb. 4: Private und berufliche Nutzung von Facebook, Messenger-Diensten und Videoportalen.

Ähnlich deutlich ist die Dominanz bei „Messenger-Diensten (wie WhatsApp)“: hier steht einer 75 %-igen privaten Nutzung eine nur 0,5 % berufliche Nutzung gegenüber (wiederum die Aussagen „fast nur ...“ und „überwiegend ...“ zusammengefasst). Der

9 Wortlaut der Fragen: „Wie nutzen Sie Facebook?“, „Wie nutzen Sie Twitter?“, „Wie nutzen Sie Messenger-Dienste (wie WhatsApp)?“ sowie „Wie nutzen Sie Videoportale (wie YouTube)?“. Es wurde um Bewertung auf einer 5-stufigen Skala von „Fast nur privat“, „Überwiegend privat“, „Teil, teils“, „Überwiegend beruflich“ sowie „Fast nur beruflich“ gebeten; alternativ stand die Option „Nutze ich nicht“ zur Auswahl.

Anteil der teilweise privaten und teilweise beruflichen Nutzung (Antwortoption „teils, teils") steigt für diese Form der Kommunikationsdienste auf 19,0 %.

Mit 26,2 % ist der Anteil der teilweise privaten und teilweise beruflichen Nutzung bei „Videoportalen (wie YouTube)" unter den betrachteten Kommunikationsdiensten am höchsten, daher fällt auch die Dominanz der privaten Nutzung nicht mehr ganz so deutlich aus: 66,1 % nutzen diesen Dienst mit privatem Schwerpunkt, wohingegen 2,9 % einen beruflichen Nutzungsschwerpunkt nannten (siehe Abb. 4).

Die Ergebnisse zeigen, dass die erst seit wenigen Jahren verfügbaren Kommunikations- und Informationsdienste Facebook aber auch Messenger-Dienste und Videoportale vor allem privat genutzt werden. Dies ist nicht sonderlich überraschend, da im privaten Umfeld deutlich schneller auf Trends und neuere Entwicklungen reagiert werden kann, als dies in unternehmensinternen Informations- und Kommunikationsstrukturen der Fall ist. In der Regel wird daher bei der Suche nach beruflich relevanten Informationen auf die etablierten Informations- und Kommunikationsstrukturen eines Unternehmens zurückgegriffen. Nichtsdestotrotz ist auch die Adaption und Integration der neuen Dienste in Unternehmen zu beobachten, Yammer, Chatter und SocialCast sind beispielsweise solche Facebook-ähnlichen sozialen Netzwerke zur firmeninternen Nutzung, die eine Facebook-ähnliche Kommunikation in geschlossenen Firmennetzwerken ermöglicht und von den Interaktionsformen profitiert, die in Sozialen Netzwerken gelernt wurden und sich dort bewährt haben.

Während im Vorangegangenen die aktuelle Bedeutung der genannten Dienste für die private und berufliche Kommunikation betrachtet wurden, wurde in der Umfrage auch nach der vermuteten zukünftigen Bedeutung von Sozialen Netzwerken für die private Kommunikation (siehe Abb. 5) und die berufliche Kommunikation (siehe Abb. 6) gefragt.[10]

Insgesamt wird in allen Altersgruppen mit einer Zunahme der Bedeutung von Sozialen Netzwerken für die „private Kommunikation" gerechnet (siehe folgende Abb. 5). Mit einer „stark zunehmenden" Bedeutung rechnen vor allem die „unter 22-Jährigen" (31,6 %), die schon heute – wie oben gezeigt werden konnte – zu den intensiveren Nutzern dieser Dienste zählen. Insgesamt dominieren jedoch die Werte bei „eher zunehmender" Bedeutung in allen anderen Altersgruppen.

Die Gruppe der „über 30- bis 40-Jährigen", die nur zu einem auffällig kleinen Teil eine „starke Zunahme" der Bedeutung erwartet, liegt mit 33,7 % bei der vermuteten „gleich bleibenden" Bedeutung auffällig über den Einschätzungen der anderen Altersgruppen. Deutlich geringer ist der Anteil der Befragten in allen Altersgruppen, der eine „eher abnehmende" oder „stark abnehmende" Bedeutung von sozialen Netzwerken für die private Kommunikation erwartet.

---

10 Wortlaut der Fragen: Die Aussage „Ich denke, die Bedeutung von sozialen Netzwerken für die private [berufliche] Kommunikation wird innerhalb der nächsten 5 Jahre ..." konnte folgendermaßen komplettiert werden: „stark zunehmen", „eher zunehmen", „gleichbleiben", „eher abnehmen" oder „stark abnehmen". Alternativ konnte „keine Angabe" gewählt werden.

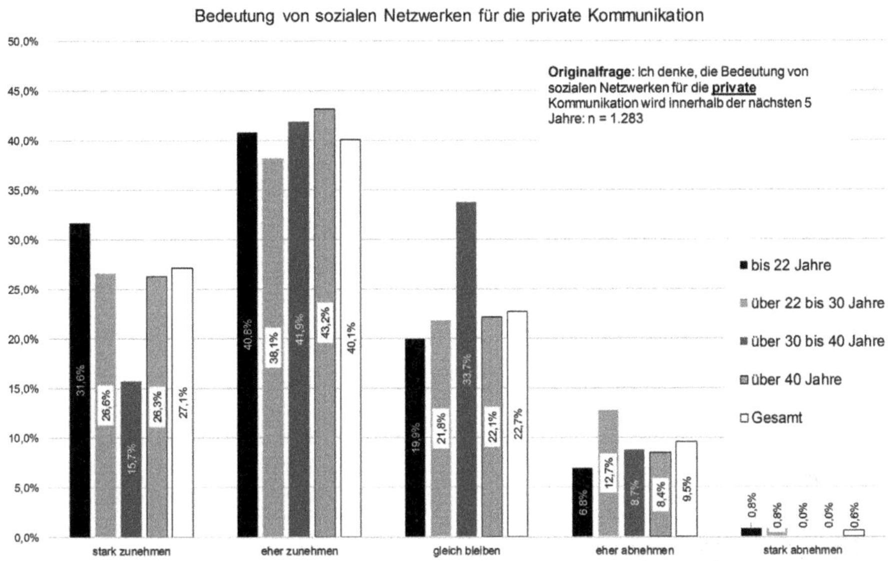

Abb. 5: Einschätzung der zukünftigen Bedeutung von sozialen Netzwerken für die private Kommunikation innerhalb der nächsten 5 Jahre, aufgeschlüsselt nach Altersgruppen.

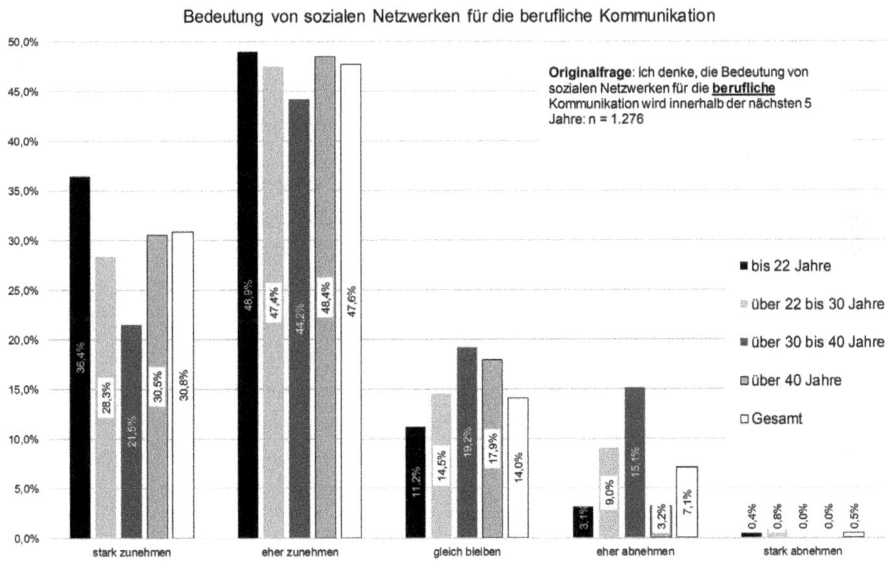

Abb. 6: Einschätzung der zukünftigen Bedeutung von sozialen Netzwerken für die private Kommunikation innerhalb der nächsten 5 Jahre, aufgeschlüsselt nach Altersgruppen.

Entschiedener zeigen sich die Befragten, wenn es um die Einschätzung von sozialen Netzwerken für die „berufliche Kommunikation" innerhalb der nächsten 5 Jahre geht (siehe Abb. 6): Zwischen 11,2 % und 19,2 % sehen hier keine Veränderung

(Auswahloption „gleich bleiben“; bei der privaten Kommunikation erwarten dies noch 19,9 % bis 33,7 %). Die größte Bedeutungszunahme im beruflichen Alltag erwarten die „bis 22-Jährigen“ (während die „über 30- bis 40-Jährigen“ sich am wenigsten erwartungsvoll zeigen).

Ausgehend von der oben gezeigten bisher nicht besonders ausgeprägten Nutzung von Sozialen Netzwerken im beruflichen Kontext ist es nicht verwunderlich, dass der Anteil der Befragten, die mit einer „eher abnehmenden“ oder „stark abnehmenden“ Bedeutung rechnen, relativ gering ist (und noch unter dem entsprechenden Anteil der privaten Kommunikation liegt).

Tab. 10: Vergleich der Einschätzung der zukünftigen Bedeutung von sozialen Medien für die private und die berufliche Kommunikation

	Bis 22 Jahre	**Über 22 bis 30 Jahre**	**Über 30 bis 40 Jahre**	**Über 40 Jahre**	**Gesamtgruppe (gewichtet)**
Einschätzung der Bedeutung von sozialen Netzwerken für die private Kommunikation[11]	2,04	2,22	2,31	2,08	2,16 (2,16)
Einschätzung der Bedeutung von sozialen Netzwerken für die private Kommunikation[12]	1,81	2,03	2,24	1,90	1,95 (2,00)
Datenbasis (n=)	515	508	175	97	1.320
	Grad der Zustimmung, 1 = stark zunehmen, 5 = stark abnehmen				

Wenn man die Einschätzungen der verschiedenen Altersgruppen zur erwarteten Bedeutungsveränderung von Sozialen Netzwerken für die private und berufliche Kommunikation nebeneinanderstellt (wie dies in Tab. 10 geschehen ist), so zeigt sich, dass alle Altersgruppen einen stärkeren Bedeutungszuwachs für die private Kommunikation erwarten. Es ist nicht überraschend, dass die Gruppe der „bis 22-Jährigen“ in beiden Bereichen die größte Bedeutungszunahme erwartet, aber es mag zunächst verwundern, dass die Gruppe der „über 30- bis 40-Jährigen“ sowohl für die private als auch für die berufliche Kommunikation den geringsten Bedeutungszuwachs erwartet (und damit noch weniger erwartet, als die Gruppe der „über 40-Jährigen“).

11 Wortlaut des Statements, zu dem auf einer 5-stufigen Skala Zustimmung oder Ablehnung signalisiert werden sollte: „Ich denke, die Bedeutung von sozialen Netzwerken für die private Kommunikation wird innerhalb der nächsten 5 Jahre“ zur Auswahl standen dann die Optionen „stark zunehmen“, „eher zunehmen“, „gleich bleiben“, „eher abnehmen“, „stark abnehmen“ sowie „keine Angabe“.

12 Wortlaut des Statements, zu dem auf einer 5-stufigen Skala Zustimmung oder Ablehnung signalisiert werden sollte: „Ich denke, die Bedeutung von sozialen Netzwerken für die berufliche Kommunikation wird innerhalb der nächsten 5 Jahre“ zur Auswahl standen dann die Optionen „stark zunehmen“, „eher zunehmen“, „gleich bleiben“, „eher abnehmen“, „stark abnehmen“ sowie „keine Angabe“.

Dies kann ggf. durch die kleine Stichprobengröße von nur 97 Teilnehmern aus dieser Altersgruppe bedingt sein – oder anders betrachtet: Da bei der Gruppe der „bis 22-Jährigen“, die Mittelwerte für die erwartete Bedeutungsveränderung zwischen privater und beruflicher Nutzung von Sozialen Netzwerken weit auseinanderliegen, lässt dies auf eine differenzierte Betrachtung der beiden unterschiedlichen Einsatz- und Kommunikationsfelder schließen. Bei den Gruppen der „über 22- bis 30 Jährigen“ und „über 40-Jährigen“ fällt die Differenzierung etwas kleiner aus, während die „über 30- bis 40-Jährigen“ die beiden Einsatzszenarien wohl noch weniger differenzieren – wie der deutlich geringere Unterschied zwischen den Mittelwerten vermuten lässt.

2.4 Nutzung von Sozialen Medien im Studium

Während an vielen Stellen die Durchdringung des Alltags junger Erwachsener mit den verschiedenen Formen von Smart Devices dokumentiert ist (siehe beispielsweise [3–5]) gibt es erst wenige Studien, die sich konkret mit der selbstverantworteten Verwendung von Smart Devices im Studium, bzw. im Unterricht und während der Unterrichtszeit befassen.[13] Interessante Ergebnisse einer umfangreichen Studie – die hier nicht weiter vertieft werden sollen – zur Benutzung von Smartphones während des Unterrichts, sind beispielsweise in Dittler & Kreidl [6] veröffentlicht.

An dieser Stelle soll hingegen der selbstverantwortete Einsatz von Smart Devices und sozialen Medien im privaten Umfeld, jedoch mit inhaltlichem Bezug zum Studium, näher betrachtet werden, um den Fragen nachzugehen, in wie weit diese Produkte und Dienste den Studienalltag unterstützen oder vom Studium ablenken und inwieweit sich bereits ein Wechsel von klassischen Lernmedien (Script, Lehrbuch etc.) in Richtung elektronischer Lehrmedien (eScript etc.) bei den Lernenden etabliert hat (siehe folgende Tab. 11) – Trends, die bei Empfehlungen für die Entwicklung zukünftiger elektronischer Lehr- und Lernmaßnahmen für die betriebliche Aus- und Weiterbildung, aber auch die hochschulische Bildung, berücksichtigt werden sollten (siehe Kapitel 3.2.8).

Von den 1.323 Teilnehmern der Studie gaben 749 Befragte an, derzeit zu studieren. Diese Studierenden wurden gebeten auf einer 5-stufigen Skala anzugeben, in wieweit sie Soziale Netzwerke, wie Facebook, zur Organisation ihres Studienbetriebs einsetzen.[14] Wie in der folgenden Abb. 7 zu erkennen ist, geben in den Gruppen der

---

13 Ergänzend zu der hier angesprochenen, von den Studierenden selbstgesteuerten Verwendung der Smart Devices während oder im Umfeld von Lehrveranstaltungen, gibt es zahlreiche Quellen, die sich mit der dozentengesteuerten Verwendung der Devices während des Unterrichts befassen; derartige Einsatzkonzepte des E-Learning sind beispielsweise auch in den folgenden Kapiteln dieses Buches dargestellt.

14 Wortlaut des Statements, zu dem auf einer 5-stufigen Skala Zustimmung oder Ablehnung signalisiert werden sollte: „Ich verwende Facebook, um die Abwicklung oder Organisation bei Lehrveranstaltungen zu unterstützen.“

„bis 22-Jährigen“ und der „über 22- bis 30-Jährigen“ jeweils 30,7 % bzw. 37,1 % die Nutzung von Facebook zur Organisation von Arbeitsgruppen etc. an („vollkommene“ oder „überwiegende“ Zustimmung zur Aussage). Mit nur 8,8 % fällt diese Aussage bei den „über 30- bis 40-Jährigen“ deutlich geringer aus, während diese Altersgruppe bei der Ablehnung („gar nicht“ und „kaum“) mit 73,5 % deutlich über den anderen Altersgruppen liegt. Nicht zustimmen können der Aussage „Ich verwende Facebook, um die Abwicklung oder Organisation bei Lehrveranstaltungen zu unterstützen.“ 39,4 % der „bis 22-Jährigen“ und 37,8 % der „über 22- bis 30-Jährigen“.[15]

Aus Sicht der jüngeren Studierenden ist es sicherlich konsequent die Medien und Kommunikationsformen, die sich im privaten Kontext bereits etabliert haben, auch zur Kommunikation und Organisation mit Studienbezug einzusetzen. Ältere Studierende, die derartige Tools im Alltag nicht oder nicht so häufig einsetzen, greifen daher konsequenterweise dann auch nicht im Studium darauf zurück – sondern verwenden dort vermutlich andere Kommunikations- und Organisationsformen, die sich in deren Alltag wiederum bewährt haben.

Die jederzeitige Verfügbarkeit von Smart Devices mag ein Vorteil sein, wenn es um den schnellen und unkomplizierten Zugriff auf relevante Informationen geht. Die jederzeitige Verfügbarkeit von Unterhaltungsangeboten (beispielsweise auf Videoportalen) und die jederzeitige bzw. zeitnahe Erreichbarkeit (auch über Kommunikationsdienste wie WhatsApp und Facebook) beherbergen jedoch auch das Risiko der Ablenkung und Zerstückelung von Lern- und Arbeitsphasen durch störende und Aufmerksamkeitsbindende Reize der Smart Devices. In einer weiteren Frage sollte daher der empfundenen Ablenkung durch Smartphones und Tablet-PCs nachgegangen werden.[16]

Wie in der folgenden Abb. 8 dargestellt, sinkt der ablenkende Einfluss mit zunehmendem Alter: Während bei den „bis 22-Jährigen“ nur 15 % der Befragten angaben sich „kaum“ oder „gar nicht“ ablenken zu lassen, steigt dieser Wert bei den „über 22- bis 30-Jährigen“ schon auf 20,9 % und erreicht bei den „über 30- bis 40-Jährigen“ einen Wert von 47,2 %. Während der Wert derjenigen, die mit „teilweise“ eine wenig eindeutige Antwort wählen, bei allen Altersgruppen bei etwa 40 % bis 42 % liegt, bestätigen die jüngeren Altersgruppen eine größere Ablenkung durch die Möglichkeiten der Smart Devices: In Ergänzung zu den genannten Daten stimmen 42,5 % der „bis 22-Jährigen“ der Aussage „vollkommen“ oder „überwiegend“ zu. Bei den „über 22- bis 30-Jährigen“ sinkt der Wert auf 39,2 % und bei den „über 30- bis 40-Jährigen“ auf 11.1 %.

---

15 Der Anteil der Studierenden unter den „über 40-Jährigen“ war zu gering, um ihn hier seriös gesondert auszuweisen.

16 Wortlaut des Statements, zu dem auf einer 5-stufigen Skala Zustimmung oder Ablehnung signalisiert werden sollte: „Ich lasse mich beim Lernen mit Smartphones und Tablett-PCs von den zahlreichen Fähigkeiten dieser Geräte ablenken.“

Tab. 11: Einschätzung des privaten und beruflichen Kommunikationsverhaltens

Wie sehr stimmen Sie den folgenden Aussagen zu? (Mittelwert der Zustimmung)	**Bis 22 Jahre**	**Über 22 bis 30 Jahre**	**Über 30 bis 40 Jahre**
Ich verwende Facebook, um die Abwicklung oder Organisation bei Lehrveranstaltungen zu unterstützen.	2,83	3,03	2,17
Ich lasse mich beim Lernen mit Smartphones und Tablet-PCs von den zahlreichen zusätzlichen Fähigkeiten dieser Geräte ablenken.	3,37	3,26	2,83
Ich bevorzuge die für das Lernen benötigten Unterlagen in elektronischer Form. (z. B. als PDF)	3,05	3,36	3,22
n =	388	343	18
	5-stufige Zustimmungsskala, 5 = volle Zustimmung, 1 = keine Zustimmung		

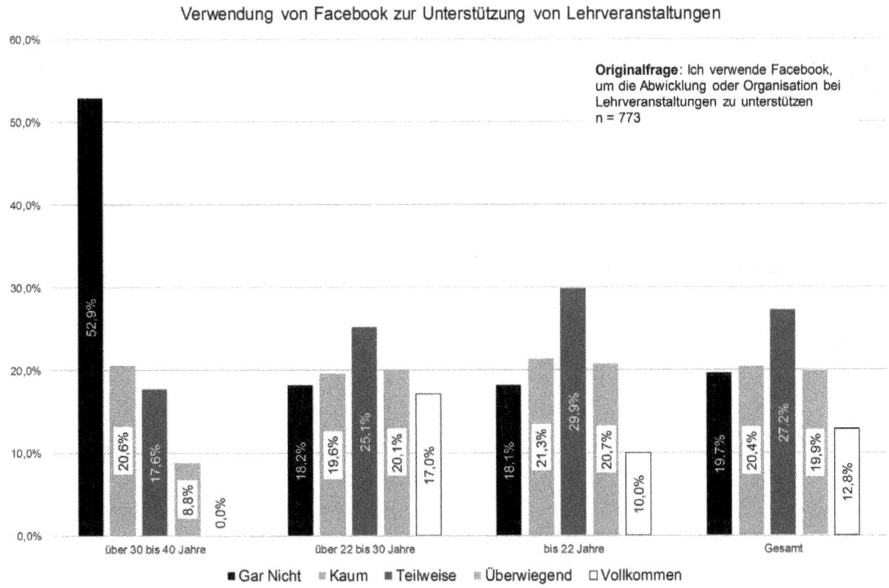

Abb. 7: Verwendung von Facebook zur Unterstützung von Lehrveranstaltungen, gegliedert nach Altersgruppen.

Eine mögliche Erklärung dieser unterschiedlichen Ablenkung in den verschiedenen Altersgruppen kann ggf. in der mit zunehmendem Alter steigenden Selbstdisziplin liegen, die es den älteren Studierenden leichter macht, den Ablenkungsangeboten der Smart Devices zu widerstehen. Ggf. empfinden die älteren Studierenden das Ablenkungspotenzial aber auch nur deshalb nicht als so groß, da Smart Devices –

wie an anderer Stelle gezeigt werden konnte – nicht so massiv mit allen Bereichen ihres Alltags verzahnt sind und ihnen daher keine so große Aufmerksamkeit gewidmet wird. Eine weitere mögliche Erklärung könnte sich aus den zuvor genannten Ergebnissen ableiten lassen: Da die älteren Studierenden angaben, bei ihrer Studienorganisation wenig auf Facebook zurückzugreifen (und – wie im Folgenden gezeigt wird – auch weniger auf digitale Lernunterlagen zurückgreifen) als die Jüngeren, sind Smart Devices ggf. bei dieser Altersgruppe weniger dicht an und in den Lernprozess eingebunden und die Ablenkungs- und Störungsmöglichkeiten daher ggf. auch nicht ubiquitär präsent.

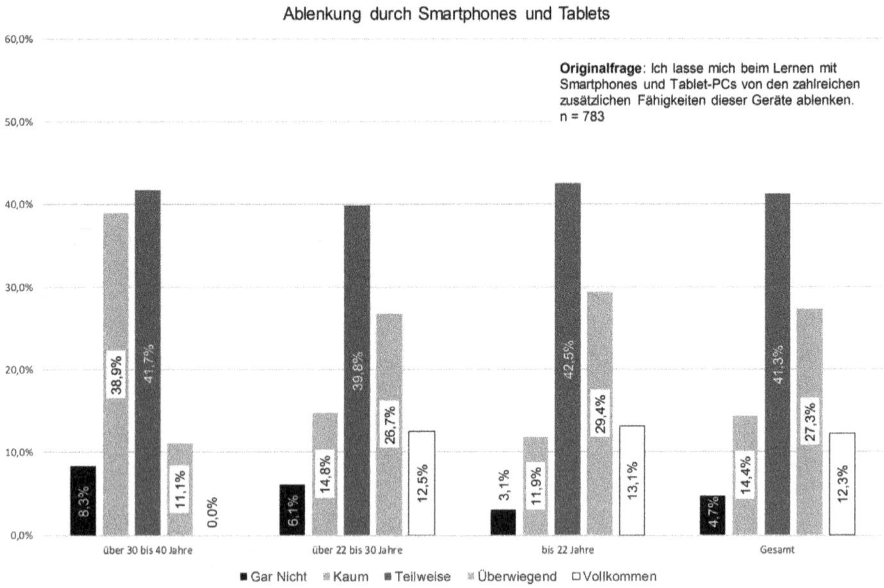

Abb. 8: Ablenkung beim Lernen durch Smartphones und Tablet-PCs, gegliedert nach Altersgruppen.

Wie gerade angedeutet (und in der folgenden Abb. 9 nochmals detaillierter dargestellt), unterscheiden sich die verschiedenen Altersgruppen auch partiell in der Bevorzugung von digitalen gegenüber analogen Lernunterlagen.[17]

Beim Blick auf die nach Altersklassen differenzierten Ergebnisse fällt auf, dass über alle Altersklassen hinweg rund ein Drittel der Befragten keine klare Position für oder gegen elektronische Lernmedien beziehen (Antwortoption „teils, teils") sondern ihre Präferenzen für ein Lernmedium wohl von anderen Faktoren – wie beispielsweise

17 Wortlaut des Statements, zu dem auf einer 5-stufigen Skala Zustimmung oder Ablehnung signalisiert werden sollte: „Ich bevorzuge die für das Lernen benötigten Unterlagen in elektronischer Form."

Rezeptionssituation, Inhalt etc. – abhängig machen. Einer Bevorzugung elektronischer Lernmedien (Antwortoption „vollkommen“ und „überwiegend“) stimmen die Altersgruppen zwischen 36,1 % und 47,7 % zu. Ablehnend (Antwortoption „kaum“ und „gar nicht“) stehen 19,5 % bis 31,6 % der Befragten gegenüber.

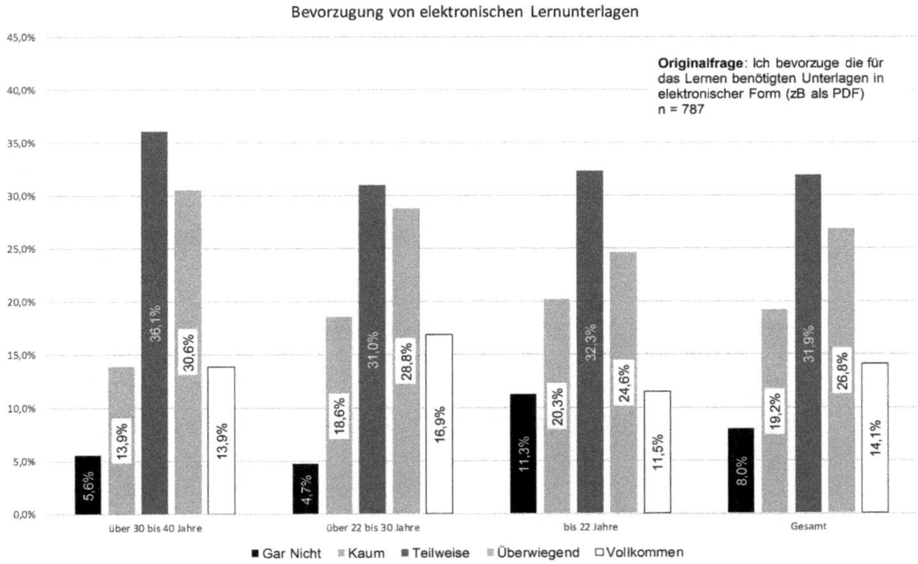

Abb. 9: Präferenz für Lernunterlagen in elektronischer Form, gegliedert nach Altersgruppen.

Verlage und Hochschulen bzw. Hochschulbibliotheken setzen derzeit vielerorts auf eine sogenannte e-First-Strategie und fokussieren dabei auf die Distribution elektronischer Medien. Mit Blick auf die skizzierten empirischen Ergebnisse ist diese Strategie kritisch zu hinterfragen, da für rund 60 % der Befragten klassische – nicht elektronische – und damit vermutlich papier-gebundenen – Medien in Lehr- und Lernprozessen noch eine wichtige Rolle spielen. Auch vor dem Hintergrund dieser ggf. überraschenden Ergebnisse soll im Folgenden die aktuelle Veränderung von Lehr- und Lernprozessen durch digitale Medien näher betrachtet werden.

2.5 Veränderung von Lehr- und Lernprozessen durch digitale Medien

Sowohl die in Kapitel 3.2.1 dargestellte Nutzung von Sozialen Netzwerken, als auch die in Kapitel 3.2.2 dargestellte Nutzung von Sozialen Medien im Studium, deutet an, dass Lehr- und Lernprozesse sich verändert haben und sich auch zukünftig noch weiter verändern werden. In einer weiteren Frage wurde daher untersucht, inwieweit die Veränderung von Lehr- und Lernprozessen und die zunehmende Durchdringung des Alltags mit Medien auch von den Befragten als solche empfunden werden.[18]

Bei der in der folgenden Abb. 10 dargestellten altersgruppen-spezifischen Betrachtung der Zustimmung oder Ablehnung zeigt sich, dass sowohl die Gruppe der „bis 22-Jährigen" als auch die Gruppe der „über 22- bis 30-Jährigen" mit 63,0 % bzw. 63,3 % stärker als die anderen Altersgruppen der Aussage „Ich lerne heute bedeutend anders als noch vor fünf Jahren" zustimmen. Die älteren Gruppen der „über 30- bis 40-Jährigen" sowie „über 40-Jährigen" lehnen diese Aussage hingegen jeweils rund 10 % bis 15 % öfter ab als die beiden jüngeren Gruppen.

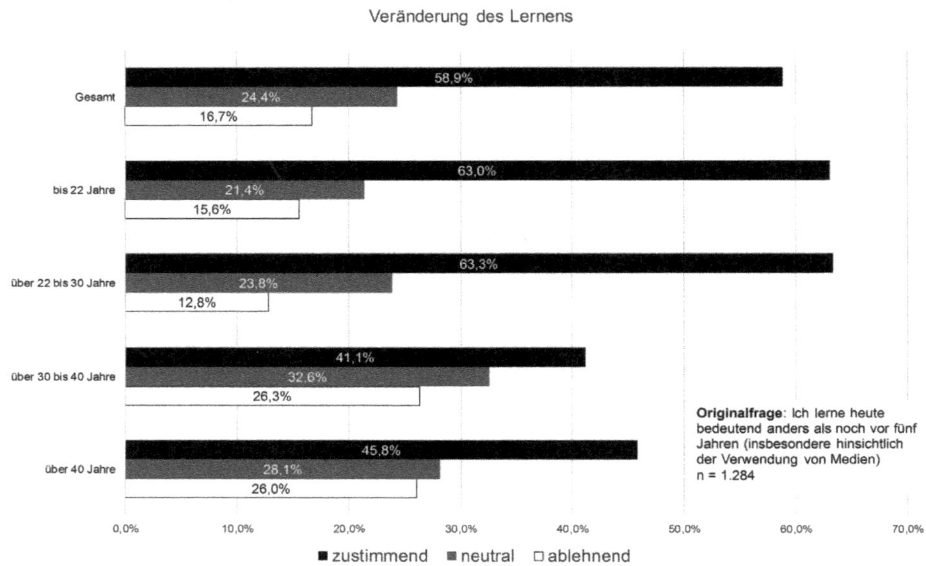

Abb. 10: Veränderung des Lernens innerhalb der letzten fünf Jahre, differenziert nach Altersgruppen.

Für diese altersspezifische Ergebnisse in der Selbstauskunft zu Veränderungen im Lernverhalten in den vergangenen Jahren sind verschiedene Erklärungen denkbar: Zum einen sind (oder waren in den vergangenen fünf Jahren) die jüngeren Studienteilnehmer vermutlich intensiver und umfassender in berufsqualifizierende, zeitlich umfangreichere und komplexere Aus- und Weiterbildungsprozesse eingebunden, als dies bei den älteren Befragten der Fall ist. Die Jüngeren sind sich daher der Prozesse des Lernens ggf. eher bewusst und vergleichen diese ggf. mit den vorangegangenen schulischen Bildungsprozessen, die deutlich stärker angeleitet waren und bei denen

18 Wortlaut des Statements, zu dem auf einer 5-stufigen Skala Zustimmung oder Ablehnung signalisiert werden sollte: „Ich lerne heute bedeutend anders als noch vor fünf Jahren (insbesondere hinsichtlich der Verwendung von Medien)."

daher vermutlich auch nicht so frei aus dem vielfältigen Angebot unterschiedlicher Bildungsmedien gewählt werden konnte.

Andererseits kann aber auch das höhere Lebensalter der älteren Befragten mit einer längeren Bildungsbiografie zusammenfallen, in der den Lernenden bereits vielfältige und unterschiedliche Formen – auch des mediengestützten – Lernens begegnet sind, so dass sie deutlich länger als die in der Frage genannten fünf Jahre Veränderungen und Entwicklungen in Bildungsprozessen beobachten, erfahren und erleben konnten.

Die oben bereits angesprochene noch anhaltende oder erst vor kurzem abgeschlossene intensive Verankerung der jüngeren Befragten in komplexen Ausbildungsprogrammen oder im Studium mag auch eine Erklärung dafür sein, dass die jüngeren Altersgruppe der „bis 22-Jährigen“ und der „über 22- bis 30-Jährigen“ in einer weiteren Frage angaben, dass traditionelle Medien wie Lehrbücher für deren Bildung eine große Rolle spielen (siehe folgende Abb. 11).[19]

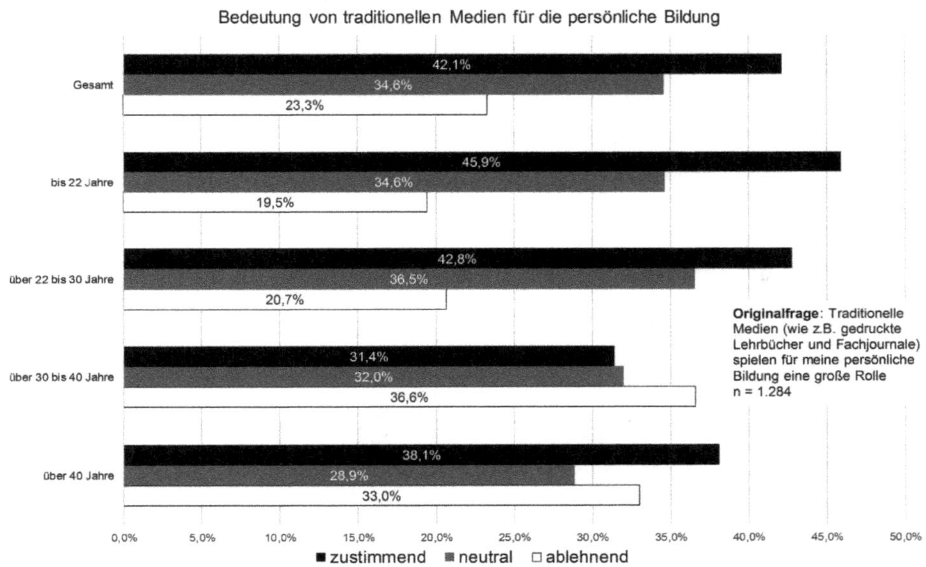

Abb. 11: Bedeutung von traditionellen Medien für die persönliche Bildung, differenziert nach Altersgruppen.

19 Wortlaut des Statements, zu dem auf einer 5-stufigen Skala Zustimmung oder Ablehnung signalisiert werden sollte: „Traditionelle Medien (wie z. B. gedruckte Lehrbücher und Fachjournale) spielen für meine persönliche Bildung eine große Rolle.“

Es steht zu vermuten, dass die älteren und erfahreneren Befragten bereits über fundierte berufliche Kenntnisse verfügen und daher im Sinne einer kontinuierlichen Weiterbildung an Veranstaltungen und anderen Bildungsmaßnahmen teilnehmen, bei denen weniger theoretisches Wissen, sondern mehr praxisrelevante Kompetenzen, vermittelt werden – und daher die klassischen Medien zur Vermittlung komplexer theoretischer und mentaler Modell keine so große Rolle (mehr?) spielen.

2.6 Erwartungen und Wünsche an die Aus- und Weiterbildung

Zeitliche und räumliche Flexibilität bei der individuellen Gestaltung von Lehr- und Lernprozessen ist bereits seit den 90er Jahren eines der Argumente, die immer wieder im Zusammenhang mit der Einführung von E-Learning-Maßnahmen genannt werden (siehe beispielsweise [7–9]). Durch die Verfügbarkeit von mobilen Smart Devices erhöht sich die diesbezügliche Flexibilität nochmals: Lernen ist nicht mehr nur zusätzlich zum Betrieb oder zu Weiterbildungseinrichtungen auch im häuslichen Umfeld möglich, sondern wird auch durch die Allgegenwärtigkeit von mobilen Internetdiensten jederzeit und überall realisierbar. Inwieweit die Befragten dieses nicht nur als theoretische Möglichkeit zur Veränderung von Bildungsprozessen sehen, sondern auch wünschen, sollte ebenso erhoben werden,[20] wie die erwarteten Auswirkungen hieraus auf klassische Formen der Aus- und Weiterbildung.[21] Um Hinweise für zielgruppenspezifische elektronisch Lehr- und Lernangebote abgeben zu können, sollte zudem die grundsätzliche Einstellung gegenüber E-Learning erhoben werden.[22]

Die Eigenschaft, mit mobilen Smart Devices losgelöst von Arbeitsplatz oder Zuhause lernen zu können, ist für alle Befragten nahezu gleichermaßen wichtig; es sind in den Antworten der Altersgruppen keine großen Unterschiede festzustellen – die Zustimmung schwankt zwischen den einzelnen Altersgruppen nur gering und signalisiert damit eine „überwiegende“ Zustimmung (siehe Tab. 12).

Eine ähnliche Zustimmung erfährt die Aussage „Ich möchte mich mit Hilfe der Möglichkeiten von neuen Technologien (z. B. Tablet-PC, Smartphone etc.) aus- und weiterbilden.“ ebenfalls in allen Altersgruppen. Die Altersgruppe mit der (unterstellt) größten Affinität zu neuen Technologien, d. h. die „bis 22-Jährigen“ signalisieren

20 Wortlaut des Statements, zu dem auf einer 5-stufigen Skala Zustimmung oder Ablehnung signalisiert werden sollte: „Ich möchte mich mit Hilfe der Möglichkeiten von neuen Technologien (z. B. Tablet-PC, Smartphone etc.) aus- und weiterbilden.“

21 Wortlaut des Statements, zu dem auf einer 5-stufigen Skala Zustimmung oder Ablehnung signalisiert werden sollte: „Auch in der heutigen Zeit kann auf klassische Formen der Aus- und Weiterbildung (z. B. Seminare) nicht verzichtet werden.“

22 Wortlaut des Statements, zu dem auf einer 5-stufigen Skala Zustimmung oder Ablehnung signalisiert werden sollte: „Ich bevorzuge E-Learning gegenüber klassischen Formen der Ausbildung (z. B. Seminare, Vorlesungen).“

hierbei mit einem Mittelwert von 3,65 die größte Zustimmung, gefolgt von den „über 22- bis 30-Jährigen", die sich in der Befragung auch schon an anderer Stelle durch eine große Offenheit gegenüber technikbasierten Formen der Aus- und Weiterbildung ausgezeichnet haben.

Tab. 12: Wünsche und Einstellungen gegenüber der Aus- und Weiterbildung

Wie sehr stimmen Sie den folgenden Aussagen zu? (Mittelwert der Zustimmung)	Bis 22 Jahre	Über 22 bis 30 Jahre	Über 30 bis 40 Jahre	Über 40 Jahre	Gesamtgruppe (gewichtet)
Ich möchte mich mit Hilfe der Möglichkeiten von neuen Technologien (z. B. Tablet-PC, Smartphone ...) aus- und weiterbilden.	3,65	3,57	3,46	3,55	3,58 (3,56)
Für mich ist es wichtig losgelöst von meinem Zuhause oder Arbeitsplatz lernen zu können. (an anderen Orten)	3,50	3,63	3,62	3,48	3,57 (3,56)
Auch in der heutigen Zeit kann auf klassische Formen der Aus- und Weiterbildung (z. B. Seminare) nicht verzichtet werden.	4,11	4,04	3,99	3,75	4,03 (3,97)
Ich bevorzuge E-Learning gegenüber klassischen Formen der Ausbildung. (z. B. Seminare, Vorlesung)	2,32	2,54	2,71	2,77	2,51 (2,59)
Datenbasis (n =)	516	509	175	97	1.297
	5stufige Zustimmungsskala				
	5 = volle Zustimmung 1 = keine Zustimmung				

Entscheidend ist auch, mit welcher Einstellung Studierende und Mitarbeiter elektronischen Bildungsangeboten begegnen – dies zeigt sich beispielsweise bei der Bewertung der Aussage „Ich bevorzuge E-Learning gegenüber klassischen Formen der Aus- und Weiterbildung." Auch hier ist eine altersgruppen-abhängige Bewertung dieser Aussage zu beobachten: Die älteren Befragten, die mehrheitlich beruflich bereits etabliert sind und daher vermutlich eher an kompetenzorientierten und kürzeren Weiterbildungsmaßnahmen teilnehmen, stimmen der Aussage stärker zu (Mittelwert der „über 40-Jährigen": 2,77, Mittelwert der „über 30- bis 40-Jährigen: 2,71") als die jüngeren Befragten (Mittelwert der „über 22- bis 30-Jährigen": 2,54; Mittelwert der „bis 22-Jährigen": 2,32), die noch stärker in komplexere, umfangreichere Ausbildungsmaßnahmen oder Studiengänge eingebunden sind. Dies deckt sich durchaus mit der in der Fachliteratur vertretenen Meinung, dass kleinere Lerneinheiten (Learning Nuggets) oft sinnvoll in elektronischer Form angeboten werden können, während bei komplexeren Bildungsmaßnahmen ergänzend hierzu auch eine größere Methodenvielfalt eingesetzt werden sollte und zudem andere Betreuungs- und Motivationsmaßnahmen sinnvoll sind (siehe: [10, 11]). Insgesamt ist die Zustimmung zur Aussage in allen Altersgruppen eher gering (zwischen „teil, teils" und „gering").

Eine differenzierte Sicht auf zukünftige Formen der Aus- und Weiterbildung wird in allen Altersgruppe auch bei der Bewertung der Aussage „Auch in der heutigen Zeit kann auf klassische Formen der Aus- und Weiterbildung (z. B. Seminare) nicht verzichtet werden." deutlich (siehe Tab. 12): Die Werte der einzelnen Altersgruppen liegen um 4,0 und sind daher dem Bereich von „überwiegender" Zustimmung zuzuordnen. Die höchste Zustimmung ist auch hier im Bereich der jüngeren Befragten (d. h. „bis 22-Jährig" und „über 22- bis 30-Jährig") zu verzeichnen.

3 Empfehlung

Wie im Rahmen der vorgestellten Studie gezeigt werden konnte, werden die zur Kommunikation und Informationsversorgung verwendeten Medien differenziert gewählt. Dies geschieht zum Einen in Abhängigkeit von den gesuchten Informationen (wie dies an den unterschiedlichen Medien zur Versorgung mit „allgemeinen Informationen" im Vergleich zu „beruflich relevanten bzw. fachlichen Informationen" gezeigt werden konnte) und zum anderen in Abhängigkeit vom Alter bzw. der individuellen Medienbiografie: Die in der Studie vorgestellten Daten lassen darauf schließen, dass die jüngeren Generationen von Mitarbeitern und Studierenden schneller und leichter neue Medientechnologien (wie Soziale Netzwerke und Messenger-Dienste) in ihren Alltag integrieren – und daher auch eher zur Organisation von Lehr- und Lernprozessen einsetzen.

Zudem konnte gezeigt werden, dass die unterschiedlichen Altersgruppen gleichermaßen ein großes Interesse daran haben, die Möglichkeiten der neuen Technologien in Lehr- und Lernprozessen zu nutzen – wobei auch über alle Altersgruppen hinweg große Einigkeit darüber herrscht, dass trotz erweiterter Möglichkeiten von Lehr- und Lerntechnologien nicht auf traditionelle Formen der Aus- und Weiterbildung (wie beispielsweise Seminare und Workshops) verzichtet werden kann. Dies wird in der Studie beispielsweise daran deutlich, dass nur rund 40 % aller Befragten uneingeschränkt elektronische Lernmedien bevorzugen, und der größte Teil der Befragten die Abwägung zwischen elektronischen Lernmedien und klassischen (print-basierten) Lernmedien demnach von der Rezeptionssituation und den zu lernenden Inhalten abhängig macht.

Aus Sicht von Arbeitgebern und Bildungsanbietern ist die große Offenheit, mit der die nachwachsenden Generationen neuen Technologien begegnen erfreulich und eröffnet neue Möglichkeiten zur Entwicklung zielgruppenspezifischer Bildungsangebote. In der Studie wird aber auch deutlich, das neben der verfügbaren Technik bzw. der technischen Ausstattung der Zielgruppe der zu schulenden Mitarbeiter vor allem auch die Komplexität des zu schulenden Inhalts und die zeitlicher Dauer der Schulungsmaßnahme bei der Ausgestaltung des Bildungsangebots zu berücksichtigen sind: Trotz aller Offenheit für neue technikbasierte Lehr- und Lernformen und trotz der ausdifferenzierten Medienkompetenz, die sich durch die starke Integration von Kommunikations- und Informationstechnologien in den Alltag der nachwachsenden Generationen ergibt, verwenden auch die jungen Studienteilnehmer traditionelle Medien wie gedruckte Lehrbücher für spezifische Bildungsmaßnahmen – neben und ergänzend zu den elektronischen Formen.

Es scheint sich damit auch in den nächsten Jahren nicht so sehr die Frage zu stellen, ob elektronische Lehr- und Lernformen klassische Formen ablösen, sondern sie bieten die Möglichkeit zu einer stärkeren Ausdifferenzierung im Angebot, was wiederum eine stärkere Passung zu den individuellen Bedürfnissen und Anforderungen ermöglicht: Komplexe und zeitlich umfangreiche Bildungsmaßnahmen werden von den erweiterten Möglichkeiten profitieren, bedürfen aber gleichzeitig auch einer umfangreicheren Betreuung und Begleitung durch den Bildungsanbieter (dabei können sicherlich gut die angesprochenen elektronischen Kommunikationsdienste aber auch Soziale Netzwerke zum Einsatz kommen).

Weiterbildungsmaßnahmen für erfahrene und beruflich etablierte Mitarbeiter sind meist zeitlich weniger umfangreich und können auf ein breiteres Fachwissen der meist älteren Mitarbeiter aufsetzen. Hier können mit elektronischen Lehr- und Lernformen Mehrwerte und Freiheiten für die Lernenden geschaffen werden, die von diesen gesehen und gerne angenommen werden – denn es sind überraschenderweise gerade die befragten „über 40-Jährigen“, die tendenziell E-Learning gegenüber klassischen Formen wie Seminare und Vorlesungen bevorzugen.

Literaturverzeichnis

[1] Busemann, K. (2014). Wer nutzt was im Social Web? In: Dittler, Ullrich & Hoyer, Michael (Hrsg.). *Social Network – Die Revolution der Kommunikation: Kundenkommunikation, Facebook-Freundschaften, digitale Demokratie und virtuelle Shitstorms unter medienpsychologischer und mediensoziologischer Perspektive. Seite* 31–50. München: Kopaed.

[2] König, C., Stahl, M & Wiegand, E. (Hrsg.). (2014). *Soziale Medien: Gegenstand und Instrument der Forschung.* Berlin: Springer.

[3] Schirrmacher, F. (2009). *Payback: Warum wir im Informationszeitalter gezwungen sind zu tun, was wir nicht tun wollen, und wie wir die Kontrolle über unser Denken zurückgewinnen.* München: Blessing.

[4] Lempke, G. & Leipner, I. (2014). *Zum Frühstück gibt's Apps: Der tägliche Kampf mit der Digitalen Ambivalenz.* Berlin: Springer.

[5] Spitzer, M. (2015). *Cyberkrank!: Wie das digitale Leben unsere Gesundheit ruiniert.* München: Droemer.

[6] Dittler, U. & Kreidl, C. (2016): *SmartDevices in der Vorlesung: unterstützendes Lernmittel oder störende Ablenkung? In: Die Neue Hochschule für anwendungsbezogene Wissenschaft und Kunst.* Heft 4. Seite 106–109.

[7] Klimsa, P. & Issing, L. (2011). *Online-Lernen: Handbuch für Wissenschaft und Praxis. 2. Verbesserte und ergänzte Auflage.* München: Oldenbourg.

[8] Kerres, M. (2012). *Mediendidaktik: Konzeption und Entwicklung mediengestützter Lernangebote. 3. Vollständig überarbeitete Auflage*. München: Oldenbourg.

[9] Arnold, P., Kilian, L., Thillossen, A. & Zimmer, G. (2013). *Handbuch E-Learning: Lehren und Lernen mit digitalen Medien. 3. Aktualisierte Auflage*. Bielefeld: WBV

[10] Eibl, M., Reiterer, H., Stephan, P. F. & Thissen, F (Hrsg.). (2006). *Knowledge Media Design*: Theorie, Methodik, Praxis. München : Oldenbourg.

[11] Back, A., Gronau, N. & Tochtermann, K. (2012). *Web2.0 und Social Media in der Unternehmenspraxis: Grundlagen, Anwendungen und Methoden mit zahlreichen Fallstudien. 3. Vollständig überarbeitete Auflage*. München: Oldenbourg.

August-Wilhelm Scheer

Hochschule 4.0

Auswirkungen der Digitalisierung auf Lehre, Forschung und Hochschulverwaltung

Zusammenfassung: Unbestritten haben sich in den vergangenen Jahren Prozesse in der Wirtschaft vor dem Hintergrund der Digitalisierung massiv verändert, nicht so im Bildungsbereich: Während sich Bankschalter, Versandhandel und Fabriken bereits dramatisch gewandelt haben, sehen heute noch viele Hörsäle aus wie vor 20 Jahren. Die Verwaltungsprozesse der Hochschulen sind zwar in den letzten Jahren durch die Einführung von betriebswirtschaftlicher Standardsoftware modernisiert worden, aber auch hier ist man eher zögerlich dem State of the Art anderer Organisationen, insbesondere der Wirtschaft, nachgekommen.

Dass die Möglichkeiten der Digitalisierung zudem im Bereich der Lehre und Forschung noch erhebliches Modernisierungspotenzial bieten, wird in diesem Beitrag dargestellt.

Schlüsselwörter: Digitalisierungsstrategie, Lehre, Forschung, Hochschulverwaltung

1 Digitalisierung „eats the world“

Der bekannte Satz von dem amerikanischen Internet Unternehmer und Investor Marc Andreessen „software is eating the world“ [1] lässt sich überzeugend auf die Digitalisierung von Geschäftsmodellen, Produkten und Prozessen in Organisationen übertragen. Die Digitalisierung ist mehr als Software, sie umfasst auch Daten, Hardware als Trägersysteme und das organisatorische Umfeld. Kaum eine Organisation denkt heute nicht darüber nach, wie sie sich unter dem Einfluss der Digitalisierung verändern muss und wie sie den Transformationsprozess gestalten soll. Dieses gilt auch für Hochschulen. Schließlich ist ihre Kernaufgabe die Erzeugung und Verteilung von Daten, Informationen und Wissen.

In der Wirtschaft hat die Digitalisierung bereits zu drastischen Marktveränderungen geführt. Traditionelle Unternehmen geraten unter Druck und neue Unternehmen entwickeln sich in kurzer Zeit zu Weltunternehmen, wie drei Beispiele zeigen sollen.

Neue Finanzdienstleister wie PayPal oder Apple Pay dringen mit disruptiven Innovationen in den Markt für Zahlungsverkehr ein, vereinfachen ihn, fokussieren sich allein auf das Internet, verbünden sich mit Internethändlern und greifen klassische Finanzinstitute mit deren eher kontinuierlichen Innovationsschritten an.

DOI 10.1515/9783110468946-005

In dem gleichen Zeitraum, in dem das Internet-Unternehmen Amazon vom Start-up zum Weltunternehmen im Versandhandel gewachsen ist, musste der traditionelle Versandhändler Quelle in Deutschland Konkurs anmelden.

Mit dem Begriff Industrie 4.0 wird in Deutschland die digitale Transformation von Industriebetrieben umschrieben. Trotz der bereits seit Jahren wirkenden Fertigungsautomatisierung wird insbesondere durch das Internet der Dinge ein disruptiver Innovationsschub erwartet. Er wird deshalb als vierte industrielle Revolution bezeichnet.

Gegenüber diesen tiefgreifenden Änderungen und Diskussionen zeigen Hochschulen in Deutschland eine geringere Transformationsgeschwindigkeit und sind noch kaum von der Digitalisierung aufgeschreckt. Dieses liegt an:

1. ihrem traditionsorientierten Selbstverständnis mit ihrer grundsätzlich geringen Änderungsbereitschaft gegenüber neuen Anforderungen,
2. ihrem durch Lebenszeitstellen langsamen Generationswechsel der Lehrer und Forscher (das Bundesland Bayern hat deshalb als Maßnahme ihrer Digitalisierungsinitiative 20 Professorenstellen geschaffen, um einen schnelleren Generationenwechsel zu ermöglichen),
3. idealisierten Rollenkonzepten wie dem Humboldtschen Ideal der Verbindung von Forschung und Lehre,
4. wenig Wettbewerb zu gleichen Finanzierungsbedingungen gegenüber privaten Hochschulen,
5. gesicherter staatlicher Finanzierung (trotz vieler Klagen über Sparmaßnahmen) und damit geringem Finanzdruck.

So sehen heute noch viele Hörsäle aus wie vor 20 Jahren, während sich Bankschalter, Versandhandel und Fabriken bereits dramatisch gewandelt haben.

Die Verwaltungsprozesse der Hochschulen sind zwar in den letzten Jahren durch die Einführung von betriebswirtschaftlicher Standardsoftware modernisiert worden, aber auch hier ist man eher zögerlich dem State of the Art anderer Organisationen, insbesondere der Wirtschaft, nachgekommen.

Nun zeigt sich aber ein Umbruch. Die neuen Informationstechniken wie das Internet, Cloud Computing, Big Data, App-Software, Social Media, Smartphones usw. dringen in die Leistungsprozesse von Forschung und Lehre ein und werden sie drastisch verändern. Sie werden zur größten Herausforderung für den Bestand der Hochschulen. Nur wer die Transformation zur Hochschule 4.0, also der digitalisierten Hochschule, bewältigt, wird sich im härter werdenden nationalen und internationalen Wettbewerb behaupten und sich gegen neue Eindringlinge, die auf disruptive digitale Innovationen setzen, verteidigen können. Der Präsident der deutschen Eliteuniversität RWTH Aachen, Prof. Dr. Schmachtenberg, hat auf einer Konferenz des Stifterverbandes die zukünftige Bedeutung der Bildung höher eingeschätzt als die Bedeutung von Autos in Deutschland. [2]

Wie wird eine Hochschule 4.0 aussehen? Im Folgenden werden für die Bereiche Lehre und Forschung Szenarien entwickelt und auch der Bereich Verwaltung kurz angedeutet. Dabei steht weniger die Beschreibung einzelner Techniken im Vordergrund als die Identifizierung der organisatorischen Treiber der Veränderungen. Denn nur wenn neue Techniken zu organisatorischen Vorteilen für Studierende, Forschende und Verwaltende führen, können sie ihren Nutzen zeigen und werden erfolgreich.

Besondere Bedeutung wird dabei der Änderung der Lehre zugemessen, da hier die Studierenden von der Änderungsstruktur und dem Angebot digitaler Services ihrer Hochschule abhängig sind und sie nur gering beeinflussen können. Sie spüren die Digitalisierungsstrategie ihrer Hochschule deshalb besonders stark. Demgegenüber können die einzelnen Forschenden ihr digitales Arbeitsumfeld eigenständiger gestalten und sind nicht so stark von der Digitalisierungsstrategie der Hochschule abhängig. Aber auch ihre Arbeitsweisen werden natürlich von ihr gefördert oder behindert. Die Verwaltung ist über die finanzielle Verzahnung und die Betreuung der digitalen Infrastruktur mit Forschung und Lehre verbunden und kann Treiber oder Verzögerer der Transformation sein.

Die Entwicklung einer hochschulweiten Digitalisierungsstrategie für Lehre, Forschung und Verwaltung bekommt deshalb eine hohe Bedeutung. Hinweise zu ihrer Entwicklung werden am Ende dieses Beitrags gegeben.

Die digitale Agenda der Bundesregierung[1] und landesweite Initiativen zur Digitalisierung (z. B. Bayern, Hamburg) fördern auch finanziell die Digitalisierung des Forschungs- und Bildungssystems.[2] Auch aufgrund dieser Entwicklung wird der Digitalisierung von Hochschulen wesentlich mehr Nachdruck verliehen.

2 Lehre 4.0

2.1 Ausgangssituation

Die gegenwärtige Lehre an Hochschulen ist durch folgende Eigenschaften gekennzeichnet, wobei es Unterschiede zwischen Universitäten und Hochschulen für Angewandte Wissenschaften gibt:

1 Vgl. www.digitale-agenda.de (Aufgerufen am 18 Juli 2016)

2 Als eines von 7 Arbeitsfeldern des IT-Gipfels der Bundesregierung wird die Digitalisierung von Bildung und Forschung unter Leitung der Bundesministerin für Bildung und Forschung, Frau Prof. Dr. Wanka und dem Verfasser von einer 30-köpfigen Arbeitsgruppe aus Forschung, Wirtschaft und Gesellschaft bearbeitet. Beim IT Gipfel 2016 ist das Thema digitale Bildung ein Schwerpunkt. Vgl. www.it-gipfel.de (Aufgerufen am 18 Juli 2016).

1. Lehrleistungen werden an Universitäten gegenüber Forschungsleistungen geringer gewertet. Bei Bewerbungen um Professuren stehen wissenschaftliche Veröffentlichungen im Vordergrund.
2. In vielen Fächern wie Rechts- und Wirtschaftswissenschaften dominieren Massenvorlesungen mit geringem persönlichem Kontakt zwischen Dozent und Student.
3. In den MINT (Mathematik, Informatik, Naturwissenschaft, Technik)-Fächern besteht einerseits Mangel an Absolventen, gleichzeitig werden hohe Abbrecherquoten und ein zu geringer Anteil weiblicher Studenten beklagt.
4. In einigen Fächern wie Medizin besteht ein enger Numerus Clausus und Studenten suchen Ausweich-Studienplätze im Ausland (z. B. Österreich, Ungarn).
5. Hochschulen konzentrieren sich auf die Erstausbildung und bieten kaum Weiterbildungsmöglichkeiten an. Auch die Alumni-Betreuung ist im Vergleich zu den USA wenig ausgeprägt.
6. Den universitären Lehrinhalten und Dozenten wird häufig Praxisferne vorgeworfen.
7. Zu geringe Anzahl von Laborplätzen oder Patienten pro Medizinstudent begrenzen praktische Ausbildung.
8. In vielen Studiengängen dominiert das Selektionsprinzip beim Studienfortschritt und nicht die individuelle Förderung.

Der Einsatz von E-Learning ist seit über 20 Jahren in der Erprobung.[3] Trotz der bereits früh vorhandenen Möglichkeiten ist E-Learning an deutschen Hochschulen aber noch wenig verbreitet. Insgesamt kann festgestellt werden:
1. E-Learning-Aktivitäten waren und sind eher Einzelinitiativen von Dozenten und kaum Teil einer universitätsweiten oder landesweiten Strategie.
2. An einer einzelnen Hochschule werden häufig mehrere IT-Systeme zur Verwaltung von Kursen und Studenten (sogenannte Learning Management-Systeme

---

3 Der Verfasser hat bereits im Rahmen eines von der Bertelsmann-Stiftung unterstützten Forschungsprojektes Anfang der 1990er Jahre mit Professoren dreier anderer deutscher Universitäten einen virtuellen Studiengang WINFOLine zur Wirtschaftsinformatik gegründet. Ein Student konnte bei den teilnehmenden Professoren in Präsenzveranstaltungen Leistungspunkte erwerben oder via Internet virtuell Lehrveranstaltungen der anderen Professoren besuchen. Der Verfasser hat auf diesen Erfahrungen aufbauend 1997 das E-Learning Unternehmen imc AG gegründet. Es wurde ursprünglich zur Entwicklung von Lernsoftware und Inhalten für die Ausbildung an Hochschulen gegründet. Da dieser Markt aber noch nicht reif war, hat sich das Unternehmen auf die Weiterbildung in Unternehmen konzentriert und ist heute mit rund 200 Mitarbeitern ein leistungsfähiger Anbieter. Mit der wachsenden Akzeptanz von E-Learning an Hochschulen wird auch dieses Marktsegment in letzter Zeit wieder zunehmend bearbeitet. Mit dem Unternehmen Scheer GmbH bzw. seinen Vorgängern führt der Verfasser Organisations- und Implementierungsprojekte für Hochschulen im Bereich Verwaltung durch.
Damit beruht dieser Beitrag einmal auf den 30 Jahren Erfahrungen des Verfassers als Forscher und Lehrer und auf den praktischen Erfahrungen mit dem Einsatz von E-Learning und Hochschulreorganisation.

LMS) eingesetzt oder sie wurden sogar selbst entwickelt und gehorchen damit nicht den Ansprüchen an eine dauerhafte Wartung oder Weiterentwicklung.
3. Einige übergreifende Versuche wie „Virtuelle Hochschule Bayern“ gelten wegen zu geringem Interesse der Beteiligten als eher gescheitert.
4. Die Erstellung von E-Learning Kursen war sehr kostenintensiv und aus den Lehrstuhletats kaum zu finanzieren.
5. Auf E-Learning ausgerichtete pädagogische Konzepte sind erst in der Entwicklung.
6. Bei vielen Dozenten bestehen Vorurteile gegenüber dem angeblich menschenfernen Einsatz von digitalen Lernmitteln.

Diese Situation ändert sich nun gravierend:
1. Neue Techniken wie das Internet, Cloud-Computing, Social Media, Big Data, mobile Geräte wie Tablets und Smartphones erleichtern den Zugang zu Lerninhalten.
2. Neue Formate wie E-Books, Lernvideos, MOOCs oder Gamification erhöhen die Akzeptanz.
3. Neue Tools zum Erstellen von Lerninhalten reduzieren die Kosten.
4. Die Digitalisierungsprogramme von Bund und Ländern stellen finanzielle Mittel auch für den Bildungsbereich bereit.

Damit wird die Digitalisierungsgeschwindigkeit der Lehre an Hochschulen an Fahrt aufnehmen.

2.2 Treiber der Digitalisierung von Lehre

Als Treiber werden die organisatorischen, ökonomischen oder pädagogischen Effekte bezeichnet, die den Einsatz von E-Learning begünstigen. In Abb. 1 sind sie um den lernenden Studierenden gruppiert und stellen quasi seine Lernumgebung mit ihren Vorteilen dar.

2.2.1 Neue Lernformate

In der ersten Phase des E-Learning wurden lediglich vorhandene Lernmaterialien wie Vorlesungen, Folien und Papierdokumente digital aufbereitet. Dieses kann mit der Entwicklung des Kinofilms verglichen werden, wo in der ersten Phase auch lediglich vorhandene Theateraufführungen abgefilmt wurden. Später wurden dann mit Schnitttechniken, Zoomen usw. eigenständige Filmtechniken entwickelt. Ähnlich vollzieht sich auch die Entwicklung von Formaten für das E-Learning.

Heute stehen bereits mit Simulationsmodellen, interaktiven Videos oder Serious Games neue Lernformate bereit, deren Entwicklung sprunghaft weiterführt. Mit komplexen Simulationsmodellen können Laborversuche durchgeführt werden, die in der Realität zu gefährlich wären. In Fächern wie Konstruktionstechnik können Systeme konstruiert werden und Crashtests durchgeführt werden, ohne Ressourcen zu verschwenden oder die Umwelt zu belasten.

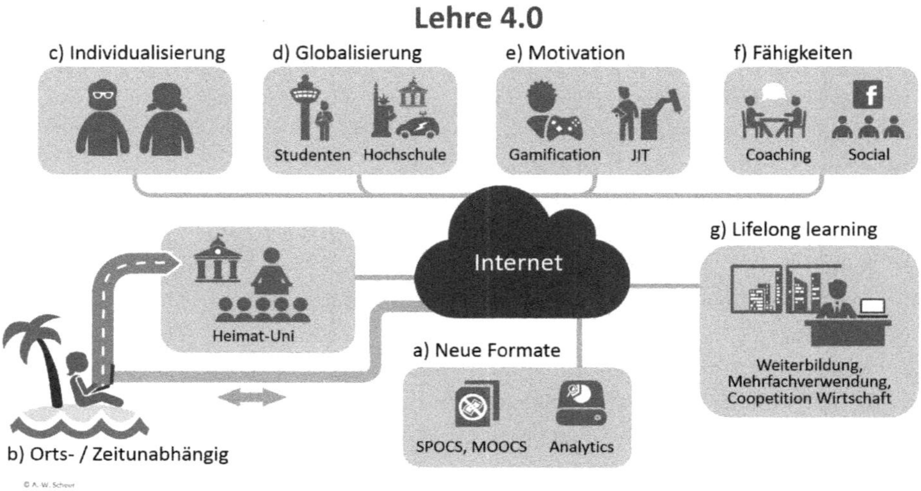

Abb. 1: Schematische Darstellung der Lehre 4.0.

E-Books bieten ein Format, das eng an das bestehende Format von Lehrbüchern angelehnt ist und deshalb keine mediale Umstellung benötigt.

Entscheidend ist aber für den Erfolg des E-Learnings die Verbreitung der Lerninhalte über das Internet. Hier hat mit dem Format MOOC (Massive Open Online Courses) ein neuer Entwicklungsschub eingesetzt. Das besondere Merkmal ist, dass die Inhalte von vornherein für eine große Teilnehmerschaft ausgerichtet sind und jedermann kostenlos darauf zugreifen kann. Bekannt geworden sind MOOCs durch Sebastian Thrun von der Stanford University, der 2011 eine Vorlesung über Künstliche Intelligenz über das Internet angeboten hat, und damit überwältigenden internationalen Zuspruch gefunden und eine große Diskussion angefacht hat.

Ist ein MOOC erst einmal produziert (dafür sind allerdings technische Einrichtungen wie Video-Studios erforderlich), entstehen für die Teilnahme keine Grenzkosten. Es ist für den Anbieter gleich, ob tausend oder eine Million Teilnehmer den Kurs „besuchen“. Jeremy Rifkin [3] sieht darin einen Beitrag zur grenzkostenlosen Gesellschaft, in der Bildung quasi kostenlos wird. Dieses ist für US-Hochschulen, die sich durch Studiengebühren finanzieren, kein einfaches Geschäftsmodell. In Deutschland ist dieses bekanntlich kein Argument, da hier Hochschulbildung ohnehin vom Staat finanziert wird. In den USA werden MOOCs deshalb wirtschaftlich eher als

Marketing-Instrument angesehen oder neue Geschäftsmodelle durch die Verwertung von Teilnehmerprofilen diskutiert.

Eine Gegenbewegung zu MOOCs sind SPOCs (Small Private Online Courses), die auf kleine Themeneinheiten und begrenzte Gruppen zugeschnitten sind und dann auch mit Bezahlmodellen versehen sind.

MOOCs haben die Lernwelt verändert. Jedermann kann kostenlos auf Lerninhalte zugreifen. Allerdings hat sich gezeigt, dass nur rund 10 % der Beginner eines Kurses ihn auch erfolgreich beenden. Dieses ist als Gegenargument zu MOOCs gewertet worden, kann aber auch als ein neues Lernverhalten interpretiert werden. Vielen Lernenden genügt eine Information über ein Lerngebiet, sie geben sich also mit einem Schnuppereindruck zufrieden oder sie unterbrechen den Kurs, da sie ihn jederzeit fortsetzen können. Generell werden kleinere Lerneinheiten definiert und als Nanolernen bezeichnet, die auch zertifiziert werden können (Nanozertifikate oder Nanodegrees[4] z. B. als iOS-Developer oder Android-Developer). Damit kann aktueller auf neue Lernanforderungen reagiert werden.

2.2.2 Orts- und Zeitunabhängigkeit des Lernenden

Präsenzveranstaltungen werden an einer Hochschule weiterhin ihre Bedeutung behalten, wenn sich auch ihre Struktur ändern wird. Deshalb ist der Studierende in Abb. 1 auch einer realen Universität mit Hörsälen zugeordnet. Darüber hinaus ist er über das Internet auch virtuell mit ihr und der gesamten Welt verbunden.

Über ein mobiles Endgerät kann der Studierende von jedem Ort der Erde und rund um die Uhr auf Lerninhalte zugreifen. Dieses gibt ihm eine größere Flexibilität der Lebensgestaltung. So kann er seinen Tagesablauf unabhängig von festen Vorlesungszeiten organisieren und Lernen besser mit beruflichen Tätigkeiten, Familie oder Hobbys koordinieren. Viele Studenten sind darauf angewiesen, einen Teil ihres Lebensunterhalts neben dem Studium zu verdienen, wollen als wissenschaftliche Hilfskräfte enger mit einem Lehrstuhl zusammenarbeiten oder studieren parallel zu ihrer Berufstätigkeit, wie dieses in den USA beim Masterstudium (MBA) oder allgemein beim bestehenden Fernstudium üblich ist.

Häufig überschneiden sich auch bei einem Präsenzstudium Vorlesungszeiten oder kollidieren mit Stundenplänen für künstlerische oder sportliche Interessen von Studenten. Diese Konflikte werden durch die gespeicherten und zugriffsbereiten Lerninhalte vermieden.

Das Internet ermöglicht neue Arbeitsformen. So bezeichnet man Menschen, die sich Aufenthalte an fernen Orten wählen (z. B. in asiatischen Urlaubsgegenden), aber über das Internet für ihren Arbeitgeber in ihrem Heimatland arbeiten, bereits

---

4 Vgl. www.udacity.com/nanodegree (Aufgerufen am 19 Juli 2016)

als Internetnomaden. Ähnliche Strukturen können sich auch für Studenten herausbilden. So können sie z. B. während eines Auslandspraktikums oder -studiums auch weiterhin an ihrer Heimatuniversität studieren.

Gerade mobile Endgeräte wie Smartphones sind bei heutigen Jugendlichen Teil ihres Lebens. Untersuchungen haben gezeigt, dass vielfach nach dem Aufwachen der erste Griff zum Smartphone führt, das Smartphone immer mitgeführt wird und sogar „nomophobia" weit verbreitet ist, also die Angst, das Smartphone zu verlieren oder dass es funktionsunfähig ist. Man mag dieses kritisch sehen, es ist aber auch als Chance zur Kommunikation zwischen Hochschule und Studenten zu werten. Das Smartphone kann dabei natürlich durch andere Geräte wie Smartwatches abgelöst werden.

2.2.3 Individualisierung des Lernens (fördern statt selektieren)

Jeder Mensch besitzt unterschiedliche Begabungen und Interessen. Gleichzeitig gibt es unterschiedliche Bedarfe der Wirtschaft oder Institutionen für Ausbildungsinhalte. Hochschulen haben dieser Variabilität durch die Einrichtung von Studiengängen, Wahl- und Pflichtfächern innerhalb von Studiengängen Rechnung getragen. Auch auf die unterschiedlichen Lernbegabungen wurde durch Wiederholungsmöglichkeiten von Klausuren eingegangen. Trotzdem sind diese Möglichkeiten begrenzt. In vielen Fächern gibt es quasi feste Hürden von Prüfleistungen, z. B. ein Matheschein oder Statistikschein, ohne den der Studierende sein Studium nicht fortsetzen kann. Es werden dadurch Begabungen nach festgelegten Prüfungsordnungen selektiert. Es ist aber nicht gesagt, dass ein Studierender bei Umgehung hoher mathematischer Anforderungen nicht doch eine sinnvolle Ausbildung in der gewählten Studienrichtung erhalten könnte. Schließlich hat er ja ein Anfangsinteresse an dem Fach gezeigt und in der späteren beruflichen Tätigkeit gibt es viele Einsatzfelder, bei denen die mathematischen Kenntnisse nicht benötigt werden. Häufig werden Studiengänge auf Berufsbilder bezogen, die in der späteren beruflichen Anwendung nicht im Vordergrund stehen (Juristenausbildung auf das Richteramt, obwohl nur ein kleiner Teil diesen Beruf erlangt; Mediziner auf den Arztberuf, obwohl über die Hälfte der Absolventen nicht praktizieren werden; Informatiker zum Entwickler, obwohl viele später als Organisationsberater oder im Vertrieb arbeiten).

Durch E-Learning können Studiengänge wesentlich differenzierter gestaltet werden. Im extrem kann ein Studierender aus dem modularisierten Angebot an Lerninhalten sein individuelles Studium zusammenstellen. Das Lerngebiet passt sich dann dem Studierenden an und nicht umgekehrt. Natürlich müssen Rahmenbedingungen festgelegt werden, z. B. die Anzahl der zu erlangenden Credit Points für einen Studienabschluss, aber dieses in einer viel flexibleren Form als es jetzt besteht. Im extrem kann auch die Frage gestellt werden, ob überhaupt ein bestimmter Titel für die Gesamtleistung erreicht werden muss und ob nicht der Blumenstrauß an

Einzelzertifizierungen genügender Beleg bei Bewerbungen sein kann. Häufig spielen spezielle Fachkenntnisse eine größere Rolle als ein genereller Studienabschluss.

Es sei ein kleiner Exkurs gestattet: Von dem Automobilhersteller Henry Ford wird berichtet, dass er sein berühmtes Automobil T angeboten hat mit dem Slogan „Jeder Kunde kann seinen Wagen beliebig anstreichen lassen, wenn der Wagen nur schwarz ist". Heute könnte kein Hersteller mehr mit dieser Standardisierung überleben. Vielmehr können von einem Autotyp wie dem VW Golf durch Kombination von Farben, Motorstärke und Ausstattungen mehrere Millionen unterschiedlicher Varianten definiert werden. Hier wird also auf die individuellen Neigungen und Bedürfnisse des Kunden eingegangen.

Wenn diese Rücksichtnahme bei dem Konsumverhalten gilt, dann sollte es für das menschliche Lernen ebenfalls gelten. Auch die Lerngeschwindigkeit kann der Studierende beim E-Learning individuell regeln. Durch in den Lerninhalt eingefügte Prüffragen mit sofortiger Auswertung bekommt er Realtime-Feedback und kann bei Bedarf sofort den Lernstoff wiederholen und die Lerngeschwindigkeit verringern. Es ist bekannt, dass für den Lernerfolg ein schnelles Feedback wesentlich ist.

Überflieger können dagegen die Lerngeschwindigkeit erhöhen und müssen sich nicht langweilen.

Auch die Lernformate wie Videovorlesungen, Serious Games, E-Books usw. können individuell gewählt werden.

Durch die Auswertung der Präferenzen der Studenten und ihrer Lernergebnisse kann auch eine individuelle Beratung der Studenten unterstützt werden (vgl. weiter unten den Punkt „Lernmotivation").

Intelligente Verfahren (Analytics) helfen, die für den Studierenden geeigneten Kurse aus einem unübersichtlichen Angebot an Video-Vorlesungen usw. auszuwählen und den Lernerfolg zu prognostizieren. Dazu wird sein Lernprofil mit den Profilen der angebotenen Kurse verglichen.

2.2.4 Globalisierung

Über das Internet können Hochschulen ihre E-Learning-Inhalte Studierenden in der ganzen Welt anbieten. Jede Hochschule hat damit die Möglichkeit, eine globale Fernuniversität zu sein. Dieses wurde mit dem Erfolg der MOOCs offensichtlich. Gleichzeitig kann dieses Angebot auch zum Marketing genutzt werden. Die Hochschule macht sich international bekannt und zieht ausländische Studenten auch zum Präsenzstudium an. Dieser Weg ist nicht nur für Hochschulen interessant, die sich über Studiengebühren finanzieren, sondern der internationale Bekanntheitsgrad hebt das generelle Renommee der Hochschule, beeinflusst das internationale Ranking, macht die Hochschule attraktiv für qualifizierte Forscher und hebt das Ansehen bei Bevölkerung und Politik. So wundert es nicht, dass Hochschulen insbesondere mit solchen Angeboten Furore machen, die besondere Aufmerksamkeit bei Studierenden erzielen. Der Kurs über fahrerlose Automobile von Sebastian Thrun („Artificial Intelligence for Robotics") ist dafür ein gutes Beispiel, aber auch die Technische Universität München bietet einen Kurs über die Programmierung fliegender Roboter (Drohnen) an, der internationale Aufmerksamkeit errang.

Umgekehrt können heimische Studierende auch E-Learning-Angebote fremder Universitäten nutzen. Damit entsteht auch globaler Wettbewerb zwischen den Hochschulen. Bieten Hochschulen komplette Studiengänge über das Internet an, werben sie um die Exklusivität des Studenten. Wollen sie dagegen nur ergänzende Inhalte bereitstellen, ist es für sie vornehmlich ein Marketingmittel und der Student bekommt zu dem Standardstoff seiner Hochschule erweiterte Informationen.

Problematisch kann die Zertifizierung einzelner Angebote sein. Hat ein Studierender einen E-Learning-Kurs an einer anderen Hochschule absolviert und auch den (elektronischen) Test bestanden sowie ein Zertifikat erhalten, so muss geklärt werden, ob die heimische Hochschule dieses anerkennt. Hier müssen internationale Regeln definiert werden. Der europäische ECTS (European Credit Transfer and Accumulation Systems) ist eine gute Basis. Aber selbst ohne Anerkennung durch die heimische Hochschule erhält der Studierende einen Vorteil bei späteren Bewerbungen. Insgesamt stellt sich die Frage, welchen Wert Zertifizierungen in der Zukunft noch besitzen, bzw. auf welcher Ebene sie gelten. Ist ein vor vielen Jahren erworbenes Hochschuldiplom mehr wert als eine Bescheinigung über den Abschluss eines speziellen aktuellen Fachkurses?

Vorteilhaft für Hochschule und Studierende sind Kooperationsmodelle. Hier arbeiten mehrere Hochschulen zusammen und ergänzen sich um Kurse oder Teile von Kursen, in denen die Hochschulen jeweils besondere Kompetenzen besitzen. Sie bieten dann einen verteilten Studiengang an (analog dem eingangs erwähnten Studiengang WINFOLine) und können auch den Einsatz von Tutoren zur Online-Betreuung gemeinsam organisieren.

Jede Hochschule verbreitert und vertieft ihr Angebot, das sie ihren Studierenden zur Verfügung stellt, der Studierende erhält ein qualitätsgesichertes Angebot, das offizieller Bestandteil des Studiums ist, sodass Anerkennungsprobleme entfallen und auch die Prüfungsorganisation ist geklärt.

Besonders sinnvoll sind auch Kooperationen zwischen Hochschulen bei festem Standardstoff, z. B. Einführungsveranstaltungen. Hier können mehrere Hochschulen gemeinsam hochwertige E-Learning-Kurse entwickeln, die die Lehrenden von zeitraubenden Massenveranstaltungen entlasten und ihnen somit mehr Zeit für individuelle Betreuung ermöglichen. Aktivitäten der Gruppe Technischer Universitäten TU9 (RWTH Aachen, TU Berlin, TU Braunschweig, TU Darmstadt, TU Dresden, Leibniz Universität Hannover, Karlsruher Institut für Technologie, TU München, Universität Stuttgart) zielen in Deutschland in diese Richtung.

Universitäten können auch soziale Netzwerke für das Marketing nutzen und damit die Bindung zu Interessenten, Studierenden und Alumni verstärken. Dieses wird in Deutschland noch nicht so ausführlich genutzt wie in den USA. So hat Harvard mit rund 20.000 Studierenden rund 4 Millionen Likes auf Facebook, während die deutschen Universitäten TU München und Hamburg mit jeweils rund 40.000 Studierenden weniger als 50.000 Likes zählen können.

2.2.5 Lernmotivation verstärken; Fähigkeiten vermitteln

Lernen sollte nicht langweilig sein. Kinder lernen deshalb spielerisch. Auch im E-Learning werden zunehmend spielerische Elemente eingesetzt (Serious Games). Dadurch kann spröder Stoff durch Unterhaltungselemente attraktiver gemacht werden.

So hat die imc AG für ein internationales Wirtschaftsprüfungsunternehmen ein Lernspiel zum Körperschaftssteuerrecht entwickelt. Wesentliche Eigenschaften von Lernspielen sind, dass ein Wettbewerbsgefühl geweckt wird (gegen sich selbst oder bei mehreren Teilnehmern im Vergleich zu anderen) sowie das sofortige Feedback über die Konsequenzen einer Entscheidung. Gerade das schnelle Feedback erhöht den Lernerfolg.

Der Einsatz von Spielen im akademischen Unterricht ist nicht neu, so wurden Unternehmensplanspiele und Rollenspiele bereits seit langem eingesetzt. Durch den IT-Einsatz bekommen sie aber einen Qualitätssprung. Online-Spiele können hochwertige Simulationsmodelle sein, an denen z. B. unterschiedliche Entscheidungsstrategien geübt werden können, bei denen vielfältige Interdependenzen und Zielsetzungen eine Rolle spielen.

Motivationsverstärkend ist auch das „Just-in-time"-Lernen. Hier wird der Effekt genutzt, dass die Lernmotivation umso höher ist, je näher das Gelernte angewendet werden kann. Auch hier motivieren Lernspiele zu einer sofortigen Recherche, wenn ein Zusammenhang der Einflussfaktoren vor einer Entscheidung während des Spiels nicht bekannt oder bewusst ist. In der klassischen akademischen Ausbildung dominiert eher das „Vorratslernprinzip": Es wird Wissen vermittelt, das später einmal angewendet werden soll. Häufig hat aber der ehemalige Studierende das Wissen vergessen oder es ist veraltet, wenn er es Jahre später einmal anwenden könnte.

In Laborumgebungen können bei einem realen Versuch über Datenbrillen Informationen hinzugespielt werden (augmented reality), sodass der Lernende quasi „on the job" lernt.

Bei Lernspielen steht bereits die Anwendung von Wissen im Vordergrund. Damit werden Fähigkeiten der Interpretation und des Zusammenwirkens von Fakten geschult (Prozesslernen).

Bei immer kürzer werdender Halbwertzeit von Faktenwissen in vielen Bereichen kommt der Vermittlung von Fähigkeiten eine größere Bedeutung zu. In der klassischen akademischen Ausbildung wurde dieses durch die Gliederung von Vorlesung, Übung und Seminar angestrebt, bei der Massenuniversität aber nur ansatzweise erreicht.

Auch hier bietet E-Learning Unterstützung, nicht nur über simulierte Anwendungsumgebungen wie Lernspiele, sondern indem Freiräume für Lehrende zur Face-to-Face-Kommunikation geschaffen werden. Hier setzt sich das Prinzip der Individualisierung, wie es bereits bei der Gestaltung individueller Lernformen durch E-Learning angesprochen wurde, auch in der Face-to-Face-Kommunikation fort. Wenn die Vermittlung des notwendigen Faktenwissens mehr und mehr in das Internet verlagert wird, entstehen mehr Kommunikationsmöglichkeiten zwischen Studierenden und Lehrenden. Die Kombination von Klassenraumunterricht und E-Learning wird als Blended Learning bezeichnet. Der Klassenraum dient dann aber nicht zur Vermittlung von Faktenwissen, sondern zur Übung von Fähigkeiten. Die im E-Learning, z. B. der Erstellung eines Businessplans für ein fiktives Startup-Unternehmen, erarbeiteten Teilschritte werden in der Gruppe diskutiert und können dann bis zum nächsten Termin weitergeführt werden. Von US-Universitäten ist bekannt, dass sie an den Wochenenden, an denen MBA-Studenten an der Universität anwesend sind, Einzelgespräche zwischen Studierenden und Lehrenden anbieten (Coaching), Künstler einladen, um mit den Studierenden zu diskutieren und so einen Beitrag zur Persönlichkeitsbildung der Studierenden zu leisten, der über die klassischen Studieninhalte hinausgeht. Gerade auch interdisziplinäre Diskussionen wie das „Design Thinking" zur Entwicklung von Innovationen geben neue Impulse. Die Rolle des Lehrenden wandelt sich dann vom Wissensexperten zum Coach oder Moderator.

Die z. T. dem E-Learning vorgehaltene Entfremdung vom Menschen führt dann gerade zum Gegenteil: Standardisierbare Wissensvermittlung wird elektronisch durchgeführt, um mehr Zeit für direkte menschliche Kommunikation zu erhalten.

Hochschulen, die bereits durch zahlenmäßig kleinere Student-zu-Dozent-Verhältnisse eine persönlichere Betreuung angeboten haben, sind hier gegenüber den Massenhochschulen im Vorteil. Dieses gilt z. B. für die amerikanischen und englischen Eliteuniversitäten, die eine lange Tradition in der persönlichen Betreuung besitzen. Deutsche Hochschulen müssen diese Fähigkeiten erst noch aufbauen. Auch hat dieses Konsequenzen für die räumliche Ausstattung. Anstelle großer Hörsäle müssen kleinere Arbeitsräume bis zu Besprechungsräume für „one-to-one" Gespräche bereitstehen.

Aber auch über die neuen sozialen Medien wird die Kommunikation verstärkt. Es bilden sich Diskussionsforen über Orts- und Zeitgrenzen hinweg. Da sich schon immer Studierende in Arbeitsgruppen eigenständig für Prüfungsvorbereitungen organisiert haben, wird auch hier ein vorhandenes Format durch das Internet intensiviert.

Durch die elektronischen Kommunikationsmöglichkeiten können leichter im Netz verfügbare Lerninhalte kommentiert werden, bis hin zur Verbesserung und Ergänzung des Stoffes. Damit wird die Rollentrennung zwischen Dozent und Student verkehrt (Flipped Classroom oder Inverted Classroom). Studierende erzeugen dann selbst Inhalte. So haben z. B. Studierende des Lernsystems zur Programmierung von Drohnen Übersetzungen in mehrere Fremdsprachen angefertigt.

Als eine gewünschte Konsequenz der stärkeren Vermittlung von Fähigkeiten anstelle von Wissen kann gelten, dass Studierende häufiger Unternehmen gründen,

wenn sie in ihrem Studium mit der Erarbeitung und Diskussion von Businessplänen vertraut gemacht wurden. So gründet z. B. jeder sechste Absolvent von Stanford ein Startup-Unternehmen.

2.2.6 Lebenslanges Lernen

Es ist unbestritten, dass die während eines Studiums erworbenen Kenntnisse während einer folgenden über 30-jährigen Berufstätigkeit aufgefrischt und erweitert werden müssen.

Hochschulen haben sich in den Weiterbildungsmarkt bisher in Deutschland kaum engagiert.[5] Viele Hochschullehrer halten zwar Vorträge und Seminare für kommerzielle Weiterbildungsanbieter oder Unternehmen, aber Weiterbildung ist kein strategisches Leistungsfeld der Hochschulen. Dieses ist aus einer kundenorientierten Perspektive unverständlich, einen Kunden lediglich 5 bis 6 Jahre zu betreuen, obwohl er einen Bedarf über mindestens 35 Jahre besitzt. (Hochschulen mögen den Begriff „Kunden" für ihre Studierenden nicht gerne und bezeichnen sie lieber als „Mitglieder" ihrer Institution).

Häufig wissen Hochschulen bei einer Exmatrikulation nicht, ob der Studierende sein Studium abbricht oder lediglich die Universität wechselt. Auch die Beziehung nach Beendigung des Studiums bricht in der Regel ab, da Alumni-Organisationen erst im Aufbau sind.

Für Unternehmen ist die Weiterbildung ihrer Mitarbeitenden äußerst wichtig. Sie entwickeln dazu eigene Ausbildungsprogramme und arbeiten mit entsprechenden Instituten zusammen. Viele Großunternehmen wie Volkswagen, Siemens oder Festo haben eigene Weiterbildungsakademien gegründet, die sie auch fremden Mitarbeitenden öffnen. Es ist für Unternehmen von Vorteil, wenn möglichst viele Menschen mit ihren Produkten oder den in ihnen enthaltenen Technologien vertraut sind.

Generell kann festgestellt werden, dass in der Weiterbildung E-Learning mehr verbreitet und professioneller eingesetzt wird als im Hochschulbetrieb. Neben der Vermittlung von generellem Fachwissen kann auch schneller auf aktuelle Schulungsbedarfe eingegangen werden. So kann z. B. ein Automobilhersteller vor der Einführung eines neuen Modells aus den CAD-Systemen bereits Schulungsinhalte generieren, weltweit Monteure der eigenen Organisation sowie Vertriebspartner schulen und dann nur an solche Händler die neuen Fahrzeuge ausliefern, die den Prüfungstest bestanden haben. Eine zentrale Präsenzschulung am Heimatstandort des Herstellers wäre dagegen organisatorisch und wirtschaftlich nicht darstellbar.

Für Hochschulen würde eine stärkere Beteiligung an Weiterbildungsmaßnahmen die Chance eröffnen, für die Erstausbildung erstellte elektronische Lerninhalte

5 Vgl. https://hochschulforumdigitalisierung.de/de/ein-leben-lang-digital-lernen-arbeitspapier-20 (Aufgerufen am 26 September 2016)

wirtschaftlich weiterzuverwenden und Partnerschaften zu Unternehmen sowie eine dauerhafte Verbindung zu den ehemaligen Studenten zu unterhalten.

Hochschulen könnten im extrem einen lebenslangen Bildungsvertrag mit ihren Studierenden abschließen und sie lebenslang individuell betreuen (Student Lifecycle Management). Durch die analytische Auswertung der Profile der Teilnehmer können ihnen Bildungsangebote gemacht werden, die auf ihre gegenwärtige Karrieresituation ausgerichtet sind und den gewünschten nächsten Karriereschritt vorbereiten. Durch Quervergleiche mit Teilnehmenden der gleichen Peergroup können sich die Teilnehmenden einordnen und z. B. erfahren, womit sich andere Teilnehmenden in einer ähnlichen Karrieresituation aktuell beschäftigen.

Andererseits können Weiterbildungsinstitutionen der Wirtschaft auch in Wettbewerb zu Hochschulen treten. Bei aktuellen Themen können sie früher Inhalte anbieten und auch über ihr positives Image bei der Zertifizierung Hochschulen Konkurrenz machen.

Kurz: Das Zertifikat eines Kurses über Mechatronik bei einer Weiterbildungsakademie von einem Weltkonzern kann wertvoller sein als das Zertifikat eines Kurses bei einer mittelmäßigen Hochschule. Hochschulen sind deshalb gut beraten, Kooperationsmodelle mit Unternehmen zu erarbeiten, in denen gemeinsam Lerninhalte erstellt und vertrieben werden. Dieses gilt nicht nur für die Weiterbildung, sondern kann auch zu gemeinsamen Studiengängen zwischen Hochschulen und Unternehmen in der akademischen Erstausbildung führen.

Generell führt die Digitalisierung der Lehre zu flexibleren Ausbildungs- und Weiterbildungsformen und diese vermischen sich untereinander. So können z. B. während der Berufstätigkeit leichter grundständige Studiengänge nachgeholt werden. Insgesamt können das Ausbildungssystem durchlässiger gestaltet und Bypassmöglichkeiten geschaffen werden.

2.3 Wege zur Lehre 4.0

Bei einer Gegenüberstellung der angesprochenen Themen des gegenwärtigen Standes von E-Learning mit den zukünftigen Herausforderungen und Perspektiven zeigt sich, dass Hochschulen vor einem drastischen Transformationsprozess ihrer Lehre stehen. Dieses rechtfertigt den von dem Begriff „Industrie 4.0“ übernommenen Zusatz „4.0“, der dort für die 4. Industrielle Revolution steht. Nun ist bei organisatorischen Änderungen an Hochschulen wegen ihres Beharrungsvermögens der Begriff Revolution wohl ungewöhnlich. Schließlich stammt der zentrale Begriff „Vorlesung“ noch aus dem Mittelalter, als es noch keine gedruckten Bücher gab und deshalb vorgelesen werden musste, aber heute immer noch zentrale Lernform ist. Wenn aber beachtet wird, dass Hochschulen durch E-Learning in zunehmend globalem Wettbewerb mit anderen Hochschulen stehen, neue Lern- und Betreuungsformen entstehen, dafür

eine neue Infrastruktur aufgebaut werden muss, Studierende lebenslang durch Weiterbildung betreut werden, neue ausschließlich auf E-Learning konzentrierte Hochschulen entstehen, E-Learning Akademien aus der Wirtschaft in den Bildungsmarkt der Hochschulen eindringen und ihr Zertifizierungsmonopol aufweichen, dann hat der Begriff Revolution schon seine Berechtigung.

3 Forschung 4.0

Durch die enge Verbindung von Forschung und Lehre sind einige der Treiber einer digitalisierten Lehre wie Orts- und Zeitunabhängigkeit, Globalisierung usw. auch für die Forschung gültig. Es sollen deshalb vor allem forschungsspezifische Ergänzungen und zusätzliche Treiber behandelt werden, die in Abb. 2 als Umfeld eines Forschers dargestellt sind.

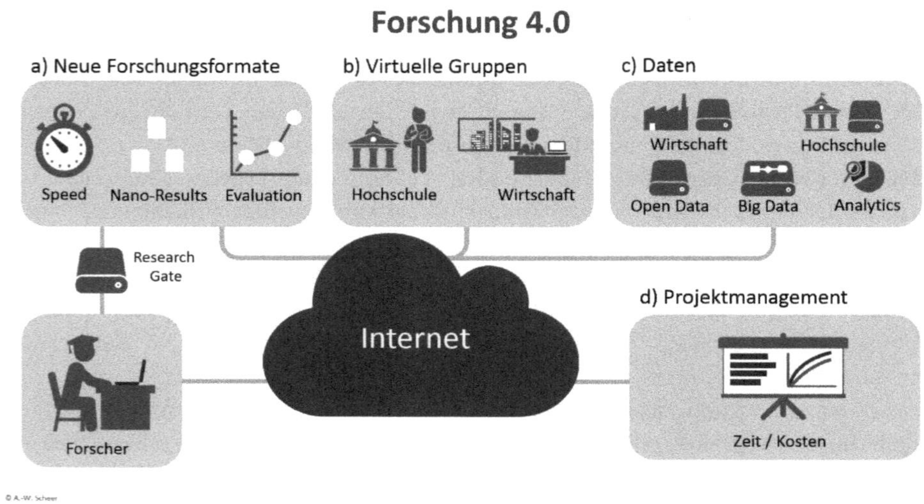

Abb. 2: Schematische Darstellung der Forschung 4.0.

3.1 Treiber der Digitalisierung der Forschung

3.1.1 Neue Forschungsformate

Die Geschwindigkeit der globalen Kommunikation zwischen Forschern nimmt durch das Internet drastisch zu. Es darf daran erinnert werden, dass das Internet, bzw. sein Erfolgstreiber World Wide Web (www) an dem Forschungsinstitut CERN in Genf gerade zur Kommunikation zwischen Wissenschaftlern entwickelt wurde.

Spezielle Internetplattformen wie ResearchGate verbinden weltweit Forscher mit gleichen Forschungsinteressen. Der Forschende stellt selbst seine Forschungsergebnisse ein und erhöht damit seine Visibilität. Es können Fragen an die Community gestellt werden, die dann umgehend beantwortet werden. Dieses beschleunigt den Forschungsprozess. Auch müssen Ergebnisse nicht mehr in formalen Formaten wie Zeitschriftenaufsätzen oder Büchern veröffentlicht werden, sondern können in kleinen ergebnisbezogenen Darstellungen (Nanoergebnisse) über das Internet verbreitet werden. Weitschweifige Einleitungen und Literaturteile werden komprimiert.

Forschende sind nicht mehr auf zeitraubende Begutachtungen ihrer bei „renommierten Zeitschriften" eingereichten Beiträge angewiesen, sondern können ihre Beiträge eigenständig im Internet veröffentlichen und zum Download freigeben. Neben Textbeiträgen können dies auch selbst aufgenommene Videos von Fachvorträgen sein usw.

Durch Plagiatssoftware können Veröffentlichungen automatisch auf ihre Originalität überprüft werden.

Sicher werden auch klassische Zeitschriften und Konferenzen mit ihren Begutachtungsverfahren für eingereichte Beiträge ihren Platz behalten, zumal diese noch in Berufungsverfahren eine große Rolle spielen, aber auch hier werden die Prozesse mehr und mehr digitalisiert und beschleunigt. Daneben bilden sich neue Formen der digitalen Evaluierung von Forschenden und Forschungsergebnissen heraus. Die Anzahl der Views, Downloads und Zitate sind Indikatoren einer Wirksamkeit.

Der bekannte H-Index misst die Wirkung, die ein Forscher auf die Forscher-Community anhand der Zitate seiner Veröffentlichungen ausübt. Dazu werden Datenbanken mit digitalisierten Veröffentlichungen automatisch durchsucht und nach Jahreszahlen gegliedert. Ähnlich werden auch Forscher in sozialen Netzen wie ResearchGate bewertet.

Es ist zu erwarten, dass bei der Vergabe von Forschungsmitteln und Berufungen auch diese Messgrößen eine zunehmende Bedeutung finden. Entsprechend werden sich auch Forscher bemühen, hier gute Werte zu erzielen und ihre Veröffentlichungsstrategie darauf ausrichten.

3.1.2 Virtuelle Forschergruppen

Forschungsministerien auf Länder-, Bundes- oder EU-Ebene fördern immer mehr Verbundprojekte, bei denen Forschungsinstitute und Wirtschaftsunternehmen zusammenarbeiten. Damit soll einerseits die Zusammenarbeit zwischen Forschungsinstituten gefördert werden und zum anderen eine schnellere Umsetzung der Ergebnisse in Produkte erreicht werden.

Die Zusammenstellung eines Forscherkonsortiums für eine Ausschreibung ist ein komplexer Vorgang. Hier helfen Internetkontakte zum Auffinden entsprechender Partner, zur Abstimmung der Kompetenzen, der Antragserstellung und später auch zur Durchführung des Projektes. Videokonferenzen, verteiltes Arbeiten am gleichen Objekt durch Groupware vereinfachen und beschleunigen den Bearbeitungsprozess.

3.1.3 Daten

Forschungsergebnisse werden häufig in Form von Daten dargestellt. Dieses können Messdaten aus naturwissenschaftlichen Versuchen sein, Statistikdaten über Patienten von medizinischen Untersuchungen usw. Bei dem „Open Data"-Ansatz sollen nicht nur verdichtete Daten zum offenen Zugriff für andere Forschende veröffentlicht werden, sondern auch die Rohdaten. Dadurch können Analysen jederzeit von anderen Forschenden wiederholt werden. Dieses Konzept ist im akademischen Umfeld bei staatlich finanzierten Forschungsprojekten leicht umsetzbar. Bei der Zusammenarbeit mit Wirtschaftsunternehmen ergeben sich aber Probleme mit dem Eigentumsrecht an Daten und deren Schutz. Hier müssen vor Beginn eines gemeinsamen Projektes entsprechende Vereinbarungen getroffen werden, die die Rechte der Partner an den Daten und ihre Veröffentlichung regeln.

Neue Datenbankkonzepte (inmemory, non SQL) ermöglichen die Realtime-Auswertung großer Datenbestände. Hier eröffnen sich für die Forschung durch Paradigmenwechsel neue Wege. Einmal können auch für große Versuchsreihen die erhobenen Daten unverdichtet gespeichert werden. Alle Analysen können realtime auf den Rohdaten durchgeführt werden und es müssen keine verdichteten Daten vorgehalten werden. Alle verdichteten Daten werden aus der gleichen Quelle der Urdaten realtime erzeugt. Der Vorteil liegt darin, dass bei Änderungen der Rohdaten keine verdichteten Zwischenergebnisse nachkorrigiert werden müssen.

Der zweite Paradigmenwechsel besteht darin, dass Daten hypothesenfrei auf Muster oder Korrelationen untersucht werden können und so auch fachfremde Forschende (z. B. Informatiker) Zusammenhänge in medizinischen Daten erkennen können, die Fachspezialisten aufgrund ihrer einschränkenden Hypothesenorientierung nicht entdeckt hätten. Dieses eröffnet Anforderungen an neue Analysetechniken und neue Studiengänge zum Datenanalytiker.

Daten können aus klassischen Versuchen an realen Objekten (Patienten, technischen Versuchsanlagen) erhoben werden. Immer mehr werden aber auch die Forschungsobjekte digital abgebildet und die Daten werden durch digitale Versuche in Form von Simulationen erhoben. So können z. B. neue Fahrzeuge durch CAD-Systeme konstruiert werden, virtuellen Belastungen bis hin zu Crashtests ausgesetzt werden und dann die entsprechenden Daten analysiert werden. Dieses ist ressourcen- und kostensparend.

3.1.4 Projektmanagement

Komplexe Forschungsprojekte mit vielen Beteiligten erfordern ein professionelles Projektmanagement. Die zeit- und kostengerechte Erstellung der Deliverables ist Voraussetzung, um gegenüber dem Projektträger den Fortschritt nachweisen zu können.

Auch hier stehen moderne IT-Werkzeuge zum Projektmanagement zur Verfügung.

Das Projektmanagement bildet auch den Übergang zur digitalen Verwaltung, da die Forschungsmittel auch ein Teil der Finanzverwaltung sind.

3.2 Wege zur Forschung 4.0

Die Entwicklung zur Forschung 4.0 ist an Hochschulen schon weiter fortgeschritten als die Lehre 4.0. Gründe sind, dass die Forschung an Hochschulen einen höheren Stellenwert besitzt und der einzelne Forschende bestrebt ist, sein Arbeitsumfeld so effizient wie möglich zu gestalten, um sich in seiner wissenschaftlichen Community zu profilieren.

Weiter brauchen Forschende nicht auf eine Strategie der Hochschule zu warten, sondern können Drittmittel einwerben, um eigene Forschungswege zu gehen. Forschende fühlen sich mehr in eine weltweite wissenschaftliche Community eingebunden als in die Heimathochschule und bekommen von dort Anregungen.

Trotzdem ist es für eine Hochschule wichtig, eine Digitalisierungsstrategie für die Forschung zu erarbeiten. Viele IT-Plattformen, z. B. zur Datenauswertung, zur Plagiatserkennung usw. können hochschulweit eingesetzt werden und reduzieren die Kosten. Eine Hochschule, die ein überzeugendes Digitalisierungskonzept der Forschung besitzt, macht sich attraktiv für moderne Forschende und schafft sich damit einen Vorteil im internationalen Wettbewerb um die besten Forscherköpfe.

4 Hochschulverwaltung 4.0

In vielen Hochschulen ist wie in Unternehmen und in der öffentlichen Verwaltung bis zur Bundesregierung bereits ein CIO (Chief Information Officer) eingeführt. In der Regel ist er dem Vizepräsidenten für Verwaltung zugeordnet. In Hochschulen, die den strategischen Einfluss der Digitalisierung erkannt haben, besitzt er auch selbst die Stellung eines Vizepräsidenten. Im Rahmen der Hochschule 4.0 kann der CIO auch als CDO, also Chief Digitizing Officer bezeichnet werden. Er kann dann Treiber der Digitalisierung sein, indem er die Digitalisierungsstrategie der Hochschule verantwortlich entwickelt, die Infrastruktur bereitstellt sowie den Fakultäten und Dozenten Anregungen und Impulse gibt. Ein CIO muss die vier Aufgabengebiete Lehre, Campusmanagement, Forschung und Backoffice unterstützen. Diese wesentlichen Funktionen einer Verwaltung 4.0 sind in Scheer [4] dargestellt. Die dort ausgeführte

Beschreibung macht deutlich, dass auch im Bereich der Verwaltung ein ganzheitliches Konzept erforderlich ist. Nur wenn die Verwaltung innovativ ist, können auch die Bereiche Lehre und Forschung in die digitale Zukunft schreiten.

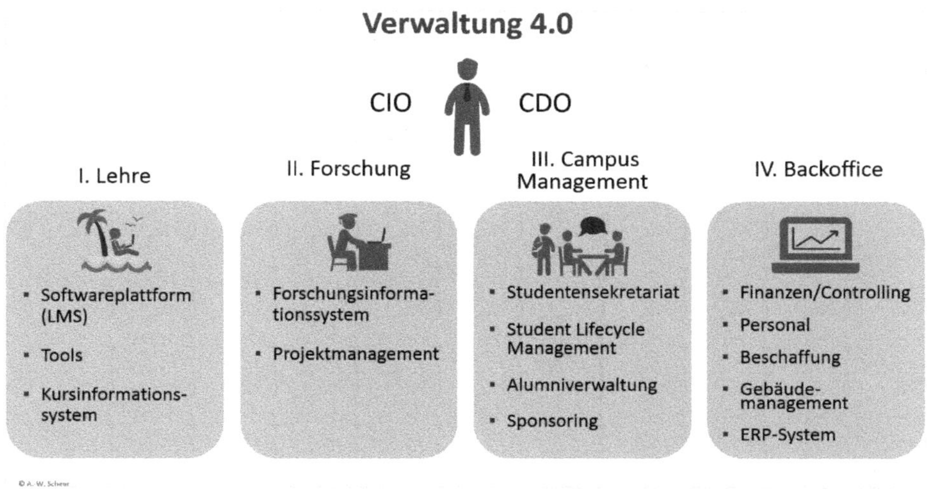

Abb. 3: Verwaltung 4.0.

5 Strategieentwicklung Hochschule 4.0

Wie gezeigt wurde, umfasst die Digitalisierung alle Bereiche einer Hochschule und deshalb kann auch nur eine ganzheitliche Strategie erfolgreich sein (vgl. Abb. 4). Beim Hinterherhecheln einer einzelnen Komponente, z. B. der schnellen Anfertigung eines MOOCs, kann man nicht mehr Erster werden. Deshalb ist es sinnvoller, die Treiber der Digitalisierung zu identifizieren, zu gewichten und aus ihrer Betonung das Profil der Hochschule zu bilden.

5.1 Profile

Allein aus Sicht der Lehre können unterschiedliche Schwerpunkte gebildet werden. So kann sich ein Hochschultyp auf den Studierendenbezug und die Individualisierung der Lehre, die Betonung der Fähigkeiten anstelle von Faktenwissen bei der Ausbildung und die lebenslange Betreuung konzentrieren. Ein anderer Hochschultyp betont die Internationalität, bietet ihren E-Lehrstoff mehrsprachig an, akquiriert durch einen interessanten Internetauftritt viele ausländische Studenten für ihre digitalen Lehrangebote und ist dadurch auch stolz auf viele internationale Präsenzstudenten.

Ein dritter Hochschultyp kann sich auf die Entwicklung und den Einsatz neuester Lerntechnologien konzentrieren und damit eine Technologieführerschaft anstreben. Ein vierter Hochschultyp kooperiert besonders intensiv mit der Wirtschaft und führt gemeinsame Studiengänge ein. Er nutzt damit auch aktuelles Lehrmaterial der Unternehmen und gestaltet die Ausbildung besonders anwendungsnah.

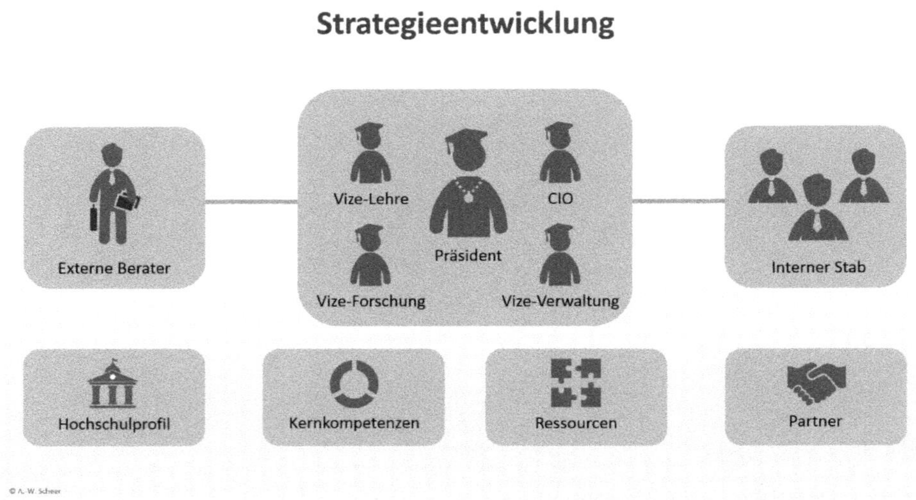

Abb. 4: Strategieentwicklung.

Eine extreme Strategie kann sein, eine Start-up-Hochschule zu gründen, die von vornherein nur digitale Lehre als quasi digitale Fernhochschule anbietet. Dieses kann auch von Privatinvestoren initiiert werden. Der Engpass einer staatlichen Anerkennung der Zertifikate kann umgangen werden, indem selbst ein hohes fachliches Image aufgebaut wird oder profilierte und bereits anerkannte Partner einbezogen werden. Wegen der gegenseitigen Anerkennung von Zertifikaten in der EU kann hier auch ein Mitgliedsland gesucht werden, das eine Anerkennung leichter gewährt als eines der traditionellen Länder.

Auch bezüglich der Digitalisierung der Forschung sind unterschiedliche Profilierungen von Hochschulen denkbar. So können sich Hochschulen auf die Digitalisierung selbst als Forschungsgebiet fokussieren und sich mit neuen Datenanalysemethoden und Simulationsmodellen in unterschiedlichen Fachdisziplinen profilieren. Sie umgehen damit teure Investitionen in reale naturwissenschaftliche Werkstätten oder Laboratorien und konzentrieren sich auf die nächste Generation digitaler Forschungsmöglichkeiten. Diese Strategie ist gerade für Einsteiger in neue Disziplinen interessant. Eine andere Strategie besteht darin, internationale virtuelle Forschernetze zu pflegen und damit auf internationalem Spitzenniveau neueste Themen zu bearbeiten.

Zu welcher Strategie sich eine Hochschule auch immer entschließt, sie kommt nicht daran vorbei, eine Konzeption zu entwickeln. Selbst wenn man die Digitalisierung negieren möchte, sollte dieses bewusst und strategisch entschieden werden.

Da die Strategieentwicklung Chefsache ist, muss das Präsidium und dabei besonders der Präsident die Verantwortung übernehmen. Ein Beratungsgutachten und ein interner Stab können helfen, indem Fakten zusammengetragen und Alternativen ausgearbeitet werden. Die Entscheidung muss aber die Hochschule selbst treffen.

Im Rahmen der Strategie müssen insbesondere die benötigten Kernkompetenzen identifiziert werden und gegebenenfalls aufgebaut werden. Dabei ist darauf zu achten, dass nicht „das Rad noch einmal erfunden wird", indem z. B. Inhalte oder Softwaresysteme aufwändig selbst entwickelt werden, die am Markt als Standards bereits verfügbar sind.

Anhand Abb. 5 soll konkreter gezeigt werden, welche detaillierten Profilentscheidungen sich an eine Grundsatzentscheidung anknüpfen können.

In der Abbildung ist der Entwicklungsprozess für digitale Kurse angegeben. Hier bestehen noch innerhalb des Ablaufs unterschiedliche Alternativen, selbst wenn bereits die grundsätzliche Entscheidung zum Einsatz digitaler Kurse positiv getroffen wurde.

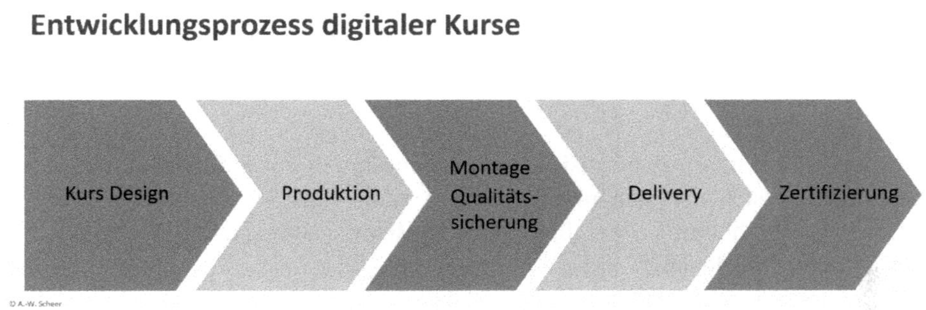

Abb. 5: Entwicklungsprozess digitaler Kurse.

So kann z. B. der gesamte Herstellungsprozess von der Hochschule übernommen werden, mit der Konsequenz, für alle Bereiche die Kompetenzen in möglichst gleicher Qualität aufzubauen. Es kann aber auch entschieden werden, lediglich den Inhalt des Kurses (Design) festzulegen, die konkreten Inhalte wie Videos, Simulationen, Spiele oder Grafiken wenigstens zum Teil von externen Partnern zu beziehen. Die Zusammenführung der Teile zu einem geschlossenen Kurs kann dann wieder von der Hochschule übernommen werden, während die Teilnehmerverwaltung und die Verteilung der Inhalte über das Internet „outgesourced" werden können. Die Erfolgskontrolle und die Zertifizierung kann dann wieder von der Hochschule übernommen werden. Auch bei diesen Detailentscheidungen ergeben sich Konsequenzen für Kompetenzaufbau und Ressourceneinsatz.

Wird der gesamte Kurs einschließlich Test von einem anderen Partner übernommen, so bleibt lediglich noch die Anerkennung als Studienleistung.

5.2 Hemmende Faktoren für die Hochschule 4.0

Bei jeder strategischen Neuorientierung gibt es auch hemmende Faktoren, die einer schnellen Umsetzung entgegenstehen. Hiervon darf man sich aber nicht aufhalten lassen, sondern muss sie aus dem Wege räumen.

So gibt es immer Nörgler, die einem Zukunftskonzept kritisch gegenüber stehen. Ein häufig gehörtes Argument ist, dass bei einer Digitalisierung und Virtualisierung das „Menschliche" zu kurz komme. Hierzu ist einzuwenden, dass wohl noch nie so viel zwischen Menschen kommuniziert wurde wie über das Internet (auf die Qualität der Inhalte, insbesondere von sozialen Netzen, soll dabei nicht weiter eingegangen werden). Ihren sofortigen Erfolg verdankt das Internet zum großen Teil der Nutzung der Netze amerikanischer Colleges und Universitäten zur Kommunikation zwischen Studenten und ihren Eltern.

Als weiteres Argument gegen E-Learning wird genannt, dass dadurch Nachteile bei der Kapazitätsberechnung der Hochschule entstehen würden. Hier muss den Ministerien das Problem aufgezeigt werden und zu einer Änderung gedrungen werden. Im Gegenteil, Bildungsministerien sollten Digitalisierungsinitiativen belohnen.

Auch die starke Dezentralisierung an Hochschulen mit großer Autonomie von Lehrstühlen, Fachbereichen und Fakultäten kann eine hochschulweite Strategie behindern. Hier hilft nur, die einflussreichsten Meinungsträger in die Erarbeitung der Strategie einzubeziehen.

Der wichtigste hemmende Faktor ist aber der sogenannte Innovator's Dilemma-Effekt, wie er von Christensen [5] beschrieben wird. Er besagt, dass gerade erfolgreiche Organisationen neue Entwicklungen abwehren, weil sie ja schließlich mit der gegenwärtigen Konzeption erfolgreich geworden sind. Dadurch verpassen sie dann den Anschluss an die nächste Innovationswelle und bleiben im Wettbewerb zurück.

Deshalb sei allen Hochschulen dringend geraten, die Chancen der Digitalisierung zu nutzen, bevor es andere tun.

Literaturverzeichnis

[1] Andreessen, M. (2011). „*Why Software is Eating the World*". Life & Culture (The Wall Street Journal, 20. August 2011).

[2] Schmachtenberg, E. M. (2014). *Digitale Lehre und die Zukunft der Hochschulen. Aufzeichnung im Rahmen des Villa-Hügel-Gesprächs* „Hochschule 4.0" des Stifterverbandes am 6. November 2014. (https://www.youtube.com/watch?v=ZweNqwQhejY, aufgerufen am 19 Juli 2016)
[3] Rifkin, J. (2014). *Die Null-Grenzkosten-Gesellschaft. Das Internet der Dinge, kollaboratives Gemeingut und der Rückzug des Kapitalismus*. Campus-Verlag, Frankfurt, New York.
[4] Scheer, A.-W. (2015). *Hochschule 4.0. Whitepaper Nr. 8. Scheer GmbH, AWS Institut für digitale Produkte und Prozesse gGmbH*, Saarbrücken. (https://www.scheer-group.com/whitepaper-hochschule-4–0, aufgerufen am 18 Juli 2016)
[5] Christensen, C. M. (1997). *The innovator's dilemma: when new technologies cause great firms to fail*. Harvard Business School Press, Boston, Massachusetts, USA.

Sandra Hofhues, Sandra Aßmann & Kai Kaspar,
unter Mitarbeit von Marco Rüth und Yannic Steffens

Praxisbeispiel: Universität zu Köln

Dem smarten Lernen mit Medien auf der Spur: „Auf den Kontext kommt es an!"

Zusammenfassung: Warum wir als Autorinnen und Autoren davon ausgehen, dass es hinsichtlich der Mediennutzung für Lehre und Studium auf den spezifischen Nutzungskontext ankommt, wird im folgenden Beitrag ausgehend von zwei „Spuren" der Mediennutzung an der Universität zu Köln gezeigt. Mobile und vernetzte Medien sowie diverse Endgeräte stellen – wie im Beitrag erläutert wird – einen integralen Bestandteil der Überlegungen in den skizzierten Szenarien an der Universität zu Köln dar.

Schlüsselwörter: Medienwahl, Mediennutzung, Lehrkonzepte, Kompetenzentwicklung

1 Auf „Spurensuche": Lernen mit Medien an der Universität zu Köln

Es gleicht einer Spurensuche, sich am Beispiel der Universität zu Köln (UzK) Gedanken über die smarte Mediennutzung von Studierenden zu machen. Mit ihren rund 50.000 Studierenden gehört die UzK zu den größten Universitäten Deutschlands. Allein diese Studierendenzahl lässt vermuten, dass vielfältige Mediennutzungsweisen von Studierenden beobachtet werden können. Wahrscheinlich bilden sie sogar den Querschnitt dessen ab, was auch in empirischen Mediennutzungsstudien zum studentischen Mediengebrauch zu lesen ist (z. B. [1–5]): Demnach nutzen Studierende digitale Medien, seien es Computer und Internet oder mobile Medien und Applikationen (Apps), sehr unterschiedlich. Oft werden unter Studierenden vielfältige Mediennutzungstypen identifiziert, die aufzeigen, dass es frühe Nutzende (Early Adopters) unter ihnen genauso gibt wie die so genannte „späte Mehrheit" (Late Majority; [6]). Dabei ist der Gerätebesitz stark ausgeprägt; Internetzugang haben nahezu 100 % der Studierenden ([2], S. 51; [3]). Allerdings kann es zu dem Problem kommen, dass auf dem Land (z. B. in der nahegelegenen Eifel) der Internetzugang schwächer ausgeprägt ist als in der Kölner Innenstadt (vgl. auch [2], S. 54). Dieser Befund ist für Blended Learning-Szenarien in der Lehre nicht unwesentlich

DOI 10.1515/9783110468946-006

(siehe Kapitel 6.2). Hinzu kommen diverse Nutzungspraktiken bei Studierenden – von rezeptiver Mediennutzung bis hin zu produktiver Medienaneignung – und ein unterschiedlich ausgeprägter Wille, sich mit Medien für Lehre und Studium auseinanderzusetzen (siehe Kapitel 6.3). Letzteres ist mit Blick auf die aktuelle und spätere professionelle Mediennutzung durchaus kritisch, sollte das Studium doch dazu befähigen, sich mit aktuellen Medienangeboten und -entwicklungen zu beschäftigen und eigene Strategien der Medienaneignung im Sinne von Metastrategien akademischen Lernens zu entwickeln. In den diversen Nutzungspraktiken wird stattdessen das Narrativ der Digital Natives, wie Hepp, Berg und Roitsch [7] den Mediengebrauch Jugendlicher und junger Erwachsener beschreiben, sichtbar: Demnach nutzen sie Medien zwar umfassend, aber eben nicht immer aktiv-produzierend oder versiert. Dies findet auch in der Kritik an Begriff und Konzept der „Digital Natives“ seinen Ausdruck: Studierende seien keineswegs medienkompetent qua Geburt [8].

So unterschiedlich, wie sich die Mediennutzung von Studierenden gestaltet, sind auch die Lehr-Lernszenarien, innerhalb derer Studierende in, mit und durch Medien agieren. Als technische Basis an der Universität zu Köln dient in der Regel das Lernmanagement-System (LMS) ILIAS.[1] Über diese zentrale Plattform hinaus existieren eine Reihe digitaler Medienangebote, die meist dezentral in den Fakultäten vorliegen und den Spezifika der einzelnen Fächer entgegen kommen sollen. So werden in der Humanwissenschaftlichen Fakultät unter anderem Weblogs[2] verwendet, um die Reflexionsfähigkeiten von Lehramtsstudierenden zu schulen; an der Rechtswissenschaftlichen Fakultät stehen Vorlesungsaufzeichnungen hoch im Kurs, um die Studierenden beim Wissenserwerb (insbesondere Vor- und Nachbereitung von Lehrveranstaltungen) zu unterstützen. In der Medizin wird eine Computersimulation verwendet, um die Arzt-Patienten-Kommunikation zu trainieren. Diese Beispiele zeigen bereits, dass es sich stärker um Formate handelt, die aus der Perspektive der Lehrenden entwickelt worden sind. Dabei wurde das tatsächliche Medienhandeln von Studierenden jedoch nicht immer umfassend einbezogen. Beispielsweise findet die Bedeutsamkeit des Agierens mit mobilen Medien in der Freizeit bislang kaum eine Entsprechung im formalen Kontext der Universität. Dennoch ist es aus unserer Sicht ein wichtiger Ausgangspunkt, an den von Lehrenden konzipierten Formaten anzuschließen und anhand konkreter Beispiele den Medieneinsatz zu reflektieren. Formale Lehrveranstaltungen zum Lernen mit

---

1 Das Akronym ILIAS steht für Integriertes Lern-, Informations- und Arbeitskooperations-System. ILIAS ist eine freie Lernplattform, mit deren Hilfe sowohl Internet-basierte Lehr- und Lernmaterialien (für E-Learning) erstellt und verfügbar gemacht als auch Kommunikation und Zusammenarbeit unter Lehrenden und Lernenden, Prüfungen und Evaluationen sowie komplette E-Learning-Kurse verwirklicht werden können.

2 http://blog.hf.uni-koeln.de/ (23.08.2016)

Medien sind daher unsere „erste Spur“, wenn wir uns im Weiteren auf die Spurensuche nach dem smarten Lernen mit Medien an der UzK begeben (Kapitel 6.2). Danach greifen wir eher informelle Medienkontexte auf, die Studium und Lehre an der UzK maßgeblich beeinflussen, darunter die Nutzung von Open Educational Resources (OER) durch Studierende sowie die medienbezogene Universitätsentwicklungsstrategie, die besonders in der Lehrenden(aus-)bildung derzeit sichtbar wird (Kapitel 6.3). Wir schließen unsere Spurensuche mit einem Fazit bezogen auf die kontextabhängige Nutzung und deren Bedeutsamkeit für smartes und mobiles Lernen ab (Kapitel 6.4).

2 Erste „Spur“: Formales Lernen mit Medien in der Lehrveranstaltung

Wie die oben skizzierten empirischen Studien aufzeigen, prägt der formale Medieneinsatz die medienbezogenen Einstellungen, aber auch die technisch-funktionalen Medienkompetenzen, die innerhalb von Lehre und Studium erworben werden. Für den formalen Bildungskontext Universität liegt es daher auf der Hand, sich über Lehrveranstaltungen dem Einsatz von digitalen Medien an der Universität zu Köln zu nähern. Weil sich diese als Präsenzuniversität versteht, reichern Medienangebote die Lehre an (Blended Learning). Universitätsweit zum Einsatz kommt das LMS ILIAS, das nicht zuletzt deshalb auch am weitesten in der Lehre verbreitet ist. Eine mobile ILIAS-App existiert bis dato nicht.

Im Lehr-Forschungs-Projekt „Synergie! – Interdisziplinäres Netzwerk zur systematischen Testung von ILIAS als universitätsweite Lernplattform“[3] an der UzK werden in Lehrveranstaltungen didaktische Szenarien mit ILIAS getestet. Durch die Beteiligung mehrerer Fakultäten soll eine möglichst breite Streuung über unterschiedliche Lehr- und Lernszenarien abgebildet werden. Bislang ist durch die dezentrale Struktur an der Universität zu Köln weitgehend unbekannt, inwiefern spezifische Funktionalitäten von ILIAS einen didaktischen Mehrwert bieten und wie diese effektiv in eine innovative Lehrgestaltung eingebracht werden können. Durch das Projekt werden Good Practice-Beispiele aus unterschiedlichen Fakultäten dokumentiert und die beteiligten Akteur*innen werden aktiv miteinander vernetzt. Dabei werden die fachspezifischen Voraussetzungen, unter denen das LMS genutzt wird, mit berücksichtigt.

Interessant für den vorliegenden Beitrag sind vor allem solche Lehrveranstaltungen, in der durch die beteiligten Akteur*innen die fachwissenschaftliche

3 Das Projekt ist Teil der Förderlinie „Innovation in der Lehre“ der Universität zu Köln und ist im Detail hier beschrieben: http://www.portal.uni-koeln.de/10896.html (14.11.2016)

(inhaltliche) Auseinandersetzung mit Medien und die methodisch-didaktische Umsetzung der Lehrveranstaltung zusammenfallen. In diesen Veranstaltungen müssten sowohl der Medieneinsatz als auch die Medienkompetenzen der Beteiligten ausgeprägt sein.

2.1 Exemplarische Lehrveranstaltung

Als Beispiel für den vorliegenden Beitrag dient das Blockseminar „Planung & Gestaltung medienpädagogischer Veranstaltungen für unterschiedliche Zielgruppen" an der Humanwissenschaftlichen Fakultät. 20 Studierende des interdisziplinären Bachelorstudiengangs „Intermedia" erarbeiten in diesem Seminar sowohl einen fachwissenschaftlichen Zugang zur (aktiven) Medienarbeit als auch Methoden der Projektarbeit.[4] Das Seminar fand im 3. Semester als Blended Learning-Veranstaltung statt. Drei Tage Blockkurs und eine dreimonatige Arbeitsphase zur Vorbereitung einer Abschlusspräsentation vor einer externen Jury ergänzten sich.

Den Ausgangspunkt für das Seminar stellte ein narrativer Anker (Szenario) dar, der den Studierenden zu Beginn der ersten Sitzung präsentiert wurde. Demnach sollten sie sich in die Lage eines Start-up-Unternehmens versetzen, das medienpädagogische Fortbildungen anbieten möchte und diese zielgruppengerecht in Form eines ersten Angebots vor einer Jury präsentieren soll. Auf diese Weise sollte ein möglichst realistischer Zusammenhang simuliert werden, der hohe Anforderungen an die zielorientierte und organisierte Zusammenarbeit stellte.

ILIAS diente der Strukturierung der Lehrveranstaltung: Die Studierenden hatten unter anderem die Möglichkeit, online auf den Kursordner zuzugreifen und diesen zur Gestaltung ihrer Projekte zu nutzen. Innerhalb eigens für die Gruppen angelegter Ordner hatten die Studierenden die Rechte, sämtliche in ILIAS zur Verfügung stehenden Objekte[5] frei zur Gestaltung und Organisation ihrer Projekte zu verwenden. Über die Aufforderung zur Exploration und Nutzung von ILIAS-Objekten hinaus wurde den Studierenden eine kurze Einführung in ausgewählte Objekte im Rahmen des Seminars gegeben. Die Einführung diente dazu, die Studierenden mit der Erstellung von Inhalten

---

4 Es wurden folgende Lernziele und Voraussetzungen der Studierenden bei der Lehrveranstaltungsplanung angenommen: a) Die Studierenden haben allenfalls rudimentäre Kenntnisse über die Methoden des Projektmanagements. Sie sollen diese durch die eigene Planung in Kleingruppen erlangen. b) Die projektorientierte Medienarbeit fungiert als Berufsperspektive für die Studierenden. c) Die Studierenden kollaborieren in der Lehrveranstaltung, lernen die Organisation von (Medien-) Projekten in einer exemplarischen E-Learning-Umgebung (ILIAS) kennen und nutzen sie für ihre eigene Projektplanung.

5 Ein Überblick über sämtliche ILIAS-Features kann auf der Seite http://www.ilias.de/docu/goto.php?target=wiki_1357&client_id=docu (14.11.2016) eingesehen werde. Die ILIAS-Installation der Universität zu Köln beinhaltet nicht alle Features.

auf der Lernplattform vertraut zu machen und etwaige Effekte im Hinblick auf Wissen, Motivation und Einstellungen der Studierenden gegenüber ILIAS aufzudecken.

2.2 Zentrale Befunde zur Lehrveranstaltung

In der Lehrveranstaltung lag die Untersuchung der Mediennutzung Studierender im Fokus, wobei erfasst wurde, ob ein Blockkurs die Teilnehmenden adäquat auf die Nutzung eines LMS für eine Projektarbeit vorbereiten kann. Dazu wurde in einem Prä-Post Design untersucht, wie sehr sich zentrale Parameter für das Gelingen von E-Learning-Maßnahmen kurzfristig ändern können. Die Teilnehmenden wurden erstmals nach einer Instruktion in das Seminarkonzept und die bevorstehende, zentrale Projektaufgabe befragt sowie nach Abschluss des dreitätigen Blockkurses, bevor es dann in die selbstständige, mehrmonatige Projektphase ging.

Die Teilnehmenden schätzten ihre Kenntnisse bezüglich zentraler ILIAS-Objekte vor und nach dem Blockkurs auf vier Items ein. Drei Items adressierten konkrete Objekte („Wie viele Kenntnisse hast Du momentan über die Wiki-/Ordner-/Forum-Funktionen in ILIAS?") und ein Item erfragte die wahrgenommenen Kenntnisse insgesamt („Wie viele Kenntnisse insgesamt hast Du momentan über die verschiedenen ILIAS-Funktionalitäten?") auf einer 7-stufigen Skala (1 = gar keine; 7 = viele). Wie Tab. 1 zeigt, schätzten die Teilnehmer*innen ihren Wissenszuwachs als signifikant ein; dieses Ergebnis legt die Effektivität des Blockkurses bezüglich der Vermittlung von Methodenkompetenz nahe.

Verschiedene Facetten des wahrgenommenen Workloads während des Blockkurses wurden über fünf Skalen des NASA-TLX gemessen [9]. Die Items sind geeignet, sowohl jenen Workload zu messen, der im Rahmen einer Leistungssituation auftritt (vgl. [10]) als auch den Workload, der mit der Bedienung von interaktiven Produkten assoziiert ist (vgl. [11]). Zugunsten der Konsistenz wurden alle unipolaren Items siebenstufig angelegt. Die originalen, retrospektiv formulierten Items wurden der deutschen Version entliehen [12] und für die prospektive Variante des Fragebogens angepasst (z. B. „Wie sehr wirst Du Dich vermutlich anstrengen müssen, um die Aufgabe gut abzuschließen?" versus „Wie sehr hast Du Dich tatsächlich anstrengen müssen, um die Aufgabe gut abzuschließen?"). Die Items messen im Einzelnen die erwarteten (Messzeitpunkt T1) bzw. tatsächlich erlebten (T2) geistigen und zeitlichen Anforderungen, die antizipierte (T1) bzw. tatsächlich erlebte (T2) Anstrengung, den antizipierten (T1) bzw. tatsächlichen (T2) (Miss)Erfolg bei der Aufgabenbearbeitung sowie den während der Aufgabenbearbeitung zu erwartenden (T1) bzw. tatsächlich erlebte (T2) Frust. Wie Tab. 1 zeigt, wurden die zeitlichen Anforderungen der Aufgabe nach dem Blockseminar geringer eingeschätzt als antizipiert. Weitere Unterschiede zwischen Prä- und Postmessung konnten nicht beobachtet werden. Die vorab kommunizierten Informationen über die Inhalte des Blockkurses sowie den Ablauf erlaubten den Teilnehmer*innen offenbar eine realistische Einschätzung des Workloads.

Tab. 1: Evaluationsergebnisse (Anmerkung: Die Skalen des UEQ (1–7) wurden im Sinne einer besseren Interpretierbarkeit auf den Wertebereich von −3 bis +3 transformiert ; (*) $p < .10$, * $p < .05$, ** $p < .01$, *** $p < .001$)

	M_{vor} (SD)	M_{nach} (SD)	*t*	*p*
Selbsteinschätzung des Wissens (eigene Items)				
Kenntnisse über Wiki-Funktion in ILIAS	3.70 (1.84)	5.20 (1.36)	−3.42	.003**
Kenntnisse über Ordner-Funktion in ILIAS	4.75 (1.25)	5.95 (1.00)	−5.08	<.001***
Kenntnisse über Forum-Funktion in ILIAS	4.55 (1.57)	5.15 (1.04)	−1.93	.069(*)
Kenntnisse über ILIAS-Funkt. insgesamt	4.40 (0.88)	5.85 (0.81)	−6.18	<.001***
Wahrgenommener Workload (NASA-TLX)				
Geistige Anforderungen	5.05 (0.76)	4.95 (1.05)	0.46	.649
Zeitliche Anforderungen	5.40 (0.82)	4.70 (1.08)	2.33	.031*
Anstrengung	4.95 (1.00)	4.70 (1.13)	0.82	.425
Erfolg	5.60 (0.68)	5.85 (0.37)	−1.42	.171
Frustration	3.30 (1.17)	3.20 (1.54)	0.29	.776
Motivation in Lern- und Leistungssituationen (QCM)				
Interesse an der Aufgabe	4.56 (1.01)	5.22 (0.83)	−2.62	.017*
Erwartete vs. tatsächliche Erfolgseinschätzung	5.83 (0.36)	5.93 (0.53)	−0.79	.438
Misserfolgsbefürchtung vs. -einschätzung	2.72 (0.98)	2.25 (0.80)	2.43	.025*
Prospektive vs. retrospektive Herausforderungseinschätzung	4.56 (1.34)	5.19 (0.63)	−2.82	.011*
Motivation bzgl. ILIAS-Nutzung (Pedrotti & Nistor)				
Intrinsische Nutzungsmotivation	3.51 (1.38)	4.36 (1.42)	−3.30	.004**
Amotivation	2.31 (1.38)	2.18 (1.34)	0.43	.669
Identifizierte Regulation	3.74 (1.49)	4.24 (1.73)	−1.93	.069(*)
Nutzungsintention	3.96 (0.93)	3.98 (1.12)	−0.09	.931
Evaluation von ILIAS (UEQ)				
Attraktivität	0.57 (0.86)	0.83 (0.97)	−1.84	.081(*)
Durchschaubarkeit	0.99 (1.01)	1.10 (1.14)	−0.49	.628
Effizienz	0.46 (0.70)	0.65 (0.83)	−1.01	.323
Steuerbarkeit	1.33 (0.84)	1.13 (0.81)	1.10	.285
Stimulation	0.11 (0.93)	0.58 (0.97)	−2.23	.038*
Originalität	−0.60 (1.04)	0.04 (1.25)	−2.86	.010**

Des Weiteren wurde die Motivation der Teilnehmenden mit Bezug auf die konkrete Lern- und Leistungssituation untersucht, vor die sie die im Blockkurs bearbeitete Aufgabe stellen sollte bzw. stellte. Die originalen, retrospektiv formulierten Items des Fragebogens zur Erfassung aktueller Motivation in Lern- und Leistungssituationen [13] wurden für die prospektive Variante entsprechend umformuliert. Der Fragebogen umfasste die vier 7-stufigen Skalen Interesse (z. B. „Ich mag solche Aufgaben" versus „Ich mochte diese Aufgabe"), Erfolgswahrscheinlichkeit bzw. retrospektive Erfolgseinschätzung (z. B. „Ich glaube, der Schwierigkeit dieser Aufgabe gewachsen zu sein" versus „Ich war der Schwierigkeit dieser Aufgabe gewachsen"),

Misserfolgsbefürchtung bzw. retrospektive Misserfolgseinschätzung (z. B. „Ich fühle mich unter Druck, bei der Aufgabe gut abschneiden zu müssen" versus „Ich fühlte mich unter Druck, bei der Aufgabe gut abschneiden zu müssen") und prospektive bzw. retrospektive Herausforderungseinschätzung (z. B. „Die Aufgabe ist eine richtige Herausforderung für mich" versus „Die Aufgabe war eine richtige Herausforderung für mich"). Die Ergebnisse in Tab. 1 zeigen, dass das Interesse an der Seminaraufgabe nach dem Seminar höher bewertet wurde als vor dem Seminar. Die anfängliche Misserfolgsbefürchtung war größer als die retrospektive Misserfolgseinschätzung. Jedoch wurde die Herausforderung der Aufgabe retrospektiv höher bewertet als vor Beginn des Blockkurses. Die prospektive Erfolgseinschätzung entsprach hingegen der retrospektiven Erfolgseinschätzung.

Zusätzlich wurde die aktuelle Motivation untersucht, ILIAS als Lernraum zu nutzen (vor Seminarbeginn) und die Motivation, ILIAS in Zukunft als Lernraum zu nutzen (nach Seminarabschluss). Zu diesem Zweck adaptierten wir die Items von Pedrotti und Nistor [14] für den ILIAS-Lernraum. Die 7-stufigen Items (1 = trifft nicht zu; 7 = trifft zu) wurden zu folgenden Skalen zusammengefasst: Intrinsische Nutzungsmotivation (z. B. „Ich werde ILIAS nutzen, weil es Spaß macht" versus „Ich werde ILIAS auch in Zukunft nutzen, weil es Spaß macht"), Amotivation (z. B. „Mir ist nicht klar, warum ich ILIAS nutzen sollte" versus „Mir ist nicht klar, warum ich ILIAS auch in Zukunft nutzen sollte"), Identifizierte Regulation (z. B. „Ich werde ILIAS nutzen, weil ich lernen will, wie man es benutzt" versus „Ich werde ILIAS auch in Zukunft nutzen, weil ich weiter lernen will, wie man es benutzt") und Nutzungsintention (z. B. „Ich habe die Absicht, die Inhalte in ILIAS als Informationsquelle zu nutzen" versus „Ich habe die Absicht, die Inhalte in ILIAS auch in Zukunft als Informationsquelle zu nutzen"). Für das vorliegende formale Lehr-Lernszenario ist zu beobachten, dass die intrinsische Nutzungsmotivation nach Abschluss des Blockkureses signifikant angestiegen war (Tab. 1). Zusätzlich zeigte auch die Skala Identifizierte Regulation einen marginalen Anstieg. Amotivation, aber auch die Nutzungsintension blieben hingegen unverändert.

Abschließend evaluierten die Teilnehmer*innen die ILIAS-Software mit der deutschen Version des User Experience Questionnaire (UEQ, [15]). Dieses Instrument ist als semantisches Differential konzipiert, mit welchem interaktive Produkte (z. B. Software) über 26 Adjektivpaare möglichst spontan bewertet werden sollen. Die Items sind siebenstufig mit entgegengesetzten Adjektiven als verbale Marker an den Endpolen. Die Items teilen sich auf sechs Skalen auf, die unterschiedliche Charakteristika einer Software abbilden. Die Skala Attraktivität misst den allgemeinen Eindruck vom Produkt (z. B. gut versus schlecht), die Skalen Durchschaubarkeit (z. B. kompliziert versus einfach), Effizienz (z. B. unpragmatisch versus pragmatisch) und Steuerbarkeit (z. B. unberechenbar versus berechenbar) messen die pragmatische Qualität d. h. die wahrgenommene Gebrauchstauglichkeit des Produktes. Die beiden Skalen Stimulation (z. B. langweilig versus interessant) sowie Originalität (z. B. originell versus konventionell) messen schließlich die hedonische Qualität des Produktes. Die Attribute Attraktivität, pragmatische Qualität und hedonische Qualität sind zugeschriebene

Kernmerkmale interaktiver Produkte, die stark von der Qualität des zu bewertenden Produktes und der Erfahrung seiner Nutzer*innen abhängen (vgl. [16, 10]). Es ist auffällig, das die Maße für die pragmatische Qualität nicht durch die intensive Nutzungserfahrung im Rahmen des Blockkurses beeinflusst wurden: Durschaubarkeit, Effizienz und Steuerbarkeit der Software wurden vor und nach dem Seminar gleich bewertet (siehe Tab. 1). Hingegen zeigte sich eine leicht bessere Bewertung der allgemeinen Attraktivität von ILIAS sowie eine signifikant bessere Bewertung der hedonischen Qualität des Produktes im Sinne seiner Stimulationsfähigkeiten und seiner Originalität.

Zusammengefasst zeigt das Beispiel aus der Lehre, dass eine Lernmöglichkeit im formalen Kontext Universität geeignet sein kann, die Affinität von Studierenden gegenüber digitalen Medien zu beeinflussen. Dabei scheint jedoch nicht das Medium an sich der zentrale Faktor zu sein, sondern die Art und Weise, wie dasselbe in die Konzeption der Lehrveranstaltung eingebunden wird (vgl. auch [17]). Ein sich daran anschließender Schritt wäre nun die Analyse des tatsächlichen (alltäglichen) Medienhandelns von Studierenden, um die Lücke zwischen der Nutzung in formalen und informellen Kontexten zu schließen (vgl. [18], S. 20).

3 Zweite Spur: Informelle Medien(nutzungs-)kontexte von Studierenden

Die Auswahl des obigen Lehrveranstaltungsszenarios erfolgte nicht zufällig: Die Lehrveranstaltung steht in Inhalt und Form stellvertretend für ein Seminar, wie es in der Lehre an der UzK, aber auch darüber hinaus an anderen Universitäten „üblich" ist. Gerade in formalen Lernkontexten unterstützen digitale Medien die Kompetenzentwicklung; im skizzierten Beispiel dienen sie der Entwicklung von Methoden- und Sozialkompetenz(en) sowie von technisch-funktionalen Medienkompetenzen. Mehr noch: Studierende werden durch Szenarien wie diese erst an die professionelle Nutzung digitaler Medien herangeführt. Wie sie nämlich digitale Medien für ihr Studium einsetzen können, ist vielen abseits typischer Gebrauchsmedien ihres Studienalltags nicht unbedingt klar.

Dass sie ILIAS, wie skizziert, zu ihren Zwecken selbst ändern und nutzen können, ist daher ein erheblicher Schritt auf dem Weg zur selbstbestimmten Mediennutzung, wie sie durch Medieneinsatz in der formal organisierten Lehre angestrebt wird. Diese Erwartung nimmt aber kaum auf, ob es sich um mobile oder smarte Medien handelt; sie zielt vielmehr auf einen professionellen Mediengebrauch ab, welcher zeitgemäß und eben nicht exklusiv in Bezug auf ein spezifisches Medium ist. Hier war es ILIAS, im nächsten Szenario könnten es Social Networks sein. In beiden Fällen würden sie der Umsetzung bzw. dem Erreichen formaler Lehr-Lernziele dienen.

Deutlich seltener werden an Universitäten solche Kontexte untersucht, die die Mediennutzung von Studierenden außerhalb formalen Lehren und Lernens beeinflussen. Es gibt (siehe oben) viele Studien zu Mediennutzungsformen, aber die sind mit Blick auf Lehr-Lernarrangements mitunter zu unspezifisch. Des Weiteren werden existierende Studien zu Gaming, zur Facebook-Nutzung, zu Twitter etc. kaum auf den Universitätskontext übertragen. So weiß man lediglich über allgemeine Mediennutzungsstudien, welche Medien von Studierenden genutzt werden und dass Mediennutzungstypen bestehen. Dass dieses fehlende Wissen durchaus problematisch ist, zeigt sich anhand der aktuellen Diskussion um offene Bildungsressourcen (Open Educational Resources (OER)) – unsere dritte Spur.

3.1 Mediale Handlungspraktiken in Bezug auf OER

Besonders deutlich wird die fehlende Übertragung von Befunden zur Mediennutzung bzw. zu medialen Handlungspraktiken derzeit am Beispiel der Initiativen rund um die Förderung von OER. Als offen und frei zugängliches Bildungsmaterial sollen sie den Zugang zu (didaktisch aufbereiteten) Inhalten erleichtern und Einblicke in Lernen und Arbeiten in Bildungseinrichtungen geben. Die OER-Bewegung basiert auf folgenden Prinzipien (so genannte „5R" des Open Content): Es geht um 1) das Recht, eigene Kopien von bestehenden Inhalten zu machen (Retain), 2) das Recht, Inhalte wiederzuverwenden (Reuse), 3) das Recht, Inhalte für eigene Zwecke anzupassen (Revise), 4) das Recht, Inhalte unterschiedlicher Art zu vermischen (Remix) sowie 5) das Recht, Kopien dieses neu entstandenen Inhalts wieder zu verbreiten (Redistribute). Die zumeist politisch geführte Debatte rund um OER richtet sich eher an ihre generelle Existenz, an die gewünschte Qualität von Bildungsmaterial oder an förderliche bzw. hinderliche Bedingungen für OER, z. B. an Universitäten. Konkrete Einsatzszenarien von OER werden demgegenüber deutlich seltener in den Blick genommen, z. B. die gemeinsame Gestaltung von OER in Service Learning-Programmen oder die Untersuchung der Qualität von OER beim forschenden Lernen.

So fragen Rietz et al. [19] zurecht, „wie diese [OER] Angebote aus Sicht der Studierenden zu gestalten sind" (ebd., S. 70). Angesichts der medialen Handlungspraktiken von Studierenden müsste man diese Frage sogar erweitern: So könnte man weiterführend fragen, wie Studierende aktiv-produzierend in die Gestaltung von OER eingebunden werden. Denn das zentrale OER-Prinzip, das Remixen, ist kein Vermittlungsgegenstand im engeren Sinne, sondern wird erst durch die selbstbestimmte Auseinandersetzung in formalen und informellen Kontexten gelernt. Zudem hängt die Durchsetzung von OER mit den Rahmenbedingungen der Universität zusammen. Das heißt, ob und inwieweit eine Auseinandersetzung mit OER stattfindet, wird sowohl durch sich durchsetzende mediale Handlungspraktiken als auch durch strategische

Entscheidungen der Institution für OER bestimmt. An der Universität zu Köln wurde beispielsweise das Themenjahr Digitalisierung ausgerufen, um die Beschäftigung mit digitalen Medien und OER im Lehramt zu stärken.[6]

Wie sich solche medienbezogenen Aneignungsprozesse tatsächlich unter Studierenden gestalten, wird künftig in von uns initiierten OERresearchlabs untersucht.[7] Durch die Rekonstruktion von medialen Handlungspraktiken von Studierenden wollen wir hier zu aussagekräftigem Wissen über das Medienhandeln Studierender an der Universität gelangen. Dafür wird zentral angenommen, dass Studierende digitale Medien mit eigenem Sinn versehen und sie entsprechend (nicht) nutzen. Diese Annahme wird durch Vorarbeiten gestützt, z. B. eine Interviewbefragung zur Nutzung von sozialen Netzwerken in universitären und außeruniversitären Zusammenhängen [20].

„Vor dem Studium hatte ich kein Smartphone, hatte auch nie wirklich einen guten Internetzugang, also das ist was Neues für mich und das ist schon ziemlich praktisch und sehr gut, wenn man an der Uni schnell zu Infos gelangen möchte. Ein Tablet habe ich eine kurze Zeit lang benutzt, aber ich habe kein so gutes Tablet, also habe ich darauf verzichtet. Und Notebook, ja, ich habe es vielleicht ein paar Mal an der Uni gehabt, aber nicht wirklich oft benutzt. Meistens, also wie gesagt, 80 Prozent meiner Zeit verbringe ich Zuhause auf meinem PC, Laptop bzw. mit meinem Internetzugang von Zuhause aus. Auf dem Campus greife ich überwiegend mit dem Smartphone aufs Internet zu.“ (Student des Studienganges Intermedia an der UzK, männlich, 18 Jahre alt, 2. Semester)

Deutlich wird, dass insbesondere das Smartphone eine wichtige Rolle für den Studenten bei der tagtäglichen Internetnutzung auf dem Campus spielt. Unterstellt man, dass es sich nicht um einen Einzelfall handelt, wäre prinzipiell eine gute Voraussetzung für smartes und mobiles Lernen mit OER gelegt. Trotzdem ist die Annahme naiv, dass ein bloßes ‚Mehr‘ an (mobilem) Medieneinsatz in der Lehre monokausal zu einem ‚Mehr‘ an professioneller Mediennutzung (hier bezüglich OER) bei Studierenden führen würde. Vielmehr scheint es so zu sein, dass die Besonderheiten des Studierverhaltens und der Studierendengruppen berücksichtigt werden müssen (z. B. [21]). Mediale Handlungspraktiken wie diese sind daher zu großen Teilen akademische Handlungspraktiken, wie zu zeigen ist.

---

6 http://zfl.uni-koeln.de/digitalisierung.html (14.11.2016)

7 Sie werden flankiert von OERlabs, die eine Bottom-up-/Top-down-Strategie in der Universitätsentwicklung verfolgen und eher praktisch orientiert sind. An das tatsächliche Handeln von z. B. Lehramtsstudierenden und Dozierenden knüpfen dann Runde Tische zu OER an, die den Laborgedanken und vernetztes Lernen und Arbeiten lebendig werden lassen (anvisierte Förderung durch das BMBF, Förderlinie offene Bildungsressourcen/OERinfo).

3.2 Mediale Handlungspraktiken als akademische Handlungspraktiken

Erkennt man die informelle Mediennutzung von Studierenden als komplementären Erfahrungsraum an, der das Studium nicht ersetzt, wohl aber zur Beschäftigung mit Themen und Inhalten anregt, sollte man die wechselseitige Beeinflussung von Studium und Lehre und Mediennutzung voraussetzen [22]. Dabei ist davon auszugehen, dass formale und informelle Mediennutzungskontexte teils ähnliche und sich ergänzende oder sich unterscheidende mediale Handlungspraktiken ausprägen. Persönliche Interessen, Metastrategien von Lernen und Wissenserwerb, akademische oder individuelle Vorbilder, das eigene (gewählte) Fach und die Universität als Ganzes prägen beispielsweise die diversen Orientierungen.

Damit sind mediale Handlungspraktiken von Studierenden ähnlich unterschiedlich wie Studierende nach Rhein [23] unterschiedlich auf ihr Studium blicken: Sie können beispielsweise ihr studentisches Lernen mit und über digitale Medien organisieren (Lernen im Studium). Sie können aber auch Prozesse oder Ereignisse des Lernens an Hochschulen ins Verhältnis zu ihrer Mediennutzung setzen (hochschulisches Lernen). Genauso können Studierende nur ihre akademischen Praktiken fokussieren (akademisches Lernen) oder nicht zuletzt sich selbst im universitären Kontext verordnen.

Die Unterscheidung zwischen formalem und informellem Lernen mit Medien würde in dieser eher erwachsenenbildnerischen Perspektive auf Mediennutzung weniger wichtig als der eigentliche Kontext, innerhalb dessen mit Medien gelernt wird. Den Rahmen bildet dann das Studium, das als umfassender Habitualisierungsprozess (z. B. [24]) begriffen werden kann. Die entsprechenden Sozialisations- und Orientierungsprozesse werden nur in Teilen formal abgebildet. Entsprechend gewinnt die Aneignung des Eigensinns von Wissenschaft an Bedeutung [23]. Hier fügt sich auch das aktuelle Beispiel aus Abschnitt 3.1 ein, wenn Studierende nämlich ihrer Mediennutzung im Kontext des eigenen Studiums einen eigenen Sinn verleihen.

So sind aktuell bspw. Facebook- oder WhatsApp-Gruppen unter Studierenden sehr wichtig, um ihr Studium oder Gruppenarbeiten zu organisieren (z. B. [25, 26]). Sie nutzen die Medienangebote damit in einer Weise, wie sie schon von Tully [27] erläutert wurde: Demnach loten Studierende „das Verhältnis von institutioneller und informeller Bildung im Zuge gesellschaftlicher Entwicklungen“ (ebd.) aus. Sie nutzen informell gerade die Chancen, die ihnen digitale Medien für ihr Studium bieten. Darüber hinaus unterstützen diese Medien Kommunikations-, Kollaborations- und Reflexionsprozesse ([28], S. 110), die in engerem oder weiteren Bezug zum Studium stehen. Derzeit sind viele dieser informell genutzten Medien mobile Medienangebote; mit Blick auf die Kommunikations-, Kollaborations- und Reflexionsprozesse sind künftig aber auch andere Medienangebote (wieder) denkbar. Man denke nur an die kurzfristige Bedeutung von Second Life im universitären Kontext. Es scheint daher angezeigt, mediale Handlungspraktiken nicht losgelöst vom Kontext des Studiums zu sehen.

4 Fazit: Auf den Kontext kommt es an!

Mit dem vorliegenden Beitrag begaben wir uns auf Spurensuche, welche digitalen Medien an der Universität zu Köln genutzt werden und welche Bedeutung in diesem Zusammenhang mobile oder smarte Medien haben *könnten*. Im Laufe der Beschäftigung mit dem Phänomen zeigte sich aber, dass es weniger die Medienangebote selbst sind, die für die Studierenden entscheidend sind, als die Medien(nutzungs-)kontexte. Im Beitragszusammenhang haben wir vor allem den Unterschied zwischen formalen und informellen Nutzungskontexten aufgenommen, da diese fachwissenschaftlich etabliert sind (z. B. [29, 22]). Gleichwohl kann man zwei weitere zentrale Spuren, sprich Erkenntnisse, aus der gewählten Unterscheidung extrahieren:

1) So unterscheidet sich die Mediennutzung von Studierenden erstens zwischen den Kontexten erheblich; gerade hinsichtlich der professionellen Mediennutzung stellen wir als Lehrende in unterschiedlichen Studiengängen fehlendes Wissen und Nutzungsdefizite fest (vgl. Kapitel 6.2). Es dürfte daher bedeutsam sein, in Ergänzung zu allgemeinen Mediennutzungsstudien auch die tatsächlichen medialen Handlungspraktiken mit Medien in den diversen Kontexten zu erfassen.
2) Zweitens können mediale Handlungspraktiken nicht losgelöst vom Studium als Rahmen gesehen werden. Zu fragen ist insbesondere danach, wie digitale Medien auch dazu beitragen können, dem Studium einen eigenen Sinn zu verleihen (vgl. Kapitel 6.3). Die Beschäftigung mit OER könnte hier ein (aktueller) Zugang sein. Denn letztlich steht die offene Frage im Raum, welche informellen Medien(nutzungs-)kontexte sich mit Bezug zu Universität/Hochschule ergeben.

Eine Schwierigkeit könnten Zugänge zur empirischen Untersuchung sein: Werden Lehrveranstaltungen fokussiert, wird in der Regel systematisch die Kompetenzentwicklung der Beteiligen untersucht. Evaluationsinstrumente dokumentieren etwa Kompetenzentwicklungsprozesse, unterstützen bei der Entscheidungsfindung, ob Seminare (wie das dokumentierte) weiterhin durchgeführt werden sollten, oder dienen als Begründungsrahmen in unterschiedlichen Leitungsgremien. Wählt man andere Untersuchungsdesigns, fallen Befunde anders aus: Gerade ein qualitativer Zugang, wie er bei den OERresearchlabs angestrebt wird, wird eher in der Tiefe Aufschluss über mediale Handlungspraktiken von Studierenden geben. Mobile Medien werden hier eine gewisse Rolle spielen; das Untersuchungsdesign lässt aber auch zu, andere Tendenzen und technologische Trends empirisch zu erfassen.

Mit digitalen Medien für Studium und Lehre geht in der Regel die Hoffnung und Erwartung einher, dass sich Universität und Lehre bzw. Studium verändern könnten. Die Digitalisierungsstrategien oder Medienentwicklungspläne der Universitäten deuten in eine solche Richtung. Sie könnten ergänzt werden um die Studierwirklichkeit(en), die durch die Bachelor- und Master-Programme sowie Studienmöglichkeiten an der UzK bestehen/geschaffen werden.

Der Ausspruch „Auf den Kontext kommt es an!“ in der Überschrift soll daher adressieren, was uns im Beitrag wichtig war/ist: Es gibt weder „die“ Mediennutzung von Studierenden noch „das“ formale oder informelle Lernszenario, innerhalb dessen Studierende digitale Medien in gleicher/ähnlicher Weise nutzen. Dies gilt auch für mobile Nutzungskontexte, die oft nur „analoge“ Handlungspraktiken in „digitale“ übersetzen (digitalisieren). Stattdessen prägen sich mediale Handlungspraktiken je nach Kontext unterschiedlich aus. Wir plädieren daher für eine kontextsensible Mediendidaktik, die den Bezug zu den materialen, zeitlichen, räumlichen und sozialen Umständen des Medienhandelns der Studierenden herstellt (vgl. [29], S. 187 f.). Trägt man diesem Umstand gezielt Rechnung, können Medien dann nach Kommer [30] und Biermann [31] Alltagstheorien und wissenschaftsbezogene sowie mediale Praktiken revidieren, verändern oder gänzlich neue, revidierte Praktiken mit Bezug zum studentischen, hochschulischen oder akademischen Lernen [23] entwickeln. Ein solcher Medieneinsatz kann auch zur Medienkompetenzförderung beitragen, wenn man Medienkompetenz als „Reflexion der Zielorientierung eigenen Medienhandelns“ ([32], S. 21) versteht.

Literaturverzeichnis

[1] Friedrich, J.-F. & Persike, M. (2016). *Lernen mit digitalen Medien aus Studierendenperspektive.* HFD 17, http://www.che.de/downloads/HFD_AP_Nr_17_Lernen_mit_digitalen_Medien_aus_Studierendenperspektive.pdf (23 August 2016).

[2] Grosch, M. & Gidion, G. (2011). *Mediennutzungsgewohnheiten im Wandel – Ergebnisse einer Befragung zur studiumsbezogenen Mediennutzung.* Karlsruhe: KIT. http://digbib.ubka.uni-karlsruhe.de/volltexte/1000022524 (23 August 2016).

[3] Grosch, M. & Gidion, G. (2012). Media Use for Learning by Students in Higher Education An International Empirical Survey. In Proceedings of World Conference on E-Learning in Corporate, Government, Healthcare, and Higher Education 2012 (pp. 1805–1812). Chesapeake, VA: AACE.

[4] Stratmann, F. (2013). IT und Organisation in Hochschulen. Ausgewählte Beiträge einer HIS-Fachtagung. http://www.dzhw.eu/pdf/pub_fh/fh-201304.pdf (23 August 2016).

[5] Vogel, B. & Woitsch, A. (2013). Orte des Selbststudiums. HIS Forum Hochschule 7/2013. Hannover: HIS-Hochschul-Informations-System GmbH. http://www.dzhw.eu/pdf/pub_fh/fh-201307.pdf (23 August 2016).

[6] Rogers, E. M. (1983). *Diffusion of innovations.* NYC: Free Press of Glencoe.

[7] Hepp, A., Berg, M. & Roitsch, C. (2014). *Mediatisierte Welten der Vergemeinschaftung.* Wiesbaden: VS.

[8] Schulmeister, R. (2009). Gibt es eine „Net Generation“? Erweiterte Version 3.0. Hamburg: Universität Hamburg. http://www.zhw.uni-hamburg.de/uploads/schulmeister_net-generation_v3.pdf, (23 August 2016).

[9] Hart, S. G., & Staveland, L. E. (1988). *Development of NASA-TLTLX (Task Load Index): Results of empirical and theoretical research.* In: P. A. Hancock & N. Meshkati (Hrsg.), Human mental workload (S. 139–183). Amsterdam: North Holland Press.

[10] Kaspar, K. & Vennekötter, A. (2015). Embodied information in cognitive tasks: Haptic weight sensations affect task performance and processing style. *Advances in Cognitive Psychology* 11, 64–76.
[11] Hamborg, K. C., Hülsmann, J. & Kaspar, K. (2014). The interplay between usability and aesthetics: More evidence for the „What is usable is beautiful“ notion. Advances in Human-Computer Interaction, 946239, 1–13.
[12] Pfendler, C. (1990). *Zur Messung der mentalen Beanspruchung mit dem NASA-Task Load Index. Zeitschrift für Arbeitswissenschaft.* 44, 158–163.
[13] Rheinberg, F., Vollmeyer, R., & Burns, B. D. (2001). *QCM: A questionnaire to assess current motivation in learning situations. Diagnostica*, 47, 57–66.
[14] Pedrotti, M. & Nistor, N., (2014). *Einfluss studentischer Motivation auf die Bereitschaft zur Nutzung eines Online-Vorlesungsportals.* In: K. Rummler (Hrsg), Lernräume gestalten – Bildungskontexte vielfältig denken (S. 332–342). Münster u.a.: Waxmann.
[15] Laugwitz, B., Schrepp, M. & Held, T. (2006). *Konstruktion eines Fragebogens zur Messung der User Experience von Softwareprodukten.* M. Heinecke & H. Paul (Hrsg.), Mensch & Computer 2006 – Mensch und Computer im Strukturwandel (S. 125–134). München: Oldenbourg Verlag.
[16] Kaspar, K., Hamborg, K.-C., Sackmann, T., & Hesselmann, J. (2010). The effectiveness of formative evaluation in the development of usable software: *A case study. Zeitschrift für Arbeits- und Organisationspsychologie*, 54, 29–38.
[17] Herzig, B. & Aßmann, S. (2008). Mediendidaktik. In G. Mertens, U. Frost, W. Böhm & V. Ladenthin (Hg.), *Handbuch der Erziehungswissenschaft. Familie – Kindheit – Jugend – Gender – Umwelten* (Vol.3, S. 893–913). Paderborn: Schöningh.
[18] Persike, M. & Friedrich, J.-F. (2016). Lernen mit digitalen Medien aus Studierendenperspektive. HFD 17, http://www.che.de/downloads/HFD_AP_Nr_17_Lernen_mit_digitalen_Medien_aus_Studierendenperspektive.pdf (20 Oktober 2016).
[19] Rietz, C., Franke, S. & Van Koll, S. (2013). Open Educational Resources und Open Access – neue Lernformen aus Sicht der Studierenden. *Zeitschrift für Hochschulentwicklung*. 8(4). 69–88.
[20] Aßmann, S. & Iske, S. (2014).„Parallel Spaces? How Students Use Social Network Sites to Organize Learning in the Context of University Courses. *Vortrag auf der ECER* (European Conference on Educational Research) 2014, Universität Porto, Portugal.
[21] Zawacki-Richter, O., Hohlfeld, G. & Müskens, W. (2014). *Mediennutzung im Studium. Schriftenreihe zum Bildungs- und Wissenschaftsmanagement*, 01/2014, Oldenburg.
[22] Hofhues, S. (2015). *Informelles Lernen mit digitalen Medien in der Hochschule.* In M. Rohs (Hrsg.), Handbuch Informelles Lernen (S. 1–14). Heidelberg: Springer VS.
[23] Rhein, R. (2015). Hochschulisches Lernen – eine analytische Perspektive. *Zeitschrift für Weiterbildung*, 38(3), 347–363.
[24] Bourdieu, P. & Passeron, J.-C. (1971). *Die Illusion der Chancengleichheit.* Stuttgart: Kohlhammer.
[25] Kirschner, P. A. (2015). *Facebook as learning platform: Argumentation superhighway or dead-end street?. Computers in Human Behavior*, 53, 621–625.
[26] Fattah, S. F. E. S. A. (2015). The Effectiveness of Using WhatsApp Messenger as One of Mobile Learning Techniques to Develop Students‘ Writing Skills. *Journal of Education and Practice*, 6, 115–127.
[27] Tully, C. J. (1994). *Lernen in der Informationsgesellschaft. Informelle Bildung durch Computer und Medien.* Wiesbaden: Westdeutscher Verlag.
[28] Schelhowe, H. (2008). *Digitale Medien als kulturelle Medien. Medien zum Be-Greifen wesentlicher Konzepte der Gegenwart.* In J. Fromme & W. Sesink (Hrsg.), Pädagogische Medientheorie. (S. 95–113) Wiesbaden: VS.
[29] Aßmann, S. (2013). *Medienhandeln zwischen formalen und informellen Kontexten: Doing Connectivity.* Wiesbaden: Springer VS.

[30] Kommer, S. (2013). Das Konzept des ‚Medialen Habitus': *Ausgehend von Bourdieus Habitustheorie Varianten des Medienumgangs analysieren*. MedienImpulse.
[31] Biermann, R. (2009). Die Bedeutung des Habitus-Konzepts für die Erforschung soziokultureller Unterschiede im Bereich der Medienpädagogik. MedienPädagogik, *Themenheft Nr. 17: Medien und soziokulturelle Unterschiede*, 1–18.
[32] Kammerl, R. (2006). Funktionalität und Dysfunktionalität des Chattens für Beziehungen von 14- bis 16-jährigen Jugendlichen. *Medienpädagogik – Online-Zeitschrift für Theorie und Praxis der Medienbildung*.

Kerstin Mayrberger

Praxisbericht: Universität Hamburg

(Un-)Gleichzeitigkeit trotz Diversität – Digitalisierung von Lehren und Lernen

Zusammenfassung: Wenn wir von Schlagworten wie Digitalisierung und Bildung hören und sprechen, so lässt sich der Eindruck nicht leugnen, dass hier eine permanente Ungleichzeitig in den jeweiligen Entwicklungen und Tempi vorherrscht, die eng miteinander verbunden thematisiert werden. Im Kontext einer zunehmenden Mediatisierung [1] und fortschreitenden Digitalisierung [2] in der Gesellschaft ist so eine Ungleichzeitigkeit gar in doppelter Hinsicht eine Herausforderung von Bildungsorganisationen und konkreter Hochschulen. Denn Bildung in einer Welt unter Bedingungen von Digitalität sowie das Lernen und Leben mit digitalen Medien ist heute in unserer Gesellschaft eine Selbstverständlichkeit und wird im Grundsatz als sinnvolle Verbindung akzeptiert. Doch wo sie in der theoretischen und konzeptionellen Diskussion analytisch als gleichwertig miteinander in Beziehung gesetzt wird und eine Gleichzeitigkeit vorausgesetzt wird, ergibt sich für die Praxis eine Ungleichzeitig dieser Beziehung im faktischen Erleben und Handeln sowie im technologischen Fortschritt. Man kann es auch anders formulieren: Die technologischen Entwicklungen schreiten voran und die sozialen und kulturellen Entwicklungen ziehen in der Regel mit zeitlichem Abstand nach. Dieser Umstand, der den umfassenden Rahmen darstellt und auch nicht ignoriert werden sollte, wenn mit der Diviersität von Akteuren und ihren Aktivitäten im Bereich Digitalisierung von Lehren und Lernen in Bildungsorganisationen wie einer Hochschule gleichzeitig ein gemeinsamer Entwicklungsprozess gestaltet werden soll. Am Beispiel der Universität Hamburg als eine große staatliche Volluniversität wird dieses im vorliegen Beitrag exemplarisch illustriert.

Zuvor wird aber im nachfolgenden ersten Abschnitt das spannungsbeladene Feld, in dem sich Hochschulen derzeit befinden kontextualisiert. Dem folgt ein zweiter Abschnitt, in dem die Universität Hamburg kurz vorgestellt und in der spezifischen Hochschullandschaft verortet wird. Daran schließt dann der dritte Abschnitt an, in dem auf verschiedenen Ebenen an konkreten Beispielen Maßnahmen aufgezeigt werden, welche derzeitigen Aktivitäten aus strategischer, sozialer und technischer Perspektive den Rahmen einer sich verändernde (Lern- und Fächer-)Kultur unter den Bedingungen der Digitalisierung begleiten. Ein vierter Abschnitt schließt mit einem Ausblick den Beitrag.

Schlüsselwörter: Lernplattformen, Vorlesungsaufzeichnung, Digitalisierungsstrategie, Open Educational Resources, Peer Instruction Tool, ersetzen Awareness

DOI 10.1515/9783110468946-007

1 Kontext Digitalisierung in der Hochschule

Derzeit ist Digitalisierung in der Hochschule unter vielfältigen Stichworten (erneut) vor allem ein Thema in der öffentlichen und bildungspolitischen Diskussion – nicht zuletzt auf Grund des vermehrten Aufkommens von flankierenden Wettbewerben und Studien seitens Stiftungen und des Bundesministeriums für Bildung und Forschung. Damit sind Fragen des E-Learning oder mit Blick auf ein umfassenderes Verständnis von Lehren und Lernen mit digitalen Medien, der Digitalisierung von Lehren und Lernen (DLL), in den Hochschulen wieder auf der Agenda weiter nach vorne gerückt. Doch nicht etwa, weil die Hochschulen so stark in diesem Feld wären, sondern auf Grund von Mängelanzeigen und Dringlichkeitsbekundungen: zu wenig *Openness* (z. B. Mapping-OER-Studie) und zu wenig *Employability* für die neuen Anforderungen der Berufswelt (z. B. Curriculum 4.0). Zugespitzt wurde kürzlich sowohl der „Patient Hochschule“ [3] identifiziert, der mit digitalen Medien kuriert werden könne, wie auch „Die digitale Bildungsrevolution“ ausgerufen, die in Deutschland nach US-amerikanischem Vorbild dringend nötig wäre [4]. Um die Ungleichzeitigkeit weiter zu verdeutlichen, wird nachfolgend exemplarisch einerseits auf die Studierenden und andererseits auf Ziele von Universitäten selbst geschaut.

1.1 Ungleichzeitigkeit bei den Studierenden

Studierende von heute sind im Durchschnitt sehr gut mit mobilen Endgeräten ausgestattet. Laut Digital-Index 2015 nutzen gut 90 % der 14–29-Jährigen und drei Viertel der 30–49-Jährigen ein Smartphone. Ebenso nutzen die 14–29-Jährigen wie auch 30–49-Jährige in sehr ähnlicher Weise je zu drei Vierteln neben einem Desktop-PC einen Laptop und knapp die Hälfte ein Tablet [5, S. 28]. Die regelmäßige Nutzung von digitalen Endgeräten im Alltag, die sich durch die technischen Möglichkeiten auszeichnen, vernetzt agieren zu können, kann also als gegeben betrachtet werden – wohl wissend, dass dieses nichts über Einzelfälle aussagt und noch weniger über die jeweils individuelle Nutzung der Geräte. In Hochschulen stellt sich heute in der Regel die Frage der technischen Infrastruktur als notwendige (aber nicht hinreichende) Voraussetzung für das Lernen mit digitalen Medien immer weniger, da komfortables, flächendeckendes WLAN heute (fast) selbstverständlich ist und damit die Bedingungen für ein ubiquitäres, vernetztes Lernen (zumeist) vorliegen. In dieser zunehmenden Durchdringung des Alltags mit Medien wird die Mediatisierung unserer Gesellschaft [1] sowie die Digitalisierung [2] vieler Bereiche unseres Handelns – ob im Alltag, im Beruf oder eben in Bildungskontexten wie der akademischen Lehre – besonders sichtbar und fassbar. Vorderer bringt es auf die plakative Formel, dass besonders Jugendliche und junge Erwachsene heute „permanently online“ und „permanently connected“ seien und sein werden [6]. Doch inwiefern der Studienalltag und das Lernen in einem Fach mediatisiert sind, hängt mit der Fachkultur zusammen, die von Lehrpersonen wie

Studierenden mitgeprägt wird. Trotz der Notwendigkeit einer differenzierten Sichtweise auf die Diversität der Fächer, Lehrenden und Studierenden sowie der jeweils vorherrschenden Praktiken mit digitalen Medien, herrscht die Annahme vor, junge Erwachsene seien heute pauschal „digital natives“, obwohl dies bereits widerlegt werden konnte [7] und zwischenzeitlich Versuche vorliegen, das Bild dieser Altersgruppe weiter zu differenzieren [8]. Unstrittig ist allerdings, dass sich das Verständnis von Medienkompetenz gegenüber dem traditionellen Begriff nach Baacke [9] insbesondere durch den internationalen Diskurs hinsichtlich einer „new media literacy“ [10] erweitert hat, die beispielsweise der Anforderung an Kollaboration und Partizipation in besonderem Maße gerecht wird. Eine entsprechende Entwicklung oder Adaption und Konkretisierung für die akademische Praxis steht für den Kontext Hochschule bis heute noch aus. Auch die jüngst erschienene Sekundäranalyse ausgewählter Daten mit Medienbezug aus dem Hochschulranking vom Centrum für Hochschulentwicklung (CHE) [11] kann nur bestätigen, dass die Intensität und Vielfalt der Mediennutzung Studierender von Fach zu Fach stark divergiert. Eine Ausnahme stellt die Studie von Zawacki-Richter [12] dar, welche die studiumsbezogene Nutzung von Medien, Tools und Services bei über 2000 Studierenden systematisch untersucht und u. a. zu dem Ergebnis kommt, dass eine hohe Akzeptanz von Medien in der Breite vorliegt. In der jüngst abgeschlossenen eigenen Explorationsstudie „UniPAd“ (2012–2014) zum Einsatz von Tablets im Studium am Beispiel eines einzelnen Studiengangs [13, 14] zeigt sich, dass Fragen nach der Förderung einer umfassenden akademischen Medienkompetenz, die über eine schlichte Bedienkompetenz hinaus geht, offen geblieben sind. Auch erste Ergebnisse zum Umgang Studierender mit Grenzverschiebungen in unterschiedlichen Bereichen des Studiums [15] bedürfen einer weiteren Vertiefung. Zusammenfassend lässt sich hier also fragen: Sind die Studierenden so weit und bereit für veränderte Formen von DLL? Und weiter: Welche Anerkennung brauchen sie von Seiten der Hochschulen und welche Unterstützung, um souverän am akademischen (Lern-)Alltag mit digitalen Medien arbeiten zu können?

1.2 Ungleichzeitigkeit bei den Hochschulen

Hochschulen und insbesondere Universitäten haben knapp gesagt einen Allgemeinbildungsauftrag, welcher auf Forschung und Lehre basiert. Gerade im Zuge des Bologna-Prozesses ist in Folge des Ziels (neben anderen), die Employability zu steigern, vor allem die Gegenüberstellung von Bildung und Ausbildung (orientiert an den Bedarfen des Arbeitsmarktes) sowohl zum Thema als auch zum Streitpunkt geworden. Die Universität Hamburg hat hier beispielsweise in ihrem offiziellen „Leitbild universitärer Lehre“ wie folgt Stellung bezogen: „Ziel universitärer Lehre ist es, Bildung durch Wissenschaft zu ermöglichen. Das schließt die Aufgabe ein, alle Voraussetzungen dafür zu schaffen, dass die Studierenden hohe wissenschaftliche Kompetenz erwerben, ihre Fähigkeiten selbsttätig entfalten und sich als mündige Mitglieder der Gesellschaft weiterentwickeln können, die bereit und in der Lage sind, an deren sozial und ökologisch nachhaltiger, demokratischer und friedlicher Gestaltung maßgeblich mitzuwirken und für ihre Zukunftsfähigkeit Verantwortung zu übernehmen. Grundlage der universitären Lehre ist das Humboldt'sche Bildungsideal der Einheit von Forschung und Lehre. Lernendes Forschen, lebenslanges Lernen und die argumentative Verständigung auf wissenschaftlicher Grundlage sind wesentliche Merkmale dieser Lehre. (...) Mit ihrem Engagement (...) wird die Universität Hamburg nicht nur ihre wissenschaftliche Position nachhaltig stärken können; wenn sie ihren Absolventinnen und Absolventen profunde wissenschaftliche Kompetenzen, das nötige Reflexions- und Urteilsvermögen sowie hohes Verantwortungsbewusstsein vermittelt, erfüllt sie damit zugleich eine ihrer grundlegenden Verpflichtungen gegenüber der Gesellschaft, von der sie selber getragen wird.". An anderer Stelle wird der Leitidee der Universität als „University for a Sustainable Future" folgend, gar betont, „dass das Studium nicht ausschließlich zur Vorbereitung für konkrete berufliche Anforderungen dient, sondern als umfassende Bildung durch Wissenschaft angelegt ist" und daher auszulegen ist als die grundlegende „Vermittlung von Zukunftsfähigkeit, d. h. den akademischen Auftrag, Studierenden, Kenntnisse, Fähigkeiten und die Bereitschaft zu vermitteln, an der gemeinsamen Gestaltung einer in großen Teilen ungewissen Zukunft sowie an der für die Lösung neuartiger, bislang unbekannter Probleme erforderlichen Weiterentwicklung wissenschaftlichen Wissens mitzuwirken."

In den Papieren wird beispielsweise von Lernendenorientierung, Kollaboration und von Zukunftsfähigkeit der Lehre gesprochen – allesamt Anliegen, die heute ohne digitale Medien in einer mediatisierten Welt nicht selbstverständlich vollumfänglich realisiert werden können. Dass es hierfür unter den Bedingungen der Digitalisierung dennoch spezifizierender Ergänzungen jenseits einer schlichten „Mehrwert-Argumentation" bedarf, die sich derzeit in der Entwicklung befinden, wird nachfolgend aufgegriffen. Mit Blick auf den Aspekt der Ungleichzeitigkeit ist hier zu ergänzen, dass die Hochschulen die Notwendigkeit erkannt haben, technologische Entwicklungen zu berücksichtigen. Entsprechend findet dieser Aspekt immer auch Erwähnung in den einschlägigen Papieren. Doch der klare Bezug zur Lehre wird erst im „Yerevan Communiqué 2015" deutlich: „Enhancing the quality and relevance of learning and teaching ist the main mission of the EHEA. We will encourage and support higher education institutions and statt in promoting pedagogical innovation in student-centered learning environments and in fully exploiting the potential benefits of digital technologies for learning and teaching. We will promote a stronger link between teaching, learning and research at all study levels, and provide incentives for institutions, teachers and students to intensify activities that develop creativity, innovation and entrepreneurship. Study programmes should enable students to develop the competences that can best satisfy personal aspirations and societal needs, through effective learning activities.".

Zusammenfassend lässt sich hier entsprechend fragen, inwiefern die Zielstellungen der Hochschulen mit der digitalen Entwicklung auf den unterschiedlichen Ebenen noch korrespondieren oder hier eine Parallelität den status quo (noch) repräsentiert. Realistisch betrachtet lässt keine Hochschule die Entwicklungen an sich vorbeiziehen. Jedoch wird hier nochmals deutlich, weshalb aus Perspektive der Hochschulen berechtigt auf eine Ungleichzeitigkeit geschlossen werden kann. Die technischen, sozialen und kulturellen Entwicklungen der Digitalisierung halten (zumindest in der Breite) erst verzögert Einzug in die Hochschulen – und zwar auf allen Ebenen. Von der Makroebene der Politik, über die Mesoebene der Organisation mit ihren dezentralen Fakultäten und zentralen Einrichtungen bis auf die Mikroebene der Lehre bzw. Lehrentwicklung mit digitalen Medien, die Lehrenden und Lernenden betrifft.

2 Das Beispiel: Digitalisierung von Lehren und Lernen (DLL) an der Universität Hamburg

Die Universität Hamburg zählt mit über 42.000 Studierenden zu den größten Hochschulen in Deutschland und bietet mit acht Fakultäten ein umfassendes Spektrum von über 160 Studiengängen einer Volluniversität an.

Bereits 1999 hat die Universität Hamburg mit der Entwicklung einer eigenständigen Kommunikationsplattform die den Grundstein für den Einsatz von E-Learning gelegt. Im BMBF-Förderprogramm „Neue Medien in der Bildung – Hochschulen" von 2000 bis 2004 und dem Förderprogramm „Neue Medien in der Bildung – E-Learning-Dienste für die Wissenschaft" von 2005 bis 2007 sowie der Landesförderung „E-Learning und Multimedia in der Hochschullehre" der Freien und Hansestadt Hamburg von 2002 bis 2010 haben Lehrende an den Hamburger Hochschulen Nutzungsmöglichkeiten von E-Learning durch selbstentwickelte digitale Lehrangebote evaluiert. Bis 2008 konnten eine Reihe von Medienprodukten und Awareness-Maßnahmen erprobt, evaluiert oder etabliert werden; und es wurde die erste E-Learning-Strategie der Universität Hamburg formuliert [16].

Mit dem Aufbau der dezentral aktiven E-Learning-Büros im Jahr in allen Fakultäten 2008 wurde der Einsatz von E-Learning-Plattformen wie CommSy (als Eigenentwicklung) und OLAT (ab 2017 OpenOLAT) in der Lehre professionalisiert. Inzwischen bietet die Universität Hamburg ein umfangreiches Schulungs- und Beratungsangebot zu den eingesetzten Lernplattformen sowie zur Vorlesungsaufzeichnung („Lecture2Go") an. Neben diesen klassischen Angeboten im Bereich E-Learning beginnt seit 2015 die Gestaltung von Lernszenarien im Sinne von und mit OER an der Universität Hamburg.

Mit der Gründung des Hamburger Zentrums für Universitäres Lehren und Lernen (HUL) und der Besetzung einer Professur mit dem Schwerpunkt Mediendidaktik wurde der Schwerpunktbereich „Digitalisierung von Lehren und Lernen (DLL)" eingerichtet und eine Beauftragte der Universität Hamburg für Digitalisierung von Lehren und Lernen vom Präsidium ernannt. Seit 2015 wurde damit die Arbeit im Bereich „Digitalisierung von Lehren und Lernen" (DLL, vormals E-Learning) an der Universität Hamburg stetig ausgebaut und professionalisiert. Dieser Schritt auf zentraler Ebene trägt zu einer fachlichen und strukturellen Konsolidierung von E-Learning an der Universität Hamburg bei. Dem folgend wurde auf struktureller Ebene das Zentrale E-Learning-Büro (ZeB) aufgelöst und per Präsidiumsbeschluss in den neu gegründeten Schwerpunktbereich DLL am HUL überführt. Weiterhin setzt die Universität Hamburg mit dem Fortbestehen der dauerhaft verankerten dezentralen eBüros in den Fakultäten auf eine kombinierte Strategie aus zentraler und dezentraler Struktur zur Unterstützung von Lehren und Lernen mit digitalen Medien, die sich im E-Learning-Netzwerk der Universität Hamburg widerspiegeln und gemeinsam weiterentwickelt werden. Inhaltlich steht hinter dieser Strukturveränderung im Kontext von DLL eine integrierte Sichtweise auf Technik, Didaktik und Kultur in den Bereichen Service, Lehre und Beratung der Hochschullehrenden. Darüber hinaus gilt diese integrierte Sichtweise auf Didaktik und digitale, vernetze Medien insbesondere für Forschungs- und Entwicklungsvorhaben im Kontext von universitärem Lehren und Lernen. Die mediendidaktische Forschung wird hierbei durch eine Art von MediaLab zur Erprobung von didaktischen und technischen DLL-Innovationen unterstützt, das sich derzeit in der Vorbereitung befindet.

Parallel zu diesen zentralen Aktivitäten wurde 2012 mit dem Qualitätspakt Lehre das Universitätskolleg (UK) an der Universität Hamburg etabliert, das in der Förderphase 2012 bis 2016 unter dem Titel „Brücken in die Universität – Wege in die Wissenschaft" sowohl fakultätsspezifische als auch fakultätsübergreifende Projekte und Aktivitäten mit dem Schwerpunkt auf die Studieneingangsphase bündelt. Dabei wirkt das UK im Bereich der konkreten Lehrentwicklung auf zentraler Ebene mit dem Kompetenzzentrum Nachhaltige Universität (KNU) ebenso zusammen und wie mit dem HUL.

In diesem Kontext aus dezentral und zentral wirksamen Institutionen an der Universität Hamburg sind die Aktivitäten im Bereich DLL einzuordnen.

3 Beispiele für Aktivitäten an der Universität Hamburg im Kontext von Digitalisierung von Lehren und Lernen (DLL)

Nachfolgend werden nun vor dem hier dargelegten allgemeinen Kontext zur (durchschnittlichen) Situation der Studierenden wie zur Situation der Hochschulen an den drei Ebenen entlang beispielhaft die derzeitigen und geplanten Aktivitäten der Universität Hamburg (Stand: Herbst 2016) mit vorrangigem Blick auf Lehre und Lehrentwicklung vorgestellt. Deshalb werden hier Ausführungen zu bestehenden Aktivitäten zur Studienorganisation und -verwaltung im Bereich von Campus Management und „eCampus" ausgeklammert. Ebenso wird hier nicht vertiefend auf die Aktivitäten im Bereich Open Access der Universität Hamburg sowie auf das geplante Hamburg Open Archive Projekt eingegangen.

3.1 Das Projekt „Hamburg Open Online University" (HOOU) als Teil der „Digitalen Stadt"

Die Freie und Hansestadt Hamburg hat Anfang 2015 eine umfassende Digitalisierungsstrategie „Digitale Stadt" beschlossen, in deren Kontext das Pilotvorhaben einer Hamburg Open Online Universität (HOOU) für den Bildungsbereich vorgesehen ist. Nach einer Vorlaufzeit in 2014 wird seit 2015 das hochschulübergreifende Projektvorhaben HOOU von allen sechs staatlichen Hochschulen getragen, der Universität Hamburg (UHH) mit dem Universitätsklinikum Hamburg Eppendorf (UKE), der Hochschule für Angewandte Wissenschaften Hamburg (HAW Hamburg), der Technische Universität Hamburg-Harburg (TUHH), der Hochschule für Musik und Theater (HfMT), der Hochschule für Bildende Künste (HFBK) sowie der Hafencity University (HCU) zusammen mit dem Multimedia Kontor Hamburg (MMKH). Die beteiligten Organisationen kooperieren eng mit der Behörde für Wissenschaft, Forschung und Gleichstellung (BWFG) sowie der Senatskanzlei. Für die Vorprojektphase sehen die Akteurinnen und Akteure den Zeitraum bis Ende 2016 bzw. eine kostenneutrale Fortführung bis Anfang 2017 vor. Derzeit ist davon auszugehen, dass sich der Vorprojektphase eine Projektphase von 2017 bis 2018 anschließt, bevor die HOOU ab 2019 vom Projekt in die Verstetigung überführt werden soll.

Die Vision der HOOU ist die Schaffung von lernendenzentrierten, interdisziplinären und problemorientierten Lernumgebungen, die unter Verwendung von Open Educational Resources (OER) die Lehre an den Hochschulen ergänzen, entwickeln und verändern: Dies kann je nach Grad der Öffnung virtuell oder in Form von Blended Learning stattfinden. Die Grundidee der HOOU ist, dass Lernende interdisziplinär, kollaborativ und vernetzt Probleme auf Basis einer agil entwickelten sogenannten HOOU-Plattform lösen. Dies schließt potenziell auch eine institutionenübergreifende Zusammenarbeit sowie die Zusammenarbeit mit der am akademischen Lernen interessierten Öffentlichkeit ein.

Aus dieser Grundidee haben sich im ersten Jahr des Projekts vier Grundpfeiler verstärkt und herauskristallisiert, die seitdem als Markenkern für die HOOU stehen, weil sie die derzeitige HOOU-Idee widerspiegeln. Dazu zählen

1) Lernendenorientierung & Kollaboration,
2) Wissenschaftlichkeit,

3) Öffnung für neue Zielgruppen & zivilgesellschaftliche Relevanz sowie übergreifend,
4) Openness/OER [17].

Zusammengefasst zielt die HOOU, in Zusammenarbeit mit zahlreichen Expertinnen und Experten und den beteiligten Institutionen einschließlich der Bibliotheken, auf eine Bildungsinnovation für die Stadt Hamburg – und wenn möglich darüber hinaus – ab. Erste Erfahrungen aus dem Vorprojekt zeigen bisher, dass sowohl die Entwicklung einer offenen HOOU-Plattform (als Prototyp) für OER als auch die ebenso notwendigen flankierenden Prozesse im Sinne einer Open Educational Practice (OEP) herausfordernd sind. Hier entwickelt sich das hochschulübergreifende Team mit dem kollaborativen Projektvorhaben gleichermaßen weiter. Ferner zeigt sich, dass stetige gemeinsame Kommunikation, Kollaboration, Austausch und Weiterentwicklung auf den unterschiedlichen Ebenen wie auch in den unterschiedlichen Expertengruppen, der Steuer- wie der Lenkungsgruppe oder direkte Gespräche mit dem Bürgermeister als Initiator für die Generierung und Bearbeitung von Ideen und Konzepten, gebraucht werden, um so etwas Neues zu schaffen, das dann eine möglichst hohe Akzeptanz erfahren soll. Beispielhaft präsentieren sich die ersten HOOU-Lernarrangements mit ihren Ideen auf dem HOOU.de-Blog sowie im Fachmagazin für Digitalisierung in der Lehre „Synergie".

3.2 DLL in der Lehre der Fakultäten und fakultätsübergreifende Aktivitäten

Im zweiten Abschnitt wurden ausführlicher die Entwicklungen der zentralen und dezentralen Struktur im Bereich DLL an der Universität Hamburg beschrieben. Seit Sommer 2016 finden seitens der DLL-Beauftragten der Universität mit allen Prodekaninnen und Prodekanen für Studium und Lehre gemeinsame Gespräche zum Thema DLL in ihren Fakultäten statt. In diesen Gesprächen sollen konkrete Bedarfe und Befürchtungen der spezifischen Fächer eruiert werden, um den Bereich DLL an der Universität Hamburg gemeinsam weiterentwickeln und gestalten zu können. Ein Ergebnis ist hier, dass eine Bestandsaufnahme über alle Fakultäten hinweg zur DLL aus Perspektive von Studierenden, Lehrenden und der Studienorganisation notwendig erscheint, die derzeit in Vorbereitung ist. Da diese Aktivitäten erst 2016 begonnen wurden, wird hier nachfolgend exemplarisch das fakultätsübergreifende Teilprojekt „Einheitliche (barrierearme) IT-Konzepte für Studium und Lehre" des Universitätskollegs vorgestellt (vgl. ausführlicher [18, 19]). Das Teilprojekt entstand im Kontext des 2012 initiierten Qualitätspakt Lehre-Projekts „Universitätskolleg" (UK) als Reaktion auf den in zahlreichen Teilprojekten des UK auftauchenden Bedarf und die Nutzung von IT-Tools zur Unterstützung von Lehre und Forschung. Das Teilprojekt unterstützte bei der Einführung von IT-Tools oder deren Adaption in den jeweiligen Fachkontext unter Einhaltung der im größeren Rahmen existierenden technischen Voraussetzungen und Anforderungen sowie administrative Vorgaben aus Technik und Verwaltung wie bspw. die Einhaltung des universitären Corporate Designs. Auch eine Auseinandersetzung mit den Implikationen einer technischen Anbindung am Regionalen Rechenzentrum (RRZ) in Form von Betriebskonzepten und Prozessdokumentationen oder eine Einbeziehung essenzieller Überlegungen wie Datenschutzvorgaben wurden nunmehr berücksichtigt. Im Herbst 2013 nahm nun das Teilprojekt „Einheitliche (barrierearme) IT-Konzepte für Studium und Lehre" seine Arbeit auf, dessen grundlegendes Ziel die Schaffung bzw. Steigerung eines Bewusstseins für die bei der Einführung eines jeden IT-Tools entstehenden Abhängigkeiten war. Konkret äußert sich das bis heute darin, dass das Teilprojekt sogenannte „Kleinstprojekte" stellvertretend für administrative, strukturelle und lehrveranstaltungsbezogene Bedarfe in den Fakultäten und der Universitätsverwaltung mit allgemeinem Bezug zur Lehrentwicklung bearbeitet. Solche Kleinstprojekte sind beispielsweise der Aufbau und Testbetrieb von zentralen Instanzen der Open Source IT-Tools LimeSurvey (Online-Umfragen), Piwik (datenschutzkonformes User Tracking) und YOURLS (Kurzlinkdienst inkl. QR-Code-Generator). Als administrativ-handwerkliche Kleinstprojekte zählen in diesem Kontext Unterstützungsleistungen wie bspw. Layout-Anpassungen an das universitäre Corporate Design sowie eine Implementierung von Datenschutz- und Betriebskonzepten im Sinne von Einheitlichkeit und Nachhaltigkeit. So wurden in diesem Zusammenhang Weiterentwicklungen der Learning Management Systeme CommSy und OLAT, des Blogsystems Wordpress sowie der Umfrage-Software LimeSurvey angestoßen und aktive Unterstützungsarbeit zur nachhaltigen Ergebnissicherung von IT-lastigen Parallel-Teilprojekten im UK zum SelfAssessment geleistet. Besonders sichtbar sind lehrunterstützende Kleinstprojekte, wie die Etablierung einer hochschulweiten Blogfarm zur didaktischen Erweiterung der Lehre mit digitalen Medien ähnlich des Vorbilds der FU Berlin. Das Projekt PINGO@UHH wiederum portierte das an der Universität Paderborn entwickelte Peer Instruction Tool PINGO für den Einsatz als Web-Tool an die Universität Hamburg. PINGO verspricht im Kontext von Vorlesungen und Massenseminaren eine verbesserte Interaktion mit den Teilnehmerinnen und Teilnehmern über Mobilgeräte (Tablet, Smartphone) im Sinne des „Bring Your Own Device" (BYOD)-Prinzips.

In seiner Arbeitsweise basiert das Teilprojekt „Einheitliche (barrierearme) IT-Konzepte für Studium und Lehre" auf der Prämisse einer frühestmöglichen Einbindung aller interessierten Akteure für einen nachhaltigen Implementierungserfolg der zu entwickelnden (Web-)Tools. In zyklischen Arbeitstreffen werden im Sinne eines agilen Projektmanagements immer wieder Bedarfe, Vorschläge und Wünsche zur Anpassung und Erweiterung der behandelten Tools und aktuell unternommene Schritte, akut auftretende Probleme sowie das jeweils geplante weitere Vorgehen zur Diskussion gestellt – sowohl gegenüber direkt beteiligten Akteuren als auch durch

Einbeziehung späterer Nutzerinnen und Nutzer in den Fakultäten. Hier zeigte sich schnell, dass aktive Vernetzungsarbeit, die Mitarbeitende aus allen Fakultäten, aus dem Universitätskolleg sowie Vertreterinnen und Vertreter des Regionalen Rechenzentrums, der Präsidialverwaltung, des E-Learning-Netzwerks und externe Dienstleistern zusammenbrachte, ein weiteres Kernanliegen wie auch zu einer Kernkompetenz des Teilprojekts wurde. Mehr und mehr etabliert sich das Teilprojekt als erfolgreich übersetzende Instanz in der Rolle eines aktiven Vermittlers zwischen wissenschaftlichen und didaktischen Anforderungen, organisationsorientierten Vorgaben und deren technisch-administrativen Umsetzungen im universitären Kontext.

Eine weitere Schnittstelle für die Vernetzung innerhalb der Universität Hamburg sowie hochschulübergreifend rund um Themen von Lehrgestaltung mit digitalen Medien sind die vielfältigen Qualifizierungsangebote am HUL. Das Thema digitale Medien ist selbstverständlicher Bestandteil von Trainings, des Zertifikatsangebots sowie des Master of Higher Education wie auch in der Qualifizierung von Tutor/innen – jeweils mit spezifischen Ansprüchen und Zielstellungen. Neben den universitätseigenen Angeboten werden ergänzend im Projekt HOOU hochschulübergreifend Qualifizierungs- und Vernetzungsangebote für die beteiligten Lehrenden mit Fokus auf OER und OEP angeboten. Ab 2017 werden diese Angebote durch flächendeckende Informations-, Unterstützungs- und Vernetzungsangebote des Projekts „Synergien für Lehre und Lernen durch OER-Materialien" (SynLLOER) für eineinhalb Jahre unterstützt. Hier soll eine OEP bei Hochschullehrenden, Lehramtsstudierenden sowie Hamburger Lehrerinnen und Lehrern einschließlich der Referendare gefördert und unterstützt werden.

Als spezifische fakultätsübergreifende Plattform für Berichte über Aktivitäten, Entwicklung und Forschung im Bereich DLL dienen an der Universität Hamburg derzeit eine Fachkonferenz sowie ein Fachmagazin, die beide regional bis über den gesamten deutschsprachigen Raum hinaus geöffnet sind. Bei diesen beiden Awareness-Maßnahmen, die der Information und dem Austausch dienen, handelt es sich um den Konferenztag Digitalisierung von Lehren und Lernen der Universität Hamburg im Rahmen der Campus Innovation sowie um das Fachmagazin für Digitalisierung in der Lehre „Synergie", das 2016 das erstmals als Open Access Publikation (PDF, ePub und Print) erschienen ist (und eine Weiterentwicklung und Neuausrichtung des Hamburger E-Learning Magazins (HeLM) darstellt). Darüber hinaus wird selbstverständlich in Publikationen des Universitätskollegs sowie im Newsletter der Universität Hamburg über aktuelle Aktivitäten berichtet. Ebenso besteht aus den Fakultäten heraus für die Lehrenden das Informationsangebot eines zentralen DLL-Portals, das von den E-Learning-Büros gemeinsam entwickelt wurde und universitätsspezifische Hilfestellungen beispielsweise zum Umgang mit den Lernplattformen der Universität, Beratungsangeboten oder Beispiele für, didaktischen Szenarien mit digitalen Medien an der Universität Hamburg sammelt.

4 (Un-)Gleichzeitigkeit trotz Diversität – Fazit und Ausblick

Aufgrund des Prozesscharakters der Entwicklungen im Bereich DLL kann hier lediglich ein Zwischenfazit gezogen werden. Entsprechend lässt sich festhalten, dass sich trotz der zahlreichen hier vorgestellten Aktivitäten (am Beispiel der Universität Hamburg), bei Hochschulen derzeit häufig eine Ungleichzeitigkeit auf allen Ebenen identifizieren lässt. So gibt es häufiger eine Gesamtstrategie (wie in Hamburg für die Digitale Stadt), doch ist sie möglicherweise weniger bekannt und gar der breiten alltäglichen Praxis der Akteure im Bereich DLL sehr weit voraus (ähnlich wie es derzeit noch auf das Projekt HOOU zutrifft). Die Herausforderung wird darin bestehen, die Akzeptanz für offene Bildung zu den Lernwilligen zu tragen. Auch besteht innerhalb der Organisation der Universität auf den unterschiedlichen Ebenen eine tradierte und sicher auf Grund der Fachkulturen recht unterschiedliche Sicht auf das Thema Digitalisierung. Von denjenigen, die das Thema grundsätzlich relevant finden – aber nicht für ihren Bereich – bis hin zu denjenigen, die Systeme schneller installiert und erprobt haben, als es die zentralen Einrichtungen registriert und nach formalen Vorgaben selbst vorgenommen haben.

Als positives Zwischenfazit kann allerdings festgehalten werden, dass eine grundsätzliche Offenheit für die Auseinandersetzung mit der Digitalisierung für die eigene Lehre (wie auch Forschung) vorhanden ist. Den Grad zur Auseinandersetzung dabei zentral zu verordnen und mit Zwang beispielsweise digitale Tools in den Fächern zu verankern oder Kurse zu zählen, würde der tatsächlichen Akzeptanz nur abträglich sein. Und deshalb ist es gerade diese Diversität bei den Lehrenden, in den Fächern und in den Fakultäten, die es parallel im Blick zu behalten gilt, wenn die weitere Entwicklung gemeinsam gestaltet werden soll.

Diese Ungleichzeitigkeit von Entwicklungsständen bei doch stetigem Schreiten nach vorne zu bündeln und mit Perspektiven zu belegen, ist die eigentliche Herausforderung, um die Universität von heute an das Lernen von morgen heranzuführen und mitzugestalten. Sei es die Idee von Openness konsequent in Lehre und Forschung weiter zu verfolgen, genauer auf die tatsächliche Lebenswelt und Bedarfe der Studierenden einzugehen und alle Voraussetzungen für eine Bring-Your-Own-Device-Praxis zu schaffen oder vielfältigere Angebote zur breiten Information zu aktuellen Themen zu entwickeln, Austausch zur Digitalisierung von Lehren und Lernen mit Anerkennung zu verbinden sowie partizipative und transparente Entwicklungsräume für das Lernen und Lehren von morgen in einer Universität mit dem primären Anspruch an eine Bildung durch Wissenschaft für eine auf Nachhaltigkeit ausgelegte Gesellschaft zu fördern. Für eine breite Akzeptanz und Motivation zur Mitgestaltung ist es daher förderlich, gemeinsam die Grundlinien abzustimmen vor dem Hintergrund einer Leitidee – beispielsweise durch einen wegweisenden mittelfristigen Letter of Intent oder der Entwicklung einer umfassenden Digitalisierungsstrategie - die allerdings weniger mit fixen Meilensteinen denn agilen Elementen arbeiten sollte, damit sich die Gestaltungsprozesse der Folgejahre zeitgemäß den kommenden Entwicklungen der Digitalisierung anpassen können.

Literaturverzeichnis

[1] Krotz F, *Mediatisierung. Fallstudien zum Wandel von Kommunikation*. Wiesbaden, VS Verlag, 2007.

[2] Stalder F, Kultur der Digitalität. Berlin, Suhrkamp, 2016.

[3] Handke J, *Patient Hochschullehre. Vorschläge für eine zeitgemäße Lehre im 21. Jahrhundert*. Marburg, Tectum Verlag, 2014.

[4] Dräger J, Müller-Eiselt R, *Die digitale Bildungsrevolution. Der radikale Wandel des Lernens und wie wir ihn gestalten können*. München, Deutsche Verlags-Anstalt, 2015.

[5] Initiative D21, D21-Digial-Index 2015. *Die Gesellschaft in der digitalen Transformation*, 2015. Online verfügbar unter: http://www.initiatived21.de/portfolio/d21-digital-index-2015/, zuletzt geprüft am 18 Juli 2016.

[6] Vorderer P, Der mediatisierte Lebenswandel. Permanently online, permanently connected. *Publizistik* 2015, 60, 3, 259–276.

[7] Schulmeister R. Studierende, Internet, E-Learning und Web 2.0. In: Apostolopoulos N, Hoffmann H, Mansmann V, Schwill A, ed. *E-Learning 2009: Lernen im digitalen Zeitalter*. Waxmann, Münster, 2009, 129–140.

[8] DIVSI – Deutsches Institut für Vertrauen und Sicherheit im Internet, Kinder, *Jugendliche und junge Erwachsene in der digitalen Welt. U25-Studie. Hamburg*, 2014. Online verfügbar unter https://www.divsi.de/wp-content/uploads/2014/02/DIVSI-U25-Studie.pdf, zuletzt geprüft am 21 April 2016.

[9] Baacke D, *Zum Konzept und zur Operationalisierung von Medienkompetenz*. 1998. Online verfügbar unter http://www.produktive-medienarbeit.de/ressourcen/bibliothek/fachartikel/baacke_operationalisierung.shtml, zuletzt geprüft am 16 April 2016.

[10] Jenkins H, *Confronting the Challenges of Participatory Culture. Media Education for the 21st Century*. Cambridge (MA), The MIT Press, 2009. Online verfügbar unter https://mitpress.mit.edu/sites/default/files/titles/free_download/9780262513623_Confronting_the_Challenges.pdf, zuletzt geprüft am16 April 2016.

[11] Persike M, Friedrich J, *Lernen mit digitalen Medien aus Studierendenperspektive. Sonderauswertung aus dem CHE Hochschulranking für die deutschen Hochschulen*. Essen, 2016.

[12] Zawacki-Richter O, *Zur Mediennutzung im Studium – unter besonderer Berücksichtigung heterogener Studierender. Zeitschrift für Erziehungswissenschaft* 2015, 3, 2, 9–23.

[13] Bettinger P, Adler F, Mayrberger K, Dürnberger H. Herausforderungen bei der Nutzung von Tablets im Studium: Zur Relvanz der Gestalt der PLE, Lernverständnis und Entgrenzung. In: Bremer C, Krömker D, ed. *E-Learning zwischen Vision und Alltag. Zum Stand der Dinge. Reihe Medien in der Wissenschaft (Band 64)*. Münster, Waxmann, 2013, 62–73.

[14] Galley K, Adler F, Mayrberger K. Der längerfristige Einfluss von Tablets auf das Studium und die persönliche Lernumgebung Studierender. In: Rummler K, ed. *Lernräume gestalten – Bildungskontexte vielfältig denken*. Münster [u. a.], Waxmann, 2014, 113–123.

[15] Mayrberger K, Bettinger P. Entgrenzung akademischen Lernens mit mobilen Endgeräten: Nutzungspraktiken Studierender in ihrer persönlichen Lernumgebung. In: Kammerl R, Unger A, Grell P, Hug T, ed. *Diskursive und produktive Praktiken in der Digitalen Kultur. Jahrbuch Medienpädagogik* 11. Wiesbaden, VS Springer, 2014, 155–172.

[16] Mayrberger K. Der Integrationsprozess von E-Learning an der Universität Hamburg – Status Quo und Perspektiven. In: Kerres M, Stratmann J, ed. *E- Strategy. Strategisches Informationsmanagement für Forschung und Lehre*. Münster, Waxmann, 2008,133–154.
[17] Mayrberger K, *Die Hamburg Open Online University im Übergang zum Projekt (i. V)*, Online verfügbar unter https://uhh.de/otvlb – Diskussion im Blog:https://uhh.de/rwi06, Identifikation des Artikels (URN): urn:nbn:de:101:1-201606229021.
[18] Mayrberger K, Steiner T. interdisziplinär, integriert & vernetzt. Organisations- und Lehrentwicklung mit digitalen Medien heute. In: Nistor N, Schirlitz S, ed. *Digitale Medien und Interdisziplinarität. Herausforderungen, Erfahrungen, Perspektiven*. Münster [u. a.], Waxmann, 2015, 13–523.
[19] Steiner T. Vermittler zwischen den Institutionen – Das Teilprojekt 43, Einheitliche (barierrearme) IT-Konzepte Für Studium Und Lehre'. In: Lenzen D, Rupp S, ed. *Universitätskolleg-Schriften* 2015, 7, 16–25. Online verfügbar unter: https://uhh.de/uk-band007 oder urn:nbn:de:101:1-201504272002.1.

Sandra Hübner & Satjawan Walter

Praxisbeispiel: Hochschule Furtwangen

Konzepte und Instrumente des E-Learning 4.0 im Lehralltag

Zusammenfassung: Elektronische Lehr- und Lernformen gewinnen in der Hochschullehre zunehmend an Bedeutung: Neben der Unterstützung der Bildungsprozesse mit Hilfe klassischer Lernplattformen (Learning-Management-Systeme) erlangen auch virtuelle Veranstaltungsformen (die mittels Online-Konferenzsysteme distribuiert werden) und elektronische Prüfungsformen (eAssessment) sowie unterrichtsbegleitende Interaktionsformen (wie Classroom-Response-Systeme) immer größere Relevanz.

In diesem Beitrag werden nicht nur verschiedene Tools derartiger elektronischer Lehr- und Lernmedien an der Hochschule Furtwangen vorgestellt, sondern erfolgreiche Einsatzszenarien auch mit Best-Practice-Beispielen konkretisiert und durch Evaluationsergebnisse belegt.

Schlüsselwörter: Lernplattform, Digitales Prüfen, eAssessment, Online-Konferenzsystem, Classroom-Response-System, Lehrpreis

1 Digitalisierung der Lehre

Die rasante Verbreitung von mobilen Endgeräten macht auch vor den Türen der Hochschulen nicht halt. Dabei spielen heute mobile Endgeräte nicht nur außerhalb des Hörsaals eine Rolle, sondern auch innerhalb von Präsenzvorlesungen gewinnen die mobilen Endgeräte der Studierenden an Bedeutung. In einer Untersuchung von Dittler und Kreidl [1] zeigte sich, dass von circa 600 befragten Studierenden mehr als 96 % regelmäßig ihr Smartphone mit in die Vorlesungen bringen.

Eine spannende Frage, die viele Akteure im Bereich der Hochschullehre derzeit beschäftigt, lautet: Wie wird sich die Hochschullehre durch diese Entwicklung verändern?

Ein Blick in die Lehrpraxis zeigt momentan einen sehr unterschiedlichen Umgang mit diesem Trend. Häufig zu beobachten ist ein explizites Verbot der Benutzung von mobilen Endgeräten insbesondere von Smartphones im Hochschulunterricht. In anderen Fällen dagegen ist die Nutzung von mobilen Endgeräten nicht klar geregelt. Momentan noch eher die Ausnahme sind Veranstaltungen, in denen mobile Endgeräte explizit unterrichtsbezogen eingesetzt werden (z. B. Live-Abstimmungen mit dem eigenen Endgerät der Studierenden). Dabei liegt das mögliche Potenzial der Integration mobiler studentischer Endgeräte im Rahmen einer Präsenzvorlesung auf der

DOI 10.1515/9783110468946-008

Hand. Technologiebasiert können somit interaktive Methoden (z. B. Live-Abstimmungen, Online-Tests, u. v. m.) explizit auch in Großveranstaltungen eingesetzt werden und einer häufig wahrgenommenen passiven Lernhaltung der Studierenden aktiv entgegenwirken.

Eine unterrichtsbezogene Nutzung von mobilen Endgeräten entspricht auch den Erwartungen der Studierenden. Im Rahmen der Untersuchung von Dittler und Kreidl [1] stehen über 80 % der befragten Studierenden (N = 601) einem unterrichtsbezogenem Einsatz von Smartphones und Tablet-PCs positiv gegenüber. Diese Ergebnisse decken sich mit einer Befragung von Kollmann und Schuhen [2], in der 98,7 % der befragten Studierende (N = 312) eine positive Einstellung gegenüber dem Einsatz mobiler Endgeräte äußerten, wenn dadurch Aktivität ermöglicht und Anonymität gewährleistet wird.

Neben den studentischen Erwartungen an die Hochschullehre spielt auch das hochschuleigene Leitbild der Hochschule Furtwangen (HFU) für die Ausgestaltung der universitären Lehre eine zentrale Rolle. Der Leitbild-Aspekt „Hohe Qualität und Innovation in der Lehre“ beinhaltet neben einer qualitativ hochwertigen, praxisorientierten und berufsqualifizierenden Ausbildung insbesondere auch den Einsatz von innovativen Lehrmethoden. Die zunehmende Digitalisierung der Hochschullehre eröffnet den Dozierenden betreffend dem Einsatz innovativer Lehrmethoden viele neue Möglichkeiten. So können Lehrmethoden wie Inverted Classroom oder Peer Instruction unter Zuhilfenahme bestimmter Technologien die klassische Hochschullehre um innovative Aspekte bereichern. Die Möglichkeit, dabei im Rahmen einer Bring-Your-Own-Device-Strategie (BYOD) auf die mobilen Endgeräte der Studierenden zurückzugreifen, bietet für Hochschulen einige Vorteile. So muss beispielsweise nicht in die Anschaffung von technischen Geräten und deren Wartung investiert werden. Hinzu kommt, dass Studierende im Umgang mit ihren eigenen Endgeräten weniger Hilfe benötigen und sie sich gleichzeitig in einem gewohnten Setting bewegen können.

Unterstützung in der technologiebasierten Anreicherung der Lehre erfahren die Dozierenden der Hochschule Furtwangen durch das Informations- und Medienzentrum (IMZ). Das IMZ der Hochschule Furtwangen wird durch eine gemeinsame Leitung repräsentiert und umfasst die Bibliotheken, das Rechenzentrum, die Abteilungen Learning Services und Online Services. Im Hinblick auf Qualität und Innovation in der Lehre spielt insbesondere die Abteilung Learning Services eine zentrale Rolle. In enger Kooperation mit dem Rechenzentrum werden kontinuierlich verschiedene Dienste und Services entwickelt, implementiert und verstetigt, die den Einsatz innovativer Lehrmethoden ermöglichen beziehungsweise vereinfachen. Neben der technischen Bereitstellung und stetigen Wartung der Systeme (technische Dimension) nehmen insbesondere der Support und die Beratung der Lehrenden (didaktische Dimension) eine Schlüsselfunktion bei der Umsetzung der hochschulweiten Strategie ein.

2 Institutionalisierung digitaler Lehre an der Hochschule Furtwangen

2.1 FELIX – Die zentrale Lernplattform der Hochschule Furtwangen

Das Herzstück des Produktportfolios der Abteilung Learning Services bildet das zentral gefasste hochschulweite Learning Management System (LMS). Dieses Produkt „FELIX" (Furtwangen E-Learning and Information eXchange) auf der Basis von Open-OLAT (openolat.org) nimmt mittlerweile einen hohen Stellenwert in der digitalen Lehre ein (siehe Abbildung 1).

Ein LMS ermöglicht Lehrenden auf einfache Art und Weise Online-Elemente in ihre Lehre zu integrieren. In FELIX-Kursen können verschiedene Kursbausteine mit unterschiedlichen didaktischen Zielsetzungen eingesetzt werden. Der am häufigsten eingesetzte Kursbaustein ist unbestritten – und aus einem Blickwinkel didaktisch-konzeptueller Innovation gleichermaßen bedauerlich – der Ordner für Kursmaterialen. Aber: FELIX ist deutlich mehr als nur ein Sammelbecken für Folien und Skripte. Neben der Bereitstellung von Lernmaterialien unterstützt FELIX mit seinen zahlreichen Kursbausteinen und Funktionen auch die Lehrorganisation, die Lernkontrolle sowie die Kommunikation und Kooperation zwischen Lehrenden und Studierenden.

Erfreulicherweise wird der Einsatz digitaler Settings in der Lehre von Studierenden nicht mehr in Frage gestellt. So tragen Studierende verstärkt ihren Wunsch nach einer zentralen und einheitlich organisierten Online-Lehre an die Dozierenden heran, um auch – oder explizit – digitale Zugänge zur Lehrveranstaltung zu erhalten; nicht zuletzt, weil durch das Smartphone eine orts- und zeitunabhängige Zugangsmöglichkeit nahezu immer gegeben ist und auch genutzt werden möchte.

Die Virtuosität beim Einsatz digitaler Strategien mit Hilfe von Online-Plattformen, wie beispielsweise FELIX an der Hochschule Furtwangen, stellt sich bekanntermaßen als sehr unterschiedlich heraus. Wie schon angesprochen beschränkt sich ein großer Teil darauf, Skripte digital zur Verfügung zu stellen. In vielen Lehrszenarien spielen jedoch auch zunehmend weitere FELIX-Bestandteile eine Rolle. So werden häufig zur Unterstützung der Kommunikation innerhalb von Lehrveranstaltung Nachrichtenbausteine oder Foren verwendet. Während beispielsweise der Nachrichtenbaustein Dozierenden erlaubt, Informationen und Mitteilungen automatisch und ohne Rückkanal an die Studierenden zu senden, sieht das Kursforum einen gegenseitigen asynchronen Online-Austausch vor. Auch der Aufgabenbaustein stellt mittlerweile für viele Dozierende eine hilfreiche technologiebasierte Unterstützung bei der Organisation von Übungen, Hausarbeiten oder anderen elektronischen Abgaben dar. Dabei übernimmt die Lernplattform einen Großteil der Standard-Prozesse wie beispielsweise das Verteilen von Aufgaben, die technische Organisation der Abgabe angefertigter Lösungen und gegebenenfalls auch die Bewertung und deren Kommunikation. Im Hinblick auf die Lernstandkontrolle stellt FELIX den Dozierenden mit dem Test- und Selbsttestbaustein ein hilfreiches Werkzeug zur Verfügung. Während Studierende in vielen Veranstaltungen die Möglichkeit haben, selbstgesteuert ihr Wissen mit Hilfe eines FELIX-Selbsttests zu überprüfen, spielt die Testumgebung von FELIX eine tragende Rolle für den zentralen elektronischen Prüfungsprozess an der Hochschule Furtwangen.

Abb. 1: Startseite der hochschulweiten Lernplattform FELIX.

2.2 Digitales Prüfen an der Hochschule Furtwangen

Seit dem Wintersemester 2009/10 werden an der Hochschule Furtwangen mit Hilfe der Lernplattform FELIX elektronische Prüfungsleistungen abgenommen. Was als Pilotprojekt mit 120 elektronischen Prüfungsleistungen am Standort Furtwangen begann, hat sich bis heute zum festen Serviceangebot der Abteilung Learning Services entwickelt. Im Wintersemester 2015/16 wurden an allen drei Hochschul-Standorten (Furtwangen, Schwenningen und Tuttlingen) insgesamt rund 3.000 Prüfungsleistungen elektronisch abgenommen.

Mit kontinuierlich steigenden Nutzungszahlen wurde der Dienst „digitales Prüfen" des Informations- und Medienzentrums so – neben der Bereitstellung der Lernplattform FELIX – zu einem weiteren bedeutenden Dienst in das Produktportfolio der Abteilung Learning Services integriert.

Eine digitale Prüfung an der Hochschule Furtwangen meint eine Prüfung, die unter gleichen Bedingungen wie eine klassische Klausur geschrieben wird, allerdings am Computer (siehe Abbildung 2). Hierzu wurden vorhandene Computerräume so eingerichtet, dass diese in einen sogenannten „Prüfungsmodus“ versetzt werden können. Dieser Modus erlaubt den Studierenden ausschließlich auf den Klausurserver und auf gegebenenfalls vom Dozierenden gewünschte Anwendungen (z. B. Excel, SAP, CAD, etc.) zuzugreifen. Die Klausuren werden in der Regel mit dem regulären Test-Baustein in FELIX erstellt, in einen vorbereiteten Master-Kurs eingebunden und in ein spezielles FELIX-Prüfungssystem übertragen.

Die digitalen Prüfungen bietet den Dozierenden in der summativen Leistungsbeurteilung eine Reihe von Vorteilen. Sie unterstützen zum Beispiel eine kompetenznahe Erfassung von Prüfungsleistungen durch die mögliche Integration von Computer-Anwendungen in den Klausurablauf (z. B. SAP, Excel, bestimmte Programmierumgebungen) und durch das Einbinden von multimedialen Elementen (z. B. Video, Audio, Bilder, Grafiken). Auch eine breite Variationsmöglichkeit an Frageformaten (Single-Choice, Multiple-Choice, Wahr-Falsch-Aussagen, Lückentexte, Freitextaufgaben etc.) kann dazu beitragen, Wissen aus unterschiedlichen Perspektiven zu erfassen. Die Digitalisierung der Fragen-Erstellung hat für Dozierende außerdem einige positive Nebeneffekte. Es entsteht ein wachsender digitaler Fragenpool, der bei Bedarf mit Kolleginnen und Kollegen ausgetauscht und gemeinsam weiterentwickelt werden kann. Außerdem bietet die digitale Erfassung der Studierendenantworten eine automatisierte statistische Analyse der Prüfungsfragen (z. B. der Itemschwierigkeit) und birgt damit großes Potential zur Verbesserung der Qualität der Prüfung. Nicht zuletzt spielt auch die Reduktion des Korrekturaufwands durch eine automatisierte Auswertung geschlossener Fragen beziehungsweise die bessere Lesbarkeit der Antworten bei offenen Fragen eine wichtige Rolle bei der Entscheidung auf ein digitales Prüfungsformat zu wechseln.

Neben reinen digitalen Prüfungen existieren an der Hochschule Furtwangen vielfältige Prüfungs-Mischformen. In vielen Fällen bearbeiten die Studierenden Teile der Prüfung am Computer, während andere Teile, beispielsweise Rechen- oder Konstruktionsaufgaben, auf Papier beantwortet werden. Der große Vorteil des digitalen Prüfungsformats liegt ganz klar in der Flexibilität für Dozierende, verschiedene Aufgabenformate mit verschiedenen multimedialen Elementen und Computeranwendungen sowie mit „klassischen“ Paper-und-Pencil-Aufgaben zu kombinieren.

Neben der Perspektive der Lehrenden war und ist bei der Weiterentwicklung und Verstetigung der digitalen Prüfungen an der Hochschule Furtwangen auch die Perspektive der Studierenden wichtig. Vor diesem Hintergrund hat die Abteilung Learning Services im Wintersemester 2013/14 Studierende durch eine Befragung in den Entwicklungsprozess mit einbezogen. Daran teilgenommen haben ca. 140 Studierende, die im vergangenen Prüfungszeitraum mindestens eine digitale Prüfung absolviert hatten. Insgesamt zeigt sich eine hohe Akzeptanz der digitalen Prüfungen auf Studierendenseite.

Der Aussage „Ich würde mir mehr digitale Prüfungen wünschen“ haben ca. 65 % der Befragten mit „Trifft voll zu“ bzw. „Trifft zu“ zugestimmt. Da es sich bei dem verwendeten Prüfungssystem um ein aus dem Veranstaltungsalltag bekanntes System handelt (FELIX), ist der Umgang mit der Klausursoftware der großen Mehrheit der Studierenden leicht gefallen (ca. 95 %). Das Aufrufen und Starten der Klausur beurteilten 98 % der Studierenden als einfach. Bedenken im Hinblick auf mögliche störende Einflüsse wie beispielsweise die Arbeitsgeräusche der Mitstudierende oder die Betriebsgeräusche der Rechner wurden wider erwartend von der Mehrzahl der HFU-Studierenden als nicht allzu störend empfunden. Die Mehrheit der befragten Studierenden beurteilen weder die Arbeitsgeräusche der Kommilitonen als störend (ca. 83 %) noch die Betriebsgeräusche der Rechner (ca. 92 %). Verbesserungspotential im Hinblick auf die digitalen Prüfungen, erfasst durch offene Freitext-Fragen, sehen Studierende hauptsächlich bei der Klausurgestaltung, der Verfügbarkeit von Probeklausuren schon vor der eigentlichen eKlausur und bei Wartezeiten im Prüfungsdurchlauf bedingt durch mehrere Prüfungsdurchläufe. Vorteile werden vor allem darin gesehen, dass das (hand-)schriftliche Verfassen von langen Textpassagen weniger oft eine zentrale Rolle spielt und dass Bilder, Grafiken und Videos in Prüfungsfragen integriert werden können. Die Studierenden nehmen außerdem eine höhere Chancengleichheit als positiven Aspekt der digitalen Prüfungen wahr.

Abb. 2: Blick in den eKlausur-Raum der Hochschule Furtwangen.

Vor dem Hintergrund der Anforderungen, die Dozierende und Studierende an den Service „digitales Prüfen“ stellen, und unter Berücksichtigung der rasanten technologischen Entwicklung, besteht die Herausforderung des Informations- und Medienzentrum der Hochschule Furtwangen darin, diesen Dienst laufend auf den Prüfstand zu stellen und das Setting für digitale Prüfungen an die sich stetig weiterentwickelnden Anforderungen zu anzupassen.

In Bezug auf die Ausgestaltung des weiteren Produktportfolios der Abteilung Learning Services spielen technologische und gesellschaftliche Entwicklungen eine maßgebliche Rolle. Im Hochschulbildungsreport 2020 (hochschulbildungsreport.de) zeigt sich, dass insbesondere die überfachlichen Kompetenzen wichtiger werden, unter anderem die Qualifikationen, welche die Akademiker von morgen auf die sogenannte Arbeitswelt 4.0 vorbereiten sollen. Dazu gehören Medienkompetenzen, wie beispielsweise die Nutzung von Online-Konferenzsystemen in zunehmend über viele Standorte verteilten und digital vernetzen Arbeitswelten. Nicht nur um diesen Anforderungen Rechnung zu tragen, bietet das Informations- und Medienzentrum für alle Mitglieder der Hochschule ein Online-Konferenzsystem an.

2.3 MEMEO – Das Online-Konferenzsystem der Hochschule Furtwangen

MEMEO steht für „MEet ME Online“ und basiert auf Adobe Connect. MEMEO kann als virtueller Klassenraum oder virtueller Besprechungsraum eingesetzt werden. Jedes Mitglied der HFU hat die Möglichkeit, in MEMEO Meeting-Räume zu erstellen, Teilnehmer einzuladen und neben Audio- und Videokanälen auch Präsentationen zu übertragen oder gemeinsam mit den Teilnehmenden an Materialien zu arbeiten. Auch externe Gäste (z. B. Projektpartner aus der Industrie) können ohne Umstände zu Online-Meetings in MEMEO eingeladen werden.

Die Einsatzszenarien von MEMEO reichen von der Organisation von Online-Sprechstunden, Studierenden-Präsentationen aus dem Praxissemester oder aus dem Ausland, über die Übertragungen einzelner Vorlesungen in einen Hörsaal der Hochschule oder direkt zu den Studierenden nach Hause. Auch in der grundständigen Lehre kommt MEMEO zum Einsatz. Beispielsweise wird in der Veranstaltung „Medienpsychologie“ in jedem Semester ein Vorlesungsblock als virtuelle Vorlesung via MEMEO realisiert. Bis zu 80 Studierende loggen sich dazu von Zuhause oder aus der Hochschule in den Online-Hörsaal ein und erfahren so, wie sich eine virtuelle Veranstaltung tatsächlich anfühlt. Bereits seit dem Wintersemester 2012/13 wird außerdem eine Wahlpflichtveranstaltung zum Thema „Web-Analytics“ virtuell abgehalten. Mit einer maximalen Teilnehmerzahl von zwölf Studierenden werden, nach einer Kick-Off-Veranstaltung in Präsenz, die wöchentlichen Sitzungen als reines Online-Seminar realisiert. Dabei kommen die vielfältigen didaktischen Online-Interaktionsmöglichkeiten, die MEMEO bietet, entsprechend zum Einsatz. Beispielsweise können in MEMEO zur Aktivierung der Studierenden Online-Abstimmungen eingesetzt werden. Auch die Erteilung von Arbeitsaufträgen in Kleingruppen lässt sich unkompliziert abbilden. Das System erlaubt, die gesamte Teilnehmer-Gruppe in verschiedene Unter-Arbeitsgruppen aufzuteilen. Dort können dann in virtuellen Kleingruppen Arbeitsaufträge abgearbeitet und die Ergebnisse später dem Plenum online präsentiert werden.

MEMEO kann mit unterschiedlichen mobilen Endgeräten genutzt werden (Laptops, Tablets, Smartphones), so dass ein mobiles Lehr-Lernsetting möglich ist und Studierende an einer Live-Situation ortsunabhängig teilnehmen können.

Abb. 3: An virtuellen Seminar können Studierende auch über mobile Endgeräte teilnehmen.

Eine gleichzeitige Konservierung online durchgeführter Veranstaltungen in Form einer Aufzeichnungsmöglichkeit macht auch ein asynchrones Nachbereiten möglich und setzt einem didaktischen Konzept mit einer Integration mobiler Online-Bestandteile technisch wenig Grenzen.

Eine weitere Möglichkeit didaktische Konzepte mit dem eigenen Endgerät zu unterstützen bieten sogenannte Classroom-Response-Systeme. Sie erlauben Studierenden, sich durch digitale Interaktionsmöglichkeiten mit Hilfe ihrer mobilen Endgeräte an Veranstaltungen zu beteiligen. Durch diese technische Möglichkeit können Dozierenden beispielsweise Live-Abstimmungen technologiebasiert in ihr didaktisches Setting integrieren.

2.4 Classroom-Response-Systeme an der Hochschule Furtwangen

Mit Hilfe von Classroom-Response-Systemen (CRS) können Studierende auch bei Veranstaltungsformaten mit geringen Beteiligungschancen – beispielsweise während Vorlesungen mit großen Teilnehmerzahlen – interaktiv beteiligt werden.

Dazu werden die mobilen Endgeräte der Studierenden (Smartphones, Tablets oder Laptops) genutzt, um beispielsweise Live-Abstimmungen in eine Vorlesung zu integrieren oder Kommentare einzusammeln. Die anonymen Ergebnisse können vom Dozierenden wiederum direkt in der Vorlesung als Grafik abgerufen und gemeinsam diskutiert werden. Einige Systeme integrieren darüber hinaus auch die Möglichkeit, Studierenden durch verschiedene Funktionen Lernmaterial zur selbstständigen Vor- und Nachbereitung zur Verfügung zu stellen (zum Beispiel vorbereitende Fragen, Lernkarten).

Mittlerweile gibt es eine Vielzahl verschiedener Classroom-Response-Systeme, von denen die Mehrheit kostenlos und frei verfügbar genutzt werden kann. Getrieben von dem Grundgedanken, mobile Beteiligung seitens der Studierenden mittels eigenem Endgerät herzustellen, setzen die verschiedenen Systeme aber unterschiedliche Schwerpunkte. Alle vereint eine unkonventionelle technologisch gestützte asynchrone Kommunikation zwischen einem Vortragenden und vielen Zuhörern, die ohne technische Hilfsmittel nicht zu erreichen wäre.

Um den unterschiedlichen Schwerpunkten der Systeme und vor allem den unterschiedlichen didaktischen Anforderungen an die Systeme Rechnung zu tragen, wurde an der Hochschule Furtwangen der grundsätzliche Support für Classroom-Response-Systeme institutionalisiert und von einer einzigen angebotenen Lösung abgelöst. Als Beispiel für viele andere Systeme soll hier ARSnova (arsnova.eu) dienen. ARSnova bietet zahlreiche Möglichkeiten, Vorlesung und Seminare interaktiv zu gestalten: Dazu gehört in erster Linie die Möglichkeit der Live-Abstimmung im Hörsaal mit unterschiedlichsten Frageformaten. Dabei können neben Multiple- und Single-Choice-Fragen auch Wahr-Falsch-Aussagen, Freitextfragen, sowie Fragen zur Evaluation und Benotung eingesetzt werden. ARSnova bietet außerdem einen Rückkanal zum Dozierenden. Studierende können live in der Veranstaltung anonym Zwischenfragen stellen beziehungsweise mit Hilfe von Emoticons signalisieren, ob sie der Vorlesung noch folgen können.

3 Digitale Lehre an der Hochschule Furtwangen unterstützen und fördern

Das beschriebene Produktportfolio der Abteilung Learning Services dient dazu, Dozierende der HFU zu unterstützen, ihre Lehre innovativ und technologieunterstützt auszugestalten. Wie stark innovative Lehrmethoden von Dozierenden in ihre grundständige Lehre integriert werden, hängt maßgeblich von zwei Faktoren ab: Einerseits von der Förderung und Anerkennung solcher Aktivitäten von Seiten der Hochschulleitung. Andererseits von der internen Unterstützung, die Dozierende bei der Nutzung solcher Methoden erfahren.

Um ein bestmögliches Unterstützungsangebot zu realisieren, bietet die Abteilung Learning Services den Dozierenden der Hochschule Furtwangen ein umfassendes Beratungs- und Supportangebot an. Zur Anerkennung und nachhaltigen Förderung von innovativen Lehrkonzepten im Sinne des HFU-Leitbilds vergibt das Rektorat außerdem den sogenannten HFU-Lehrpreis.

3.1 Persönliche Beratung, Services und Hilfen

Die Abteilung Learning Services ist an jedem Hochschulstandort personell vertreten und bietet den Dozierenden der Hochschule Furtwangen ein umfassendes Unterstützungsangebot in Bezug auf die Digitalisierung der Lehre. Neben regelmäßig stattfindenden Workshop-Angeboten zu den Services und Diensten der Abteilung, können Dozierende jederzeit und an jedem Hochschulstandort eine persönliche Beratung in Anspruch nehmen. Darüber hinaus existieren für die wichtigen Dienste und Services sogenannte „HelpCards". Dabei handelt es sich um verschiedene Kurzanleitungen für bestimmte immer wiederkehrende Prozesse, beispielsweise das Anlegen eines Kurses in FELIX oder das Eröffnen eines Online-Meetings in MEMEO. Zudem können Dozierende ihre Anfragen rund um die Dienstleistungen der Abteilung Learning Services zentral über das Servicedesk des Information- und Medienzentrums stellen. Eine in dieser Form erstellte Anfrage, ein sogenanntes Ticket, löst bei allen Mitarbeitenden der Abteilung Learning Services eine Benachrichtigungs-Email aus und so ist sichergestellt, dass bei dringenden Anliegen eine schnellstmögliche Reaktion durch das Support-Team erfolgen kann.

3.2 Der HFU-Lehrpreis

Der „HFU-Lehrpreis" ist eine direkte Weiterentwicklung des „E-Teaching Awards", welcher im Sommersemester 2008 zur Förderung von e-Teaching an der Hochschule Furtwangen eingeführt wurde. Unter neuem Namen und mit geänderter Ausrichtung wird dieser Preis im Sommersemester 2016 bereits zum 15ten Mal verliehen. Es können Professorinnen und Professoren, sowie in der Lehre tätige Mitarbeiterinnen und Mitarbeiter der Hochschule Furtwangen für diesen Preis nominiert werden. Der HFU-Lehrpreis ist mit 1000.- Euro dotiert und wird jährlich ausgeschrieben.

Die Ermittlung der preisgekrönten Veranstaltung erfolgt in einem mehrstufigen Verfahren:

(1) Die Nominierung von Veranstaltungen durch einzelne Studierenden.
(2) Eine kriterienabhängige Bewertung der nominierten Veranstaltungen durch die an der Veranstaltung teilnehmenden Studierenden.
(3) Eine abschließende, ebenfalls kriterienabhängige Bewertung der aus dem vorigen Schritt resultierenden besten Veranstaltungen durch eine Expertenkommission

aus hochschulinternen und -externen Mitgliedern. Die Kriterien, die der Beurteilung der Jury zugrunde liegen beinhalten beispielsweise die Transparenz und Berücksichtigung von Lernzielen, die Vielfalt der in der Veranstaltung eingesetzten eTeaching-Elemente, das der Veranstaltung zu Grunde liegende innovative Lehrkonzept, und verschiedene Aspekte zur Lernstandsüberprüfung, Diversität und Nachhaltigkeit.

Das Informations- und Medienzentrum erreichen durchschnittlich zwischen 80 und 100 Nominierungen pro Nominierungsphase und es beteiligen sich in der Regel zwischen 600 und 750 Studierende (je nach Veranstaltungsgröße) an der Bewertung der nominierten Veranstaltungen. Die Verleihung des Preises findet jeweils im Rahmen der Erstsemesterbegrüßung des jeweiligen Wintersemesters statt.

4 Aus der Lehre an der Hochschule Furtwangen – Best-Practice-Beispiele

Im Folgenden Abschnitt werden zwei Best-Practice-Beispiele aus der Lehre an der HFU beschrieben. Zunächst die Veranstaltung „Algebra“, welche im Wintersemester 2013/14 mit dem eTeaching-Award ausgezeichnet wurde, sowie die Veranstaltungen „Datenverarbeitung 1“ und „Datenverarbeitung 2“.

4.1 Algebra

Die Veranstaltung Algebra richtet sich an Studierende des Studiengangs „Elektrotechnik in Anwendungen (ELAN)“ und bearbeitet als ausgewiesene Einführungsvorlesung die Grundlagen der linearen Algebra. An der Veranstaltung nehmen in der Regel bis zu 40 Studierende teil. Die methodische Konzeption der Veranstaltung stellt verschiedene didaktische Konzepte wie selbstgesteuertes Lernen (z. B. [3], [4]), Lernen durch Lehren (z. B. [5]) und aktives Erarbeiten von Lerninhalten in den Mittelpunkt.

4.1.1 Hintergrund

Die als Vorlesung ausgewiesene Veranstaltung orientiert sich didaktisch unter anderem an dem sogenannten Inverted-Classroom-Ansatz [6]. Anstelle des sonst üblichen rein dozierenden-zentrierten Vorlesungsstils werden verschiedenen Methoden eingesetzt, die von den Studierenden stärker eine aktive Erarbeitung der Lerninhalte abverlangen. In der Präsenzveranstaltung wird der Anteil der klassischen Frontalvorlesung auf kompakte Impulsvorträge reduziert, die außerdem auf Video aufgezeichnet und den Studierenden online zur Verfügung gestellt werden. Ein Teil der Wissensaneignung erfolgt selbstgesteuert außerhalb des Hörsaals durch ein themengeleitetes Angebot von online bereitgestellten Videovorlesungen und gezielten eBook-Angeboten. Der dadurch in der Präsenzveranstaltung gewonnene Raum erlaubt den Einsatz von weiteren Methoden wie beispielsweise das hier als solches benannte kollektive Gehirn und das Schneeballprinzip. Diese Methoden unterstützen die Studierenden in der aktiven Wissensaneignung, begünstigen eine höhere Selbstverantwortung für den eigenen Lernprozess und ermöglichen Lernen durch Lehren. Der Charakter der Veranstaltung wandelt sich somit von einer rein rezeptiv-orientierten Vorlesung zu einem Veranstaltungskonzept, welches selbstorganisiertes, aktives und selbstgesteuertes Lernen unterstützt. Des Weiteren hat der Einsatz der genannten Methoden den wahrgenommenen Effekt, dass sich der Lernprozess stärker am tatsächlichen Wissensstand der Studierenden orientiert und nicht etwa an einem theoretisch angenommenen, meist nicht der Realität entsprechenden Niveau. Die didaktischen Elemente der Veranstaltung und das der Veranstaltung zugrundeliegende Blended-Learning-Modell werden im folgenden Abschnitt beschrieben.

4.1.2 Didaktische Elemente und Blended-Learning-Modell

Die Veranstaltung bedient sich verschiedener didaktischer Elemente, die im Zusammenspiel einen höheren Aktivierungsgrad der Studierenden begünstigen und selbstgesteuertes Lernen unterstützen.

Video-Vorlesungen: Die Aufzeichnung und Online-Bereitstellung der kompakten Impulsvorträge der Präsenzveranstaltung dient dazu, dass die Studierenden den präsentierten Lernstoff im eigenen Tempo und beliebig oft rezipieren können.

Literaturarbeit: Detailliert ausgewählte Textpassagen dienen den Studierenden als Grundlage zur selbstständigen Erarbeitung von Teilen des Lernstoffes. Diese Literatur-Sammlung bildet gemeinsam mit den Video-Vorlesungen die Basis zur Aneignung der Grundlagen, welche die Studierenden für die Methoden wie kollektives Gehirn und Schneeballsystem benötigen.

Kollektives Gehirn: Im Rahmen der Methode kollektives Gehirn erhalten die Studierenden in der Präsenzphase eine Aufgabe, die sie gemeinsam und selbstständig bearbeiten. Zwei Freiwillige übernehmen die Moderations-Rolle und den Tafelanschrieb. Der Dozent ermutigt und bestärkt den Prozess, greift nur korrigierend ein, falls nötig. Im Anschluss gibt der Dozent detailliertes Feedback und Tipps. Ein Vorteil dieser Methode besteht darin, dass Schwierigkeiten auf verschiedenen Ebenen sichtbar werden, die sonst erst zum Zeitpunkt der Klausur ins Gewicht fallen (z. B. fehlende mathematisch-rechnerische Grundlagen, inhaltliche Schwierigkeiten, Probleme beim Formulieren in mathematischer Notation).

Schneeballsystem: Im Schneeballsystem werden in einem iterativen Prozess studentische Experten zu neun verschiedenen Themenblöcken ausgebildet. Die

Themenblöcke transportierten gleichzeitig Lerninhalte und Lernziele und dienen als Struktur. Im Vorfeld erarbeiten sich die fünf freiwilligen Experten pro Themenblock die Lerninhalte mit Hilfe der Video-Vorlesungen und der Literaturarbeit. Im Anschluss erfolgt in der Kleingruppe zunächst eine intensive Trainingsphase durch den Dozierenden. Eine Woche später erhalten die Experten im sogenannten Kompetenzcheck nochmal Feedback durch den Dozierenden und können noch offene Fragen oder inhaltliche Schwierigkeiten klären. Danach fungieren diese fünf Experten als Trainer der nächsten Generation, indem sie ebenfalls in Kleingruppen die Veranstaltungsorganisation für ihren Themenblock übernehmen. Der Dozierende fungiert dabei als Coach, achtet auf Schwerpunktsetzung und Zeitmanagement, und stellt sicher, dass Qualität und Gewichtung stimmen. Diese Methode ermöglicht den aktiven Umgang mit Inhalten und deren Vertiefung durch das Aufbereiten und Erklären für Dritte. Es stärkt außerdem die Sozialkompetenz und durch den Kompetenzcheck erfolgt eine kurzzyklische Lernkontrolle.

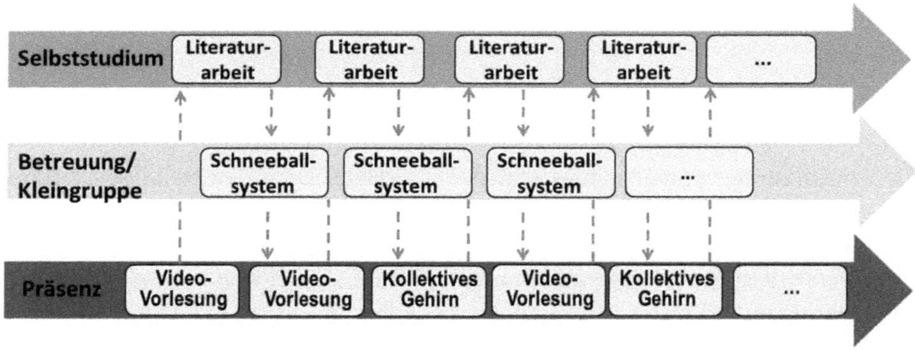

Abb. 4: Veranstaltungskonzept der Vorlesung „Algebra“.

Umfassende Aufgabensammlung: Eine umfassende Aufgabensammlung dient den Studierenden als breiter Fundus für eine aktive, übende Auseinandersetzung mit den Lerninhalten.

Bei dem vorliegenden Veranstaltungskonzept handelt es sich um ein Integrationskonzept [7], in dem die Online- bzw. Selbstlernphasen als integrativer Bestandteil in die gesamte Veranstaltung eingebettet sind und das Zusammenspiel von Selbstlernphase und Präsenzveranstaltung eine bedeutende Rolle spielt.

Die Taktung der verschiedenen didaktischen Elemente ist in einem Zeitplan festgeschrieben, welcher online auf der zentralen Lernplattform FELIX verfügbar ist. FELIX unterstützt die Veranstaltung und deren Organisation an verschiedenen Stellen (siehe Abbildung 4). Die Video-Vorlesungen, die Quellen zur Literaturarbeit und die umfassende Aufgabensammlung sind online in FELIX verfügbar und somit für die Studierenden mobil und jederzeit abrufbar. Die Einteilung in die verschiedenen

Generationen des Schneeballsystems verläuft ebenfalls online in FELIX und ist an dieser Stelle transparent einsehbar für alle teilnehmenden Studierenden. Ein FELIX-Kursforum unterstützt die Online-Kommunikation des Kurses und Anfragen inhaltlicher wie organisatorischer Art können jederzeit über das Forum gepostet werden.

4.1.3 Evaluation

Am Ende der Durchführung der Veranstaltung wurden die Studierenden gebeten, die Veranstaltung zu evaluieren. Dabei stand insbesondere der Vergleich des überarbeiteten Veranstaltungskonzepts mit dem einer „klassischen" Vorlesung im Vordergrund.

Ein Großteil der Studierenden (mehr als 80 %) gab an, dass Ihnen die Veranstaltung in dieser Form mehr Spaß gemacht habe, als eine klassische Vorlesung. Auf die Frage „Wenn Sie die Wahl hätten, würden Sie lieber diese Form der Veranstaltung besuchen als eine klassische Vorlesung" antworteten insgesamt über 60 % der Studierenden mit „trifft zu" und „trifft eher zu". Circa ein Drittel der Studierenden antwortete auf diese Frage „teils-teils" und nur circa 5 % wählten die Antwort „trifft eher nicht zu" (siehe Abbildung 5).

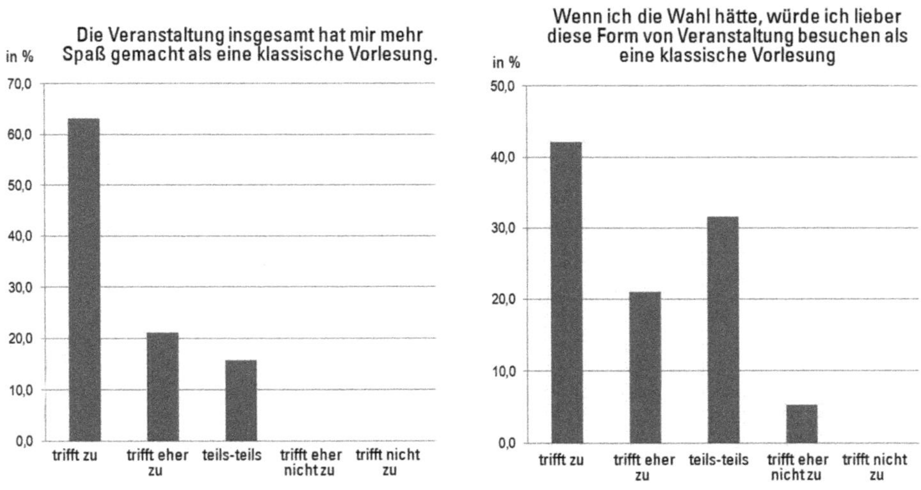

Abb. 5: Evaluationsergebnisse der Veranstaltung „Algebra".

4.2 „Datenverarbeitung 1" und „Datenverarbeitung 2"

Die Veranstaltungen „Datenverarbeitung 1" und „Datenverarbeitung 2" richten sich an Studierende der Studiengänge „Maschinenbau und Mechatronik" sowie „Medical

Engineering“ und vermitteln grundlegende und erweiterte Kenntnisse über das objektorientierte Programmieren mit Java. An den Veranstaltungen nehmen bis zu 150 Studierende teil, aufgeteilt in zwei Gruppen. Das didaktische Konzept der Veranstaltung mischt klassische Vorlesungsanteile mit strukturierten Präsenzübungen, selbstgesteuerten Arbeitsphasen und systematischen Online-Lernstandsüberprüfungen. Bei der Umsetzung des Konzeptes wird die Veranstaltung durch die zentrale Lernplattform FELIX unterstützt.

4.2.1 Hintergrund

Die Konzeption der Veranstaltungen „Datenverarbeitung 1“ und „Datenverarbeitung 2“ folgen einer systemisch-konstruktivistischen Auffassung von Lernen und vereinen viele damit in Verbindung stehende Charakteristika (siehe Abbildung 6). Es werden Methoden des erfahrungsorientierten, kompetenzentwickelnden und lernprojektorientierten Lehrens und Lernens eingesetzt [8].

Eine rein dozierenden-zentrierte Vorlesungsorganisation ist selten und die Aktivierung der Studierenden auch in der Präsenzveranstaltung mit hoher Teilnehmerzahl steht im Mittelpunkt. Bei der Wissensvermittlung im Rahmen der Präsenzphase kommen regelmäßig didaktische Konzepte wie das Gruppenpuzzle und die „vier bis sechs Ecken-Methode“ zum Einsatz [9].

Ein Teil der Wissensaneignung erfolgt nach dem Inverted-Classroom-Ansatz selbstgesteuert außerhalb des Hörsaals. Zur Vorbereitung auf das Praktikum lesen Studierende bestimmte Auszüge aus dem Skript und bearbeiten einführende Aufgaben im Selbststudium. Viele didaktische Elemente fordern in verschiedenen Kontexten die Anwendung des Gelernten auf konstruktivistische Art und Weise (z. B. Programmieraufgaben im Praktikum und Projektarbeit). Im folgenden Abschnitt werden die didaktischen Elemente der Veranstaltung und das zugrundeliegende Blended-Learning-Modell näher beschrieben.

4.2.2 Didaktische Elemente und Blended-Learning Modell

Präsenzvorlesung: Die Präsenzvorlesungen beginnen jeweils mit der Präsentation der Lernziele für die anstehende Sitzung. Die Einführung neuer Begriffe erfolgt anhand von Beispielen an der Tafel oder in der verwendeten Entwicklungsumgebung. Um eine Aktivierung der Studierenden auch in der klassischen Präsenzveranstaltung zu erreichen, wird Quellcode mit der direkten Beteiligung der Studierenden entwickelt und live analysiert. Ebenso unterstützen Lücken im Skript und Verständnisfragen am Ende jedes Kapitels die Aktivierung der Studierenden und die Überprüfung des Gelernten. Auch in der Präsenzvorlesung werden immer wieder Gruppenarbeiten eingestreut, um einem rein rezeptiv-orientierten Vorlesungsstil entgegenzuwirken.

Gruppenarbeit in der Vorlesung: Klassische Impulsvorträge in der Vorlesung werden immer wieder durch strukturierte Gruppenarbeitsphasen unterbrochen. Im Sinne des Inverted-Classroom-Ansatzes sind zur Vorbereitung auf diese Gruppenarbeiten im Selbststudium Auszüge aus dem Skript zu bearbeiten. In der Präsenzveranstaltung werden diese Inhalte nicht klassisch via Frontalvortrag erklärt, sondern die Lücken im Text besprochen und diskutiert. Anschließend bearbeiten und präsentieren die Studierenden Aufgaben zum betreffenden Gegenstandsbereich. Beispielsweise entwickeln Studierende in Kleingruppen Programmentwürfe auf der Basis von Anwendungsbeschreibungen. Dabei wird die Methode Gruppenpuzzle eingesetzt: Die Studierenden bilden Lerngruppen mit selbstgewählter Zusammensetzung. Als Arbeitsmaterial stehen fünf Anwendungsbeschreibungen aus unterschiedlichen Themenbereichen zur Verfügung. Zu diesen fünf Themen werden fünf Expertengruppen gebildet, wobei jede Lerngruppe mindestens eine Person in jede Expertengruppe entsendet. Nachdem jede Expertengruppe ihren Entwurf erarbeitet hat, treffen sich wieder alle Studierenden in den anfangs gebildeten Lerngruppen. Die Lerngruppen diskutieren dann reihum alle von den Expertengruppen erstellten Entwürfe und der/die jeweiligen Experten erklären den übrigen Studierenden die gewählte Lösung. Während dieser zweiten Phase des Gruppenpuzzles wird erneut diskutiert und weitere Anregungen der anderen Gruppenmitglieder eingearbeitet. Im Anschluss an die Gruppenarbeitsphasen werden die gemeinsam erarbeiteten Ergebnisse über die Lernplattform FELIX allen Studierenden zur Verfügung gestellt.

Bei anderen Gruppenarbeitsformen (zum Beispiel zur Klausurvorbereitung) werden die Ergebnisse der Gruppenarbeitsphase von verschiedenen Studierendengruppen für das Plenum zusammengefasst und aufbereitet. Diese Gruppenarbeitsphasen im Rahmen der Veranstaltung führen dazu, dass auch in der Präsenzveranstaltung ein hoher Aktivierungsgrad der Studierenden erreicht wird.

Programmieraufgaben im Praktikum: Parallel zur Vorlesung bietet das Praktikum in kleineren Studierendengruppen (bis maximal 24 Studierende) die Möglichkeit, die Vorlesungsinhalte an praxisnahen Aufgaben einzuüben. Zunächst bearbeiten die Studierenden zur Praktikumsvorbereitung im Selbststudium Aufgaben, anhand derer sie überprüfen können, ob sie den Stoff verstanden haben und in konkreten Aufgabenstellungen anwenden können.

Zu Beginn des Praktikums werden die vorbereitenden Aufgaben in Kleingruppen (6–8 Studierende) verglichen und ihr Einsatz für die jeweilige Praktikumsaufgabe diskutiert. Durch die gemeinsame Diskussion und Analyse der verschiedenen Lösungen lernen die Studierenden den Stoff aus multiplen Perspektiven zu betrachten. Die schwächeren Studierenden profitieren davon, dass sie von ihren Peer-Studierenden Konzepte erklärt bekommen, die sie bisher nicht oder nicht vollständig verstanden haben. Die leistungsstärkeren Studierenden festigen Verständnis und Wissen durch das Erklären für Dritte (Lernen durch Lehren). Anschließend werden die vorbereitenden Aufgaben auf umfangreichere Aufgabenstellungen übertragen und die Studierenden erfahren dabei, ob ihnen auch der Transfer des Gelernten auf komplexere

Anwendungsszenarien gelingt. Das Praktikum wird in jedem Semester durch eine Projektarbeit in Kleingruppen ergänzt.

Projektarbeit: Zum Ende des ersten Semesters haben die Studierenden in Kleingruppen (bis zu drei Studierende) anwendungsorientierte Programmieraufgaben aus den Bereichen Physik, Elektrotechnik oder Medizintechnik zu bearbeiten. Die Bearbeitung des Projekts erfolgt hauptsächlich im Selbststudium, unterstützt werden die Studierendengruppen im Praktikum. Diese Projektarbeitsphase erfolgt in zwei Schritten, zunächst wird ein Entwurf erstellt, der dann über die Lernplattform FELIX eingesammelt und begutachtet wird, bevor die eigentliche Programmierphase beginnt. Die Studierenden laden sowohl den Entwurf als auch das fertige Programm in die Lernplattform hoch und können dort Anmerkungen und Bewertungen einsehen. Die Projekte im zweiten Semester sind wesentlich umfangreicher und die Bearbeitungszeit läuft über das gesamte Semester. Die Projektgruppen bestehen aus fünf bis sieben Studierenden. Das Thema darf selbst gewählt werden, sollte jedoch einen Bezug zum Studienfach haben. Diese individuelle Themenwahl erhöht die Motivation und führt zu einer Vielfalt an Projekten. Der Entwurf wird von der Gesamtgruppe bearbeitet, die Programmierung und das Testen des programmierten Codes erfolgt in Zweiergruppen, so dass sich eine ausgewogene Bewertung von Einzel- und Gruppenleistungen ergibt. Es gibt im Entwurf und in der Programmierung je nach Neigung unterschiedliche Möglichkeiten Zusatzpunkte zu erarbeiten. Während des Semesters gibt es zwei Pflichttermine, in denen der Stand ausführlich besprochen wird. Ergänzend können jede Woche im Praktikum aktuelle Fragestellungen diskutiert werden. Zusätzlich erhalten die Kleingruppen auch über die Lernplattform FELIX individuelles Feedback in Bezug auf ihre Ausarbeitung. Neben dem Transfer der gelernten Inhalte auf konkrete Aufgabenstellungen spielen hier auch andere für die spätere Industrietätigkeit wichtige Schlüsselqualifikationen wie Projektmanagement, Teamarbeit, Zeit- und Selbstmanagement eine bedeutende Rolle.

Online-Tests: Zweimal im Semester findet eine systematische Lernstandskontrolle in Form von sogenannten Abfragen statt. Zu feststehenden Terminen (nach circa 7 und 12 Wochen) haben die Studierenden in Computer-Räumen kurze Online-Tests zu absolvieren. Ein Mix aus verschiedenen Fragetypen wie Single-Choice, Multiple-Choice, Lückentexte und Freitextfragen erfasst dabei deren aktuellen Lernstand. Die Studierenden erhalten auch an dieser Stelle ein individuelles Feedback. Zusätzlich haben sie im ersten Semester die Möglichkeit sich durch Online-Übungssequenzen an die Fragetypen zu gewöhnen und die Inhalte zu üben.

Online-Material: Den Studierenden steht in der Online-Veranstaltung auf der zentralen Lernplattform FELIX eine umfassende Sammlung von Online-Material (Skript, Aufgaben, Beispielprogramme, Übungstests, ergänzendes Material) zur Verfügung. Dieses Material begleitet die Studierenden während der Vorlesung, während des Praktikums aber auch im Selbst-Studium. Der Aufbau der Online-Veranstaltung ist thematisch- und lernzielorientiert und bietet den Studierenden viele Möglichkeiten der Vor- und Nachbereitung des Lernstoffs.

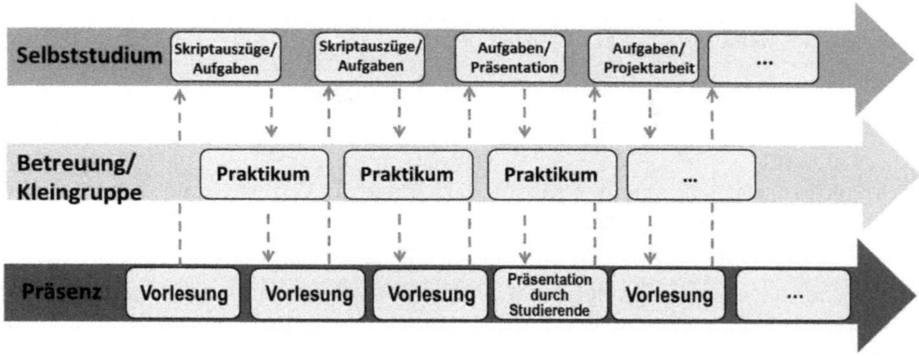

Abb. 6: Veranstaltungskonzept der Vorlesung „Datenverarbeitung".

Auch diese Veranstaltungen orientieren sich an dem Integrationskonzept [7], da verschiedene Selbstlernphasen als integrativer Bestandteil der Veranstaltung realisiert sind.

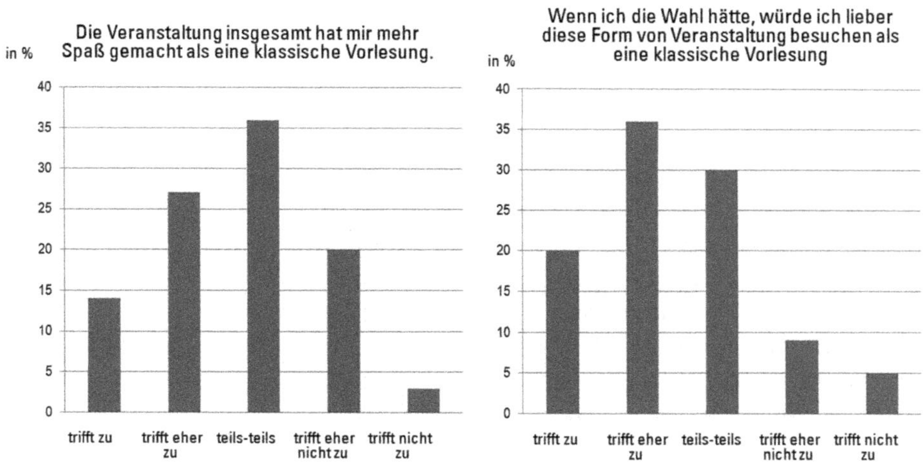

Abb. 7: Evaluationsergebnisse der Veranstaltung „Datenverarbeitung".

Die Veranstaltungen und deren Organisation werden an vielen Stellen von der zentralen Lernplattform FELIX unterstützt. Neben der Bereitstellung von verschiedenen Lernmaterialen sorgt FELIX insbesondere für die Auf- bzw. Einteilung der Studierenden in die verschiedenen Praktikumsgruppen. Zusätzlich wird die Projektarbeit und die damit zusammenhängenden Dateiabgaben über FELIX organisiert. Die einzelnen Studierendengruppen laden ihre Ausarbeitungen direkt in FELIX hoch und erhalten in FELIX auch Feedback in Bezug auf die Ergebnisse. Ebenso werden die Online-Tests während des Semesters in FELIX absolviert.

4.2.3 Evaluation

Mehr als 40 % der Studierenden gab an, dass Ihnen die Veranstaltung in dieser Form mehr Spaß gemacht habe als eine klassische Vorlesung (siehe Abbildung 7). Etwas mehr als ein Drittel äußerte sich in Bezug auf diese Frage unentschlossen („teils-teils“) und nur etwa ein Viertel (circa 23 %) empfand die Veranstaltung als weniger spaßbringend. Auf die Frage „Wenn Sie die Wahl hätten, würden Sie lieber diese Form der Veranstaltung besuchen als eine klassische Vorlesung“ antworteten insgesamt über die Hälfte der Studierenden (56 %) mit „trifft zu“ und „trifft eher zu“. Ein Drittel der Studierenden beantwortete diese Frage mit der Antwortoption „teils-teils“ (30 %) und nur circa 14 % wählten die Antwort „trifft eher nicht zu“ beziehungsweise „trifft nicht zu“.

5 Fazit

Die beschriebenen Best-Practice-Beispiele machen deutlich, dass digitale Medien in der Lehrpraxis ein großes Potential für innovative Lehr- und Lernmethoden bieten. Eine dauerhafte Institutionalisierung digitaler Lehre durch die Schaffung zentraler Serviceeinheiten in der Hochschule begünstigt dabei nicht nur die Entwicklung digitaler Lehrformate, sondern macht sie in nachhaltiger Weise überhaupt erst möglich.

Ein Blick in die Praxis der Hochschullehre zeigt, dass das Potential der technologiebasierten Lehrunterstützung häufig nicht ausgeschöpft wird. Eine Studie des Hochschulforums für Digitalisierung kommt zu dem Ergebnis, dass circa drei Viertel der Hochschulen derzeit lediglich ein Konzept der Anreicherung ihrer Lehre durch digitale Elemente verfolgen. Eine stärkere Integration von E-Learning beziehungsweise Mobile-Learning im Sinne von Blended-Learning-Arrangements nennt nur ein Drittel der befragten Hochschulen als Leitidee [10].

Auch wenn die Bedeutung der Digitalisierung mittlerweile in den Hochschulen angekommen ist, erschweren strukturelle Rahmenbedingungen oft den weiteren Ausbau digitaler Angebote. Dazu gehören insbesondere fehlende personelle und finanzielle Ressourcen – auch bedingt durch eine fehlende strategische Verankerung im Hochschulmanagement – innerhalb der Hochschulen. Mangelnde Verstetigungsmöglichkeiten durch einen häufig vorherrschenden Projektcharakter wirken einer nachhaltigen Digitalisierung der Lehre entgegen. Hinzu kommen Unsicherheiten bezüglich rechtlicher Aspekte, wie beispielsweise bei der Online-Bereitstellung von Lernmaterial im Hinblick auf das Urheberrechtsgesetzt oder formale Probleme bei der Deputats-Anrechnung von Blended-Learning-Veranstaltungen.

Zukünftig gilt es auf verschiedenen Ebenden die Rahmenbedingungen für digitale Lehre und mobiles Lernen zu verbessern und damit Voraussetzungen für eine nachhaltige Digitalisierung der Hochschullehre zu schaffen.

Literaturverzeichnis

[1] Dittler, U., & Kreidl, C. (2016). *SmartDevices in der Vorlesung: unterstützendes Lernmittel oder störende Ablenkung? Die Neue Hochschule für anwendungsbezogene Wissenschaft und Kunst.*, 4, Seite 106–109.

[2] Kollmann, F., & Schuhen, M. (2015). Feedback zum Lernfortschritt der Studierenden während der Vorlesung. *Zeitschrift für Hochschulentwicklung*, 10(2).

[3] Dietrich, S. (Hrsg.). (1999). Selbstgesteuertes Lernen – auf dem Weg zu einer neuen Lernkultur. Frankfurt/M: Dt. Inst. für Erwachsenenbildung (DIE).

[4] Gerstenmaier, J., & Mandl, H. (2001). Methodologie und Empirie zum situierten Lernen. *Schweizerische Zeitschrift für Bildungswissenschaften*, 23(3), 453–470.

[5] Renkl, A. (1997). Lernen durch Lehren in kooperativen und tutoriellen Arrangements. In *Lernen durch Lehren* (Seite 9–27). Deutscher Universitätsverlag.

[6] Handke, J., & Sperl, A. (2012). *Das Inverted Classroom Model: Begleit-band zur ersten deutschen ICM-Konferenz*. Oldenbourg Wissenschaftsverlag.

[7] Bremer, C. (2001). *Online Lehren leicht gemacht! Leitfaden für die Planung und Gestaltung von virtuellen Hochschulveranstaltungen*. Handbuch Hochschullehre. Raabe Verlag, A, 3, Seite 1–39.

[8] Arnold, R. (2012). *Ich lerne, also bin ich: Eine systemisch-konstruktivistische Didaktik*. Heidelberg: Carl-Auer Verlag GmbH.

[9] Arnold, R., & Hammerer, R. (2012). *LENA-Methoden: Impulse für eine lebendige und nachhaltige Erwachsenenbildung*. Techn. Univ., Fachgebiet Pädagogik.

[10] Jungmann, I., Osterfeld, S., Scholz, J., Villiez, A. von, & Wannemcher, K. (2016). *Organisation Digitaler Lehre in den Deutschen Hochschulen*. Hochschulforum Digitalisierung.

Wilke Riesenbeck

Betriebliche Aus- und Weiterbildung 4.0

Konzeptuelle Überlegungen zur bedarfsgerechten Entwicklung von mobilen Lernlösungen für die Mitarbeitenden des Einzelhandels

Zusammenfassung: Um erfolgreich zu sein, muss eine Lernlösung möglichst genau auf den Bedarf der Zielgruppe und die Anforderungen des Unternehmens abgestimmt sein. Schon allein die zunehmende Spezialisierung von Arbeitszuschnitten, aber auch die höchst unterschiedlichen Rahmenbedingungen der einzelnen Branchen lassen allgemeingültige Patentrezepte höchst unpassend erscheinen. Daher empfiehlt es sich in der Beurteilung von Technologien und Methoden, den Blick auf konkrete Branchen und Zielgruppen zu richten. Im Folgenden sollen daher Möglichkeiten des Mobile Learning für die Branche des deutschen Einzelhandels erörtert werden. Denn wie die Analyse zeigt, ist gerade im Einzelhandel der Bedarf an Alternativen zu PC-gebundenem E-Learning besonders groß. Es wird beschrieben, wie Einzelhändler den Lernbedarf ausgewählter Zielgruppen durch den Einsatz mobiler Endgeräten besser als zuvor abdecken können.

Schlüsselwörter: Mobile Learning, Smart Devices, Spaced Learning, Gamification

1 Lernanforderungen des Einzelhandels

Mit einem Jahresumsatz von ca. 1.909 Milliarden € und rund 6,1 Millionen Mitarbeitern gehört der deutsche Einzelhandel zu den wichtigsten Arbeitgebern der Bundesrepublik vgl. Statistisches Bundesamt [1]. Als Einzelhändler gilt dabei, „wer Handelswaren überwiegend an private Haushalte absetzt" (ebd.). Bedingt durch seine Standort- und Mitarbeiterstruktur sind seminaristische oder PC-gebundene Lernangebote im Einzelhandel nur mit Einschränkungen umsetzbar. Gleichzeitig erhöhen der Trend zum Multi Channel Retail und der wachsende Beratungsanspruch der Kunden die Anforderungen an die Qualifikation der Mitarbeiter deutlich. Dem wachsenden Bedarf an Weiterbildung steht also eine lernhemmende Infrastruktur gegenüber.

1.1 Lerninfrastruktur des Einzelhandels

Kennzeichnend für die Arbeitsorganisation im deutschen Einzelhandel ist die breite Verteilung der Filialen in der Fläche. So verteilen sich etwa die rund 346.800 Mitarbeiter von EDEKA auf 11.381 Märkte in der Bundesrepublik vgl. EDEKA Zentrale AG & CO. KG

DOI 10.1515/9783110468946-009

[2]. Hinzu kommen diverse Verwaltungsstandorte. Wettbewerber REWE kann mit 14.855 Märkten und 326.478 Mitarbeitern ähnliche Zahlen aufweisen vgl. REWE-ZENTRAL-FINANZ eG, Köln [3]. Aber auch Fachhändler wie Jacque's Weindepot sind mit ihren rund 380 Filialen in vielen Regionen Deutschlands vertreten vgl. Jacques' Wein-Depot Wein-Einzelhandel GmbH [4]. Diese Standorte finden sich dabei nicht nur in den städtischen Ballungsgebieten, sondern auch in ländlichen Regionen. Eine zentralisierte Weiterbildung in Form von Präsenzformaten ist hier kaum wirtschaftlich zu realisieren. Zu umfangreich wären die anfallenden Reise- und Ausfallzeiten. Zum Vergleich: Das Industrieunternehmen Robert Bosch GmbH verteilt seine 131.994 deutschen Mitarbeiter auf gerade einmal 80 Standorte vgl. Robert Bosch GmbH [5].

So scheint es naheliegend, die Mitarbeiter des Einzelhandels primär durch E-Learning zu qualifizieren. Und tatsächlich haben sich elektronische Lernmedien in vielen Märkten und Boutiquen etabliert. Gerade in den ländlichen Gebieten wird das E-Learning jedoch von der eingeschränkten IT-Infrastruktur erschwert. Internet ist hier nur mit geringen Bandbreiten verfügbar, so dass die Verwendung des Internets auf Kernprozesse der Geschäftstätigkeiten reduziert wird. Lernen ist dabei kein solcher Kernprozess. E-Learning in Form von Web-Based-Trainings ist jedoch auf eine Internetverbindung angewiesen. Daher wird das Lernen, wenn überhaupt, auf die Randzeiten, sprich den Morgen und den Abend ausgelagert. Von der propagierten Flexibilität des E-Learning, im Sinne von „Learning anywhere, anytime" ist bei solchen Einschränkungen nur noch wenig zu spüren.

Eine weitere Hürde für E-Learning im Einzelhandel stellen die fehlenden PC-Arbeitsplätze dar. Da die Einzelhandelsangestellten entweder im Verkaufsbereich oder im Lager tätig sind, werden ihnen keine PCs bereitgestellt. Die Filialleiter, die dennoch E-Learning anbieten, richten daher häufig einen Sammelarbeitsplatz im Aufenthaltsbereich ein, der von den Mitarbeitern zum Lernen genutzt werden kann. Die Bereitstellung der Infrastruktur löst aber noch nicht die Frage nach der Lernzeit. In den Anfangszeiten des E-Learning wurde gerne argumentiert, dass Mitarbeiter bei der Arbeit anfallende Leerzeiten nun zum Lernen nutzen könnten. Damit würden sich die beim Lernen üblicherweise anfallenden Ausfallzeiten praktisch aufheben. Solche Leerzeiten kommen in der Arbeitsrealität der meisten Arbeitnehmer jedoch kaum vor. Der Einzelhandel ist hier keine Ausnahme. Die Situation wird dadurch erschwert, dass die Mitarbeiter, nicht permanent am PC sitzen und daher nicht kurzfristig zwischen Arbeit und Lernen hin- und herwechseln können. Dass ein Kassierer, wenn sich an seiner Kasse gerade keine Kunden anstellen, zum Lernen ins Hinterzimmer geht, nur um nach fünf Minuten wieder zurückgerufen zu werden, ist schlicht nicht realistisch. Wenn tatsächlich im Arbeitsalltag eines Mitarbeiters eine Leerzeit aufkommt, nutzt er diese zumeist für Inventur- und Reinigungsarbeiten.

Ein möglicher Treiber für eine bessere IT-Infrastruktur im Einzelhandel könnte der Trend zum Multi Channel Retail werden. Mit Multi Channel Retail versuchen Einzelhändler zusätzlich zum stationären Handel auch das Internet als Verkaufskanal zu nutzen vgl. Bloching et al. [6], S. 4 f.. Dabei sollen beide Kanäle nicht nebeneinander stehen, sondern miteinander verbunden werden. Konkret kann dies zum Beispiel bedeuten, dass ein Mitarbeiter den im Markt nicht mehr vorhandenen Wunschartikel des Kunden gemeinsam mit diesem im hauseigenen Online-Shop einkauft und zum Kunden nach Hause liefern lässt. Auch kann der Kunde den Artikel online einkaufen und in seine nächste Filiale liefern lassen. Damit dieses Konzept funktioniert, müssen die Marktmitarbeiter mit einer stets verfügbaren IT ausgestattet werden. Die hier zumeist eingesetzten Tablets und Smartphones wären anschließend auch für das Lernen verfügbar.

Auch die im Einzelhandel hohe Mitarbeiter-Fluktuationsquote stellt eine nicht zu unterschätzende Lernerschwernis dar. Im Verkauf sind traditionell viele Aushilfskräfte mit einer geringen Unternehmensbindung tätig. Eine langwierige Onboarding-Phase wie sie etwa bei verwaltenden Tätigkeiten der Fall ist, ist bei Aushilfskräften aus wirtschaftlichen Gründen nicht sinnvoll. Lernen muss hier kurzfristig und zeitarm zu realisieren sein. Auch hier bietet sich E-Learning besonders an.

Mit Blick auf die im Einzelhandel üblichen Lerninhalte, erheben die Unternehmen den Anspruch, dass alle ihre Mitarbeiter, einschließlich der Aushilfskräfte, ein Grundverständnis für die zum Verkauf stehende Ware mitbringen. Neben den Produkteigenschaften sollten die Mitarbeiter auch Kenntnisse über die verwendeten Rohstoffe und Herstellungsprozess besitzen. Diese Kenntnisse sind unerlässlich, um den hohen Beratungsansprüchen der Kunden gerecht zu werden. Wie geschäftsschädigend das Fehlen solcher Beratungskompetenz ist, zeigt eine Forsa-Studie aus dem Jahr 2013, deren Ergebnisse die Frankfurter Allgemeine Zeitung [7] wie folgt zusammenfasst: „Viele Verbraucher fühlen sich beim Einkaufen von den Verkäufern alleingelassen. Etwa 59 Prozent der Befragten ab 18 Jahren kritisieren einer am Montag veröffentlichten Umfrage des Marktforschungsinstituts Forsa zufolge die Beratungsqualität in den Geschäften. 27 Prozent gaben an, „selten oder nie" beraten zu werden." Trotz aller infrastruktureller Hemmnisse darf der Einzelhandel bei der Qualifizierung seiner Mitarbeiter also keine Abstriche machen.

1.2 Besondere Eignung von Mobile Learning

Vor dem Hintergrund der oben geschilderten Arbeitsbedingungen scheint sich Mobile Learning im Einzelhandel geradezu anzubieten:

1) Durch die Vielzahl der Standorte muss der Lernbedarf zwangsläufig zu einem großen Teil durch E-Learning abgedeckt werden.
2) Das Fehlen von bestehenden IT-Arbeitsplätzen zwingt zum Ausweichen auf flexible Endgeräte.
3) Die zumeist freiwilligen Lernangebote müssen durch ein motivierendes und flexibles Format zu Lernen motivieren.
4) Das Aufkommen von Multi Channel Retail, die hohe Fluktuationsquote und die gestiegenen Anforderungen an die Verkaufskompetenz erfordern anspruchsvolle und schnell verfügbare Lerninhalte.

2 Eingrenzung Mobile Learning

Was genau unter Mobile Learning verstanden wird, hängt stark von der Weite der Definitionen ab. So kann Mobile Learning im engeren Sinne als das Lernen mit Smartphones und Tablets definiert werden. Weiter gefasste Definitionen schließen auch den Laptop als mobiles Endgerät mit ein oder gehen sogar soweit, jedes wie auch immer tragbare Lernmedium einschließen, wie zum Beispiel auch Bücher. Letzteres ist wenig zielführend, da eine derartig weit gefasste Definition einen viel zu unscharfen Untersuchungsgegenstand erzeugen würde. Die Frage, ob auch der Laptop in das Verständnis von mobilem Lernen mit aufgenommen werden soll ist hier schon relevanter.

2.1 Mobilität von Laptops, Smartphones und Tablets

Der Vergleich (siehe Tabelle 1) der verschiedenen Endgeräte zeigt, dass Laptops zwar aus technischer Sicht viele mobile Merkmale aufweisen, die tatsächliche Mobilität aber deutlich eingeschränkt ist. Während Smartphone und Tablet schnell aus der Tasche gezogen und sofort Betriebsbereit sind, müssen Laptops stets auf einer Ablage platziert und zunächst hochgefahren werden. Auch ist die Gestensteuerung deutlich leichter zu handhaben als das Touchpad eines Laptops. Hinzu kommt der auf Smartphone und Tablet deutlich einfachere Zugriff auf das mobile Internet. Nicht zu unterschätzen ist auch die Relevanz der Betriebssysteme. Denn gerade wenn es darum geht, Lerninhalte für mobiles Lernen zu entwickeln, entscheidet das Betriebssystem maßgeblich über die Lauffähigkeit. Ein Inhalt, der für den PC entwickelt wurde, wird auch problemlos auf dem Laptop funktionieren, da hier die gleichen Betriebssysteme installiert werden können. Smartphones und Laptops hingegen verfügen über speziell für diese Geräte entwickelte Betriebssysteme wie Apple iOS und Google Android. Während die mobilen Betriebssysteme auf das Abspielen von Apps und die Interaktion mit Gesten und Berührungen optimiert sind, ist der Laptop nach wie vor auf die Interaktion mit Tastatur und Maus ausgelegt. Der Laptop ist daher trotz seiner Tragbarkeit technisch deutlich näher am Desktop-Computer angesiedelt als an mobilen Geräten wie Smartphones und Tablets.

Tab. 1: Vergleich der Mobilität verschiedener Endgeräte

	Laptop	Smartphone & Tablet
Handhabung	Schwer und unhandlich	Leicht und handlich
Betriebsbereitschaft	Langsames Hochfahren	Instant-on
Steuerung	Unbequemes Touchpad	Intuitive Gestensteuerung
Internet	Nur bedingt mobiles Internet	Mobiles Internet möglich
Betriebssystem	Stationäre Betriebssysteme	Mobile Betriebssysteme

2.2 Lernszenarien der Geräteklassen

Die unterschiedlichen Mobilitätsmerkmale führen letztendlich dazu, dass sich die Einsatzszenarien von Laptops auf der einen und Smartphone und Tablets auf der anderen Seite deutlich voneinander unterscheiden (siehe Tabelle 2). Mit dem Laptop lernen Menschen eher stationär, geplant und in längeren Zeiteinheiten. Smartphones und Tablets unterstützen hingegen vor allem das mobile, spontane und kurzzeitige Lernen. Natürlich ist es technisch nicht ausgeschlossen, dass auch am Smartphone längere Texte gelesen oder am Laptop ein kurzes Lern-Nuggets konsumiert wird. Doch in der Nutzungsrealität sind diese Szenarien einfach deutlich unwahrscheinlicher.

Tab. 2: Vergleich der Lernszenarien verschiedener Endgeräte

	Laptop	**Tablet & Smartphone**
Lernort	Stationär	Mobil
Lernimpuls	Geplant	Spontan
Lerndauer	Längere Zeiteinheiten	Kurze Zeiteinheiten

Noch offen ist, wie vergleichsweise neue Endgeräte das mobile Lernen beeinflussen werden. Smart Watches tragen die Menschen praktisch permanent bei sich, während Hybridgeräte aus Laptop und Tablet die Funktionalität eines Desktop-Computers mit der Gestensteuerung eines Tablets vereinen wollen. Für die Lernrealität im Einzelhandel spielen diese Geräte jedoch aktuell noch keine Rolle.

3 Status Quo und Potentiale von Mobile Learning

Welche Möglichkeiten Mobile Learning für eine Branche bietet und wie diese Möglichkeiten von den Unternehmen tatsächlich genutzt werden, kann weit auseinanderklaffen. Nadine Gauss [8] befragte daher im Auftrag der Know How! AG 14 deutsche Einzelhandelsunternehmen zum Status Quo und zum Potential von Mobile Learning.

3.1 Einsatz und Erwartungen

Die Ergebnisse dieser Befragung zeigen, dass rund 36 % der befragten Unternehmen bereits Mobile Learning einsetzen und 29 % diesen Einsatz in Zukunft ausbauen möchten (siehe Abbildung 1). Weitere 28 % nutzen zwar noch kein Mobile Learning, planen aber bereits eine Einführung. Bleibt ein starkes Drittel (36 %), das Mobile Learning weder nutzt noch in Zukunft nutzen möchte.

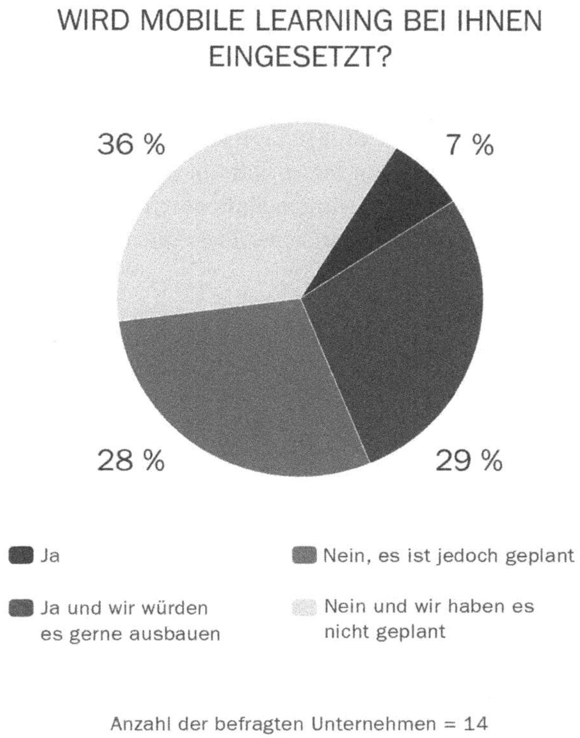

Abb. 1: Einsatz von Mobile Learning im Einzelhandel.

Was die Beweggründe für die Einführung von Mobile Learning angeht, zeigt die Befragung, dass die Einzelhändler die Vielfalt und die Attraktivität ihres Lernangebots erweitern möchten. Smartphones und Tablets sind als Endgeräte positiv konnotiert, so dass sich die Befragten eine entsprechend positive Strahlwirkung auf ihre Inhalte erhoffen. Dadurch soll nicht zuletzt auch das freiwillige Lernen gefördert werden. Ein weiteres Argument für die Arbeit mit mobilen Endgeräten ist die erhöhte Reichweite der Lernangebote. Denn gerade die Verkäufer in den Märkten und Boutiquen lassen sich mit mobilen Endgeräten deutlich besser erreichen als mit stationären Computern im Hinterzimmer.

Gegen den Einsatz von Mobile Learning spricht in erster Linie die fehlende IT-Infrastruktur. So fehlt es häufig an den notwendigen Endgeräten und existiert auch keine Vereinbarung mit dem Sozialpartner über den Einsatz privater Endgeräte. Auch wird als hemmend empfunden, dass die bereits produzierten Lerninhalte noch nicht auf Tablets und Smartphones lauffähig sind. Eine entsprechende Umstellung wäre mit signifikanten Kosten verbunden und erscheint daher oft nicht attraktiv.

Der Blick in die Zukunft zeigt, dass die Einzelhändler mehrheitlich davon ausgehen, dass Mobile Learning noch einige Jahre benötigen wird, um sich in Ihrer Branche zu etablieren. So fragte Gauss (ebd.) die 14 Unternehmensvertreter, wann sich ihrer Ansicht nach Mobile Learning im deutschen Einzelhandel durchgesetzt haben wird. Durchgesetzt wird hier verstanden als der Einsatz von Mobile Learning in mindestens der Hälfte der Einzelhandelsunternehmen. Die Hälfte der Befragten (50 %) geht davon aus, eine derartige Verbreitung zwei bis drei Jahre dauern wird. 22 % gehen von vier bis fünf Jahren aus, während 7 % hier einen Zeitraum von über fünf Jahren für realistisch halten. Dass sich Mobile Learning nie in diesem Maße durchsetzen wird, meinen ebenfalls 7 % (14 % der Befragten mochten zu dieser Frage keine Einschätzung abgeben) (siehe Abbildung 2).

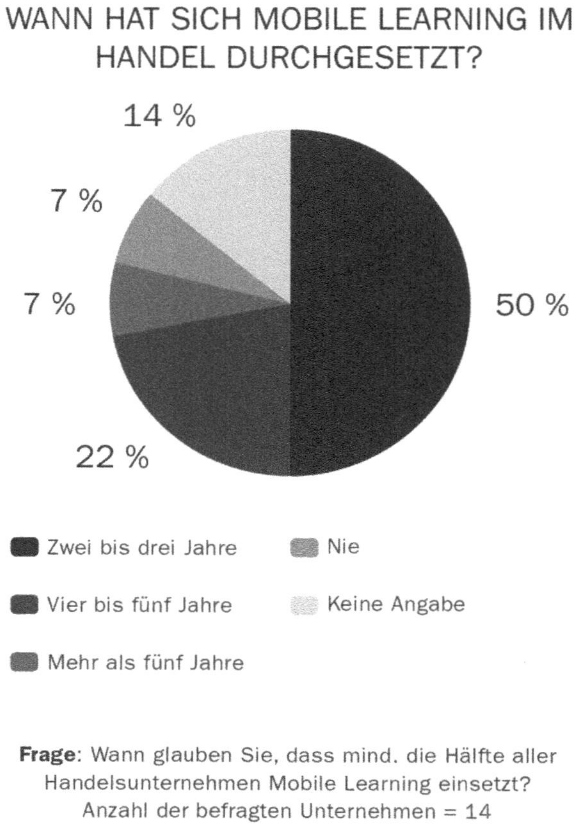

Abb. 2: Perspektive von Mobile Learning im Einzelhandel.

Aus diesen Zahlen wird deutlich, dass Anspruch und Realität bei vielen Einzelhändlern noch auseinanderklaffen. Der Großteil möchte Mobile Learning anbieten, hat aber noch keine Lösung für die Überwindung der technischen und organisatorischen Hürden gefunden. Das erklärt auch die Unsicherheit hinsichtlich der Verbreitung von

Mobile Learning im Einzelhandel. Mobile Learning im Einzelhandel ist folglich alles andere als ein Selbstläufer.

3.2 Geeignete Zielgruppen und Inhalte

Auch zu den favorisierten Zielgruppen hat Gauss (ebd.) die Einzelhändler befragt (siehe Abbildung 3). Die Kunden außen vorgelassen, sehen die Befragten die beste Eignung für Mobile Learning bei den Nachwuchsführungskräften und bei den Auszubildenden. Zwar wurden die Gründe für diese Aussagen nicht erfragt, doch scheinen die Einschätzungen naheliegend. Denn sowohl Nachwuchsführungskräfte als auch Auszubildende müssen ein hohes Lernpensum bewältigen. Zudem handelt es sich in beiden Fällen um recht junge Zielgruppen mit hoher Affinität für mobile Endgeräte. Hinzu kommt, dass beide Zielgruppen eine hohe Bereitschaft aufweisen, auch jenseits ihres Arbeitsplatzes zu lernen.

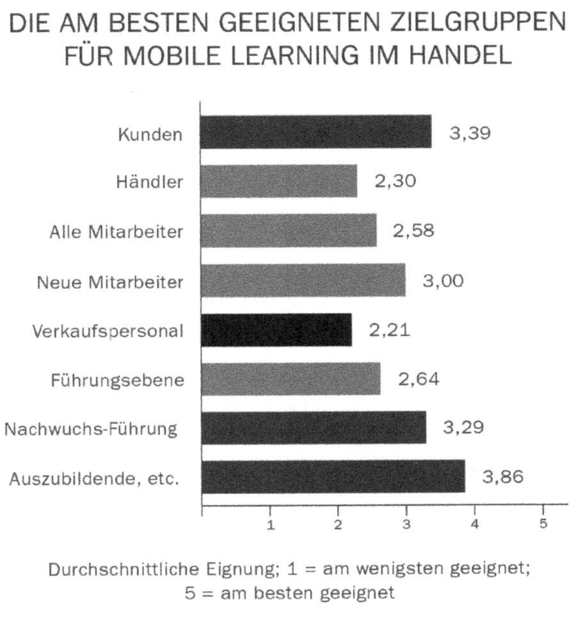

Abb. 3: Zielgruppen von Mobile Learning im Einzelhandel.

Was die für Mobile Learning geeigneten Inhalte betrifft, stehen bei den Einzelhändlern Produkt- und Warenkunde an erster Stelle (zehn Nennungen, bei möglicher Mehrfachnennung). Auf dem zweiten Platz folgt die Allgemeinbildung mit fünf Nennungen. Platz drei teilen sich die Themen Compliance und Individuelles mit je drei

Nennungen. Diese Themen decken sich weitestgehend mit jenen, die auch für das Lernen am Desktop-Computer etabliert haben. Dass sich bestimmte Inhalte besonders oder sogar exklusiv für das Lernen mit mobilen Endgeräten eignen, geht aus den Ergebnissen also nicht hervor.

4 Szenario Mobile Learning für Auszubildende

Wie die oben beschriebene Befragung zeigt, sind Auszubildende die für den Einzelhandel attraktivste Zielgruppe für Mobile Learning. Dieser Personenkreis ist daher besonders geeignet, um die Einsatzszenarien von Mobile Learning im Einzelhandel zu konkretisieren. Dabei ist zu beachten, dass das mobile Lernszenario in das übergreifende Ausbildungsszenario eingebunden werden muss (siehe Tabelle 3).

4.1 Übergreifendes Szenario Berufsausbildung

Der Einzelhandelskaufmann bzw. zur Einzelhandelskauffrau ist ein von der Industrie und Handelskammer (IHK) geprüfter Ausbildungsberuf vgl. OAK [9]. Über eine Dauer von ca. drei Jahren erwerben die Auszubildenden in einem Zusammenspiel von Berufsschule und Ausbildungsbetrieb Kompetenzen aus den Bereichen Betriebswirtschaft, Verkauf, Warenwirtschaft und Warenkunde. Während sich die Berufsschule auf die Vermittlung theoretischer Fachinhalte konzentriert, findet im Betrieb der entsprechende Praxistransfer statt. Allerdings sehen die Betriebe den Bedarf, die von der IHK definierten Lerninhalte durch unternehmens- und branchenspezifische Inhalte zu ergänzen. Daher realisieren die Betriebe ergänzende Lernangebote für ihre Auszubildenden. Beim Lernen für die Berufsschule wird selbstverständlich davon ausgegangen, dass sie Auszubildenden auch in ihrer Freizeit und auch mit privaten Endgeräten lernen. Die von den Betrieben organisierten Lernangebote werden hingegen eher in der Arbeitszeit angesiedelt.

Tab. 3: Lernmerkmale von Berufsschule und Ausbildungsbetrieb

Merkmal	Berufsschule	Ausbildungsbetrieb
Lerninhalte	Berufsbezogene IHK-Inhalte	Unternehmensspezifische Inhalte
Lernorte	Schule und Zuhause	Primär Betrieb
Endgeräte	Private Endgeräte	Primär betriebliche Endgeräte
Lernfokus	Wissenserwerb	Praxistransfer

Für das vom Betrieb initiierte mobile Lernszenario bedeutet dies, dass es in erster Linie zum Erwerb unternehmensspezifischer Fachinhalte beitragen muss. Das Lernen sollte dabei möglichst in den Märkten bzw. Boutiquen stattfinden und vom Betrieb gestellte Endgeräte einsetzen. Private Endgeräte können jedoch ergänzend eingesetzt werden. Dabei sind die oben beschriebenen Limitationen der im Einzelhandel verfügbaren IT-Infrastruktur zu beachten. Das im Folgenden geschilderte Szenario zeigt auf, wie eine Kombination aus mobilem LMS und mobilem Web-Based-Training zum Erwerb der Fachinhalte beitragen und wie Smartphone-Apps das Behalten dieser Inhalte verbessern können. Die hierfür notwendigen technisch-organisatorischen Voraussetzungen werden im Anschluss separat erörtert.

4.2 Mobiles Web-Based-Training

Web-Based-Trainings sind in der Lernlandschaft großer und mittelständischer Unternehmen ein häufig eingesetztes Mittel, um didaktisch aufbereitete Inhalte an eine große Zielgruppe zu verteilen. Um die Entwicklungs- und Wartungskosten auf einem vertretbaren Niveau zu halten, eignen sich insbesondere Inhalte mit einem hohen Standardisierungsgrad und einer relativen langen Halbwertszeit. Art und Komplexität der Inhalte sind dabei jedoch begrenzt. So können zwar sehr gut Fachkompetenzen vermittelt werden, aber weniger gut Sozial- und Selbstkompetenzen. Schließlich lassen sich letztere ohne echte zwischenmenschliche Interaktion nicht realitätsnah einüben. Im Bereich der Ausbildung zum Einzelhandelskaufmann bzw. -kauffrau eignen sich folglich insbesondere Kompetenzen im Bereich Waren- und Branchenkunde sowie Kassiervorgänge. Das WBT ermöglicht es, diese Inhalte multimedial aufzubereiten und die Lernenden durch Interaktionen und Übungen zur aktiven Auseinandersetzung mit dem Inhalt anzuregen.

Als Endgerät für die mobile Nutzung des WBTs eignen sich keine Smartphones, sondern ausschließlich Tablets. Grund hierfür ist, dass das im WBT übliche Interaktionsdesign auf dem kleinen Display eines Smartphones nicht hinreichend gut dargestellt werden kann. Darüber hinaus ist das Smartphone per se ein Endgerät, das primär für spontane und kurzzeitige Interaktionen genutzt wird. Übertragen auf das Lernen bedeutet dies, dass das Smartphone eher für spontane und kurze Lerneinheiten geeignet ist, nicht aber für das Bearbeiten eines auf 30 oder mehr Lernminuten ausgelegten WBTs.

Damit das WBT optimal auf dem Tablet genutzt werden kann, sind einige technische und gestalterische Anforderungen zu beachten. So muss zunächst einmal sichergestellt werden, dass das WBT in einem Format ausgespielt wird, dass mit mobilen Betriebssystemen und Browsern kompatibel ist. Hier eigenen sich insbesondere HTML5- und Java Script-Inhalte. Im Bereich der Gestaltung ist ein responsives Layout zu bevorzugen, dass Größe und Anordnung der Bildschirmelemente automatisch an die Displaygröße des verwendeten Endgerätes anpasst. Ist ein solches Responsive Design aus technischen Gründen nicht möglich, muss zumindest sichergestellt werden, dass auch im Fixed Layout, d. h. bei einem WBT mit festen definierten

Abmessungen und Anordnungen, alle Inhalte und Interaktionselemente gut sichtbar dargestellt werden. Darüber hinaus müssen alle Interaktion mit einer Berührungs- und Gestensteuerung kompatibel sein.

Trotz dieser technisch-gestalterischen Spezifika können die meisten Erfahrungen, die Einzelhändler mit der Entwicklung und Implementierung von Desktop-WBTs gemacht haben, auch auf die mobile Nutzung übertragen werden. Aus Sicht des Einzelhändlers handelt es sich hier also weniger um den Aufbau eines neuen Lernformates, sondern mehr um die Erweiterung von etwas Bestehendem.

4.3 Spaced Mobile Learning mit dem Smartphone

Im Betrieb und in der Berufsschule werden Auszubildende nahezu täglich mit neuen Inhalten konfrontiert. Allerdings zeigt Ebbinghaus [10] mit seiner Vergessenskurve, dass ein großer Teil des Gelernten schon nach wenigen Tagen wieder vergessen wurde, wenn es nicht unmittelbar zur Anwendung kommt. Gerade bei unternehmenskritischen Inhalten wie etwa Hygienestandards ist ein solches Vergessen jedoch nicht akzeptabel. Hinzu kommt, dass die Auszubildenden kontinuierlich Prüfungen ablegen müssen, in denen sie das Gelernte ebenfalls parat haben müssen. Daher ist der Bedarf nach einer erhöhten Behaltensleistung bei Auszubildenden besonders hoch. Eine Möglichkeit, die Behaltensleistung zu erhöhen, ist das Spaced Learning mittels Smartphones.

4.3.1 Wirkungsweise und Erfolgskriterien von Spaced Learning

Die von Thalheimer [11] beschriebene Methode des Spaced Learning (auch „Spaced Repetition oder „Spacing Effect") empfiehlt, die Inhalte nicht an einem Stück zu vermitteln, sondern das Lernen auf mehrere zeitlich versetzte Momente zu verteilen (siehe Abbildung 4). Zwar verzögert sich der Wissensaufbau durch Spaced Learning etwas, jedoch verläuft die Vergessenskurve anschließend deutlich flacher. Wird Spaced Learning zusätzlich auch nach der Lernphase angeboten, ist die Behaltensleistung sogar noch besser. Die häufige Wiederholung führt dazu, dass das Wissen immer wieder ins Bewusstsein geholt und somit zunehmend gefestigt wird.

Ein Schlüssel für gelungenes Spaced Learning sind kleine prägnante Lerneinheiten, die sich leicht in den Alltag der Lernenden integrieren lassen. Denn umfangreiche Wiederholungsaufgaben mit hoher Frequenz würden bei den Lernenden kaum auf Akzeptanz stoßen.

Ein zweites Erfolgskriterium ist das Erreichen der Zielgruppe. Sowohl in Präsenzformaten als auch im Web-Based-Training findet das Lernen zu einem singulären Zeitpunkt statt. Ist das Seminar beendet, besteht in der Regel kein Kontakt mehr zu den Lernenden. Aber auch WBTs werden, obwohl es grundsätzlich möglich ist, nach der vollständigen Bearbeitung kein zweites Mal aufgerufen. Auf diesen Wegen ist es also kaum möglich, die Lernenden mit Spaced Learning-Einheiten zu erreichen. Durch Smartphones lässt sich dieses Problem sehr leicht lösen. Denn laut der JIM-Studie von 2015 vgl. Feierabend, Plankenhorn, Rathgeb [12] besitzen rund 92 % der deutschen Jugendlichen ein Smartphone. Diese Zielgruppe ist es gewohnt damit immer wieder kleine Content-Einheiten zu konsumieren oder zu produzieren. Die Bereitstellung des Contents auf dem Smartphone erfolgt im besten Fall über eine Native App, d. h. über eine App die in der Sprache eines mobilen Betriebssystems geschrieben ist und auf dem Endgerät lokal installiert werden kann. Mit einer solchen Native App können Lernende zum einen Inhalte herunterladen und offline lernen. Darüber hinaus lassen sich in Native Apps Push-Dienste integrieren, mittels derer sich Lernaufforderungen mittels Push-Nachrichten versenden lassen. Solche Push-Nachrichten erscheinen besonders prominent auf dem Display der Lernenden und haben daher eine höhere Wahrscheinlichkeit beachtet zu werden als dies bei Nachrichten der Fall ist, die erst beim Öffnen der App sichtbar werden.

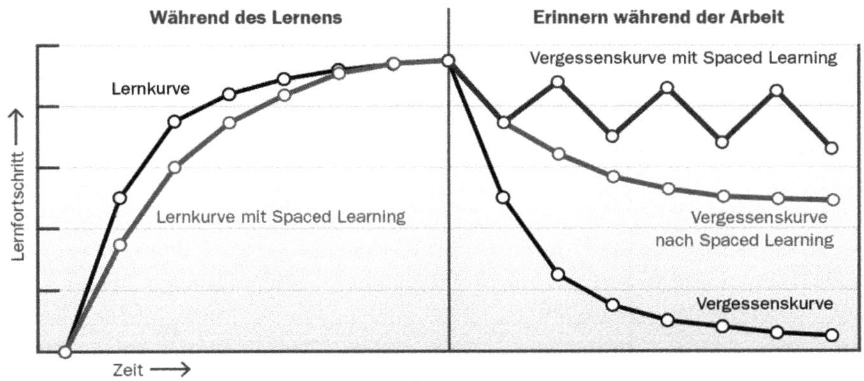

Abb. 4: Spaced Learning nach Thalheimer.

Der dritte Aspekt, der maßgeblich zum Gelingen von Spaced Learning beiträgt, ist die Motivation der Lernenden. Selbst wenn eine Möglichkeit gefunden ist, die Lernenden nach dem ersten Lernereignis mit kurzen Spaced Learning-Einheiten zu erreichen, bedeutet dies noch lange nicht, dass sie diese Inhalte auch nutzen. Zu gering ist in der Regel die Motivation, sich ohne konkreten Anlass oder externen Druck mit einem Lerninhalt auseinanderzusetzen. Eine gerade bei jungen Zielgruppen beliebte Form die Lernmotivation hoch zu halten ist Gamification. Dahinter verbirgt sich die Implementierung von Spielemechanismen in nicht-spielbezogenen Kontexten vgl. Bendel [13]. Ziel ist dabei stets, die Motivation, die Menschen für Spiele aufbringen, auf weniger attraktive Aktivitäten, wie zum Beispiel das Lernen, zu übertragen. Verbreitete Formen der Gamification sind Punktesysteme und Abzeichen (engl. Badges), welche den Lernerfolg auf spielerische Weise sichtbar machen. Tom Chatfield [14] erklärt diese Motivationskraft von Spielen damit, dass sie die Menschen permanent mit kleinen und großen Belohnungen versorgen. Er kategorisiert sieben Arten der Spielbelohnungen, von denen seiner Aussage nach die Interaktion mit anderen Menschen die bei weitem Wirksamste sei. Spielt der Spieler nicht nur gegen das Spiel, sondern kann er mit anderen Menschen in einen Wettbewerb treten oder mit ihnen zusammenarbeiten, ist seine Bereitschaft auch anstrengende Spielpassagen durchzuhalten sehr hoch. Folglich birgt Gamification mit sozialer Komponente großes Potential für die langfristige Motivation zum Spaced Learning.

4.3.2 Quiz-Apps für Smartphones

Als Ideengeber für gelungenes Spaced Learning mit mobilen Endgeräten hat sich in jüngerer Vergangenheit die App Quizduell (in anderen Regionen auch „QuizClash") herausgestellt. Dabei handelt sich um eine Smartphone-Anwendung des Herstellers FEO Media AB, die kostenlos über den Apple App-Store und den Google Play-Store bezogen werden kann. Im Quizduell spielen je zwei Nutzer gegeneinander einen zufällig gezogenen Fragesatz. Die Kategorie der Fragen kann dabei frei gewählt werden. Je nach Ausgang des Duells werden anschließend entsprechende Punkte an die Nutzer verteilt. Ein Duell geht dabei über mehrere Runden, so dass die Nutzer mehrmals gegeneinander antreten. Je mehr Punkte ein Nutzer so über die Zeit erspielt, desto höher ist seine Platzierung im Highscore. Zu gewinnen gibt es dabei nichts. Anreiz für das Spielen scheinen allein der Spaß am Wettbewerb und die Genugtuung über eine gute Highscore-Platzierung zu sein. Dass dabei tatsächlich auch Wissen über die abgefragten Inhalte vermittelt wird, ist lediglich ein angenehmer Nebeneffekt. Im Quizduell findet Spaced Learning quasi en passant statt. Dies liegt nicht zuletzt daran, dass Quizduell alle drei oben beschriebenen Erfolgsfaktoren von Spaced Learning erfüllt. Das Quizformat besticht durch kleine Lerneinheiten, die spontan und binnen weniger Minuten absolviert werden können. Als Smartphone-App erreicht Quizduell die Nutzer praktisch überall und zu jeder Zeit. Zudem motivieren die Gamification-Elemente Duell und Highscore die Anwender zur regelmäßigen Nutzung der App. Laut FEO Media [15] ist Quizduell mittlerweile in 21 Ländern verfügbar und wurde allein im deutschen Google Play-Store mindestens 10 Millionen Mal heruntergeladen vgl. Google Inc. [16]. Die weltweiten Installationen über alle Betriebssysteme hinweg dürften noch einmal deutlich höher liegen. Zwar lassen sich anhand dieser Zahlen keine tatsächlichen Lernerfolge oder verbesserte Behaltensleistungen nachweisen. Allerdings ist die hohe Beliebtheit der App zumindest ein theoretisches Indiz dafür, dass hier in hohem Maße erfolgreiches Spaced Learning stattgefunden hat.

Der Erfolg des Quizduells hat auch in der E-Learning-Branche für Aufsehen gesorgt, zumal die verschiedenen Marktteilnehmer schon lange nach sinnvollen

Lernszenarien für das Smartphone gesucht haben. Unter den für 2015 vom MMB Institut erhobenen zehn umsatzstärksten E-Learning Anbietern Deutschlands finden sich so auch bereits zwei Unternehmen, die eine dem Quizduell vergleichbare App für Unternehmen anbieten vgl. Michel [17]. Hinzu kommen diverse kleine Unternehmen und Start-Ups. Die Kernelemente Quizfragen und Duellfunktion werden dabei beibehalten und um unternehmenstypische Aspekte in der Bereichen Serverarchitektur, Nutzerverwaltung und Datenschutz ergänzt.

Für das oben beschriebene Lernszenario des Spaced Learnings mit Smartphones für Einzelhandelsauszubildende sind Quiz-Apps schon allein deswegen interessant, weil sie dem spieleaffinen Mediennutzungsverhalten der Zielgruppe entsprechen. Inhaltlich können alle relevanten Fachkenntnisse sowie die unternehmensspezifischen Waren und Brancheninformationen abgefragt werden. Zu beachten ist, dass im Zuge der Implementierung einer Quiz App im Unternehmen entsprechende Rollen und Prozesse für das Verwalten der Inhalte aufgesetzt sowie die technischen Voraussetzungen für die Distribution der App geschaffen werden müssen. Da sich der Einsatz von Quiz-Apps jedoch noch in einem sehr frühen Stadium befindet, kann noch keine Aussage über den Erfolg solcher Lernszenarien getroffen werden.

5 Technisch-organisatorische Rahmenbedingungen

Um mobiles Lernen im Einzelhandel zu realisieren, sind sinnvolle Lernszenarien die Grundvoraussetzung. Sind diese Szenarien gegeben, steht zwischen der Konzeption des Szenarios und dem Rollout an die Mitarbeiter jedoch die Klärung diverser technisch-organisatorischen Fragestellungen.

5.1 Bereitstellung der Endgeräte

Ein Einzelhändler, der mobiles Lernen etablieren möchte, muss zunächst klären, mit welchen Endgeräten seine Mitarbeiter lernen sollen. Dabei geht es weniger um die Gerätekategorie, d. h. Tablet oder Smartphone, und auch nur zweitrangig um den Gerätehersteller. Entscheidend ist vielmehr, ob die Geräte vom Unternehmen bereitgestellt werden oder ob es den Mitarbeitern erlaubt wird, eigene Endgeräte zu nutzen. Beide Varianten kommen mit je eigenen technisch-organisatorischen Vor- und Nachteilen daher. Für alle Mitarbeiter oder auch nur für eine bestimmte Mitarbeiterzielgruppe mobile Endgeräte anzuschaffen, ist mit hohen Kosten verbunden. Hinzu kommen Aufwände für Wartung und Support. Allerdings kann der Einzelhändler durch die Eigenanschaffung sehr genau festlegen auf welchen Endgeräten gelernt wird, was die Kompatibilitätstests der Inhalte erleichtert. Zudem gewährleistet der Einzelhändler damit, dass die komplette Zielgruppe Zugang zum Lernen hat. Dieser flächendeckende Zugriff wird in der Regel vom Betriebsrat eingefordert, ganz gleich, ob es sich um ein verpflichtendes oder um ein zwingendes Lernangebot handelt. Dem gegenüber steht die Verwendung privater Endgeräte, oft auch als Bring Your Own Device (BYOD) bezeichnet. Neben den entfallenden Anschaffungskosten hat BYOD den Vorteil, dass die Mitarbeiter selbst entscheiden können, mit welchen Geräten sie lernen möchten. Zudem sind private Geräte stärker im Alltag der Menschen integriert, als dies bei dienstlichen Geräten der Fall wäre. Das spontane Lernen zwischendurch wird dadurch wahrscheinlicher.

Aus organisatorischer Sicht wirft die Spontanität des Lernens wiederum die Frage nach dem Lernort und der Lernzeit auf. So fordert der Betriebsrat in der Regel, dass Lernzeit als Arbeitszeit gewertet wird. Doch gerade, wenn Lernen als kurzes Quiz auf privaten Smartphones angeboten wird, ist kaum zu vermeiden, dass es auch in der Freizeit stattfindet. Eine genaue Erfassung der Lernzeit, wie sie für die Anrechnung als Arbeitszeit notwendig wäre, ist hier kaum möglich. Bei Lernangeboten mit klar definierter Lernzeit, zum Beispiel WBTs, ist dies einfacher. Hier kann die Führungskraft im Vorfeld festlegen, welcher Mitarbeiter, welchen Inhalt lernen soll und somit auch die entsprechende Lernzeit freigeben. Der Nachweis, ob der Mitarbeiter auch tatsächlich gelernt hat, wird dabei über die Tracking-Funktion des Learning Management Systems (LMS) geführt. Sofern also eine entsprechende Betriebsvereinbarung vorliegt, kann der Mitarbeiter das WBT auch auf einem privaten Endgerät bei sich zuhause absolvieren und sich die Lernzeit später als Arbeitszeit anrechnen lassen.

5.2 Online und offline lernen

Als neuralgischer Punkt in der technisch-organisatorischen Infrastruktur des Einzelhandels hat sich auch die Internetanbindung herausgestellt. Wie eingangs beschrieben ist die WLAN-Verfügbarkeit gerade in den ländlichen Regionen stark eingeschränkt. Mobiles Lernen, das eine permanente Internetverbindung benötigt, lässt sich hier kaum realisieren. Daher sind im Einzelhandel Lösungen zu bevorzugen, die zumindest zu einem großen Teil auch offline verfügbar sind. Hierfür müssen die Inhalte lokal auf den Endgeräten gespeichert werden. Allerdings ist der Zugriff auf den lokalen Speicher durch die mobilen Betriebssysteme iOS und Android stark eingeschränkt. So erfordert das Speichern immer eine mit dem Inhaltstyp kompatible App. So muss etwa ein eBook in einer eBook-App, ein Foto in einer Bilder-App gespeichert werden. Unter den Apps, die standardmäßig mit den Betriebssystemen ausgeliefert werden, ist jedoch keine App, die mit WBTs kompatibel wäre. Erforderlich ist daher die App eines Learning Management Systems siehe Abbildung 5. Einige LMS-Hersteller bieten solche Apps bereits als Ergänzung zu ihrem Desktop-System an. Sofern also das LMS des Einzelhändlers über eine App verfügt, kann er diese auf den Endgeräten der Zielgruppe installieren. Der Nutzer kann sich anschließend über seine LMS-Zugangsdaten an der App anmelden und ausgewählte Kurse herunterladen.

Einmal heruntergeladene Kurse können anschließend offline bearbeitet werden. Die protokollierten Lerndaten werden mit dem LMS synchronisiert, sobald wieder eine Internetverbindung besteht. Zwar kommt auch dieses Szenario nicht ohne eine Internetverbindung aus, allerdings muss der Lernende nicht permanent online sein. Stattdessen können Randzeiten genutzt werden, um Inhalte zu laden und Lernstände zu synchronisieren, so dass die Datenübertragung der App nicht mit der Übertragung geschäftskritischer Vorgänge konkurriert.

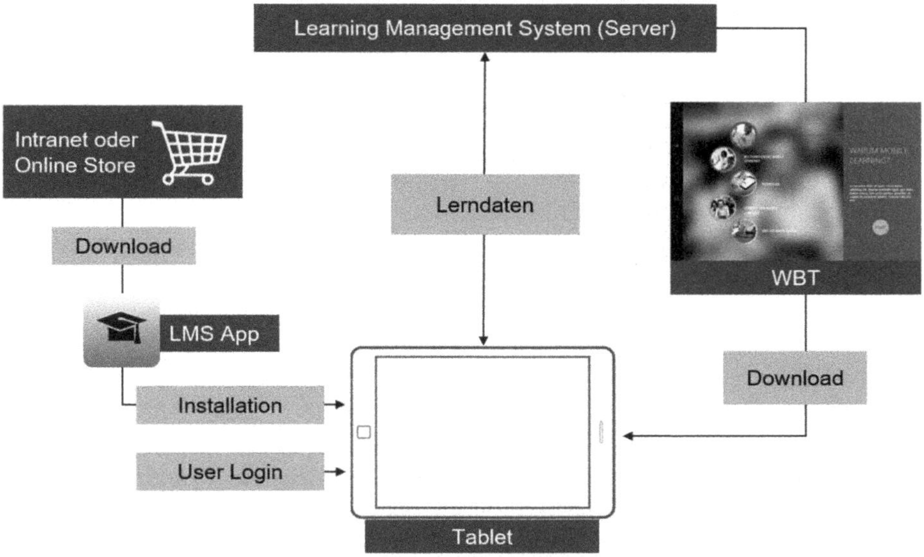

Abb. 5: Datenkommunikation eines mobilen Learning Management Systems.

Auch beim oben geschilderten Szenario der Smartphone Quiz-App stellt sich die Frage, ob die Nutzer permanent online sein müssen, um mit der App zu lernen. Hier tun sich zwei mögliche Optionen auf:

1) Bei Option eins wird das Quiz als Web App bereitgestellt. Eine Web App wird nicht auf dem Smartphone installiert, sondern auf einem Web-Server hinterlegt. Die Nutzer greifen hier über den Web-Browser ihres Smartphones auf diesen Web-Server zu, um die App zu nutzen. Dies hat zwar den Vorteil, dass keine App-Installation erforderlich ist, allerdings muss der Nutzer in diesem Szenario permanent online sein, um die App zu nutzen.
2) Anders verhält es sich bei Option zwei, der Verteilung als Native App. Native Apps werden auf den Endgeräten installiert und können alle erforderlichen Lerninhalte offline vorhalten. So können die Lernenden auch ohne Internetverbindung Quizze spielen und ihre Fortschritte einsehen. Einzig zum Spielen von Duellen oder zum Herunterladen neuer Inhalte müssen sie wieder online sein.

Sollen native LMS-Apps oder native Quiz-Apps eingesetzt werden, muss der Einzelhändler zudem klären, wie die App auf die Endgeräte gelangt. Der in vielerlei Hinsicht einfachste Weg ist die Bereitstellung im Apple App-Store und im Google Play-Store. Schließlich ist der Download von Apps aus den Stores ein für Nutzer geläufiger Prozess, der keiner Erklärung bedarf. Auch Updates lassen sich so leicht einspielen. Allerdings kann eine App, die in den öffentlichen Stores steht, von jedermann gefunden und heruntergeladen werden. So können auch Unbefugte an die App gelangen, wenngleich sie sich ohne entsprechende Benutzerdaten nicht einloggen können. Die Gefahr besteht also weniger im unbefugten Zugriff auf interne Informationen als im Image-Schaden der entstehen könnte, wenn Kunden eine dem Unternehmen zuzuordnende App im Store finden, aber trotz erfolgreicher Installation nicht nutzen können. Um dies zu umgehen, kann die App auch über das Intranet bereitgestellt werden. Zwar lässt sich dadurch der Zugriff auf Mitarbeiter beschränken, doch sind Installation und Update für Nutzer und Hersteller deutlich komplizierter. Der ideale Weg ist daher der ein unternehmenseigener Store. Dieser erlaubt Download- und Update-Prozess wir in den öffentlichen Stores und ist dennoch nur für Mitarbeiter zugänglich.

6 Fazit

Am Beispiel der Zielgruppe der Auszubildenden lässt sich nachvollziehen, wie Mobile Learning dazu beitragen kann, infrastrukturbedingte Lernherausforderungen des Einzelhandels zu lösen. Mobile WBTs gekoppelt mit einem mobilen LMS ermöglichen es, das bekannte WBT-Lernszenario auch für Mitarbeiter ohne PC-Arbeitsplatz verfügbar zu machen. Darüber hinaus eröffnen Smartphone Quiz-Apps neue Lernszenarien, die über das bereits Bekannte hinausgehen. Hier werden die technischen und didaktischen Besonderheiten der Endgeräte genutzt, um das traditionelle Weiterbildungsproblem der Vergessenskurve zu lösen. Die permanente Verfügbarkeit von Smartphones gekoppelt mit der spontanen Nutzung einer App, schaffen ideale Voraussetzungen für gelungenes Spaced Learning. Die Einzelhändler werden damit in die Lage versetzt, sowohl den Erwerb als auch das Einprägen des Wissens besser an die Limitationen der Infrastruktur und die Bedarfe der Zielgruppe anzupassen. Die Erfahrung zeigt jedoch, dass die Einführung von Mobile Learning ohnehin nicht an didaktischen Fragestellungen scheitert, sondern sich eher technisch-organisatorische Hürden auftun. Es zeigt sich, dass Mobile Learning nur unter der Einbindung des Betriebsrates gelingen kann. Ein entsprechendes Vorhaben kann also nicht von der Weiterbildung allein gestemmt werden, sondern muss in Kooperation mit IT, Fachbereichen und Sozialpartnern realisiert werden.

Literaturverzeichnis

[1] Statistisches Bundesamt. *Binnenhandel, Gastgewerbe, Tourismus*. 2016 [zitiert am 28 Juli 2016]. URL: https://www.destatis.de/DE/ZahlenFakten/Wirtschaftsbereiche/BinnenhandelGastgewerbeTourismus/BinnenhandelGastgewerbeTourismus.html

[2] EDEKA Zentrale AG & CO. KG. *EDEKA-Verbund Unternehmensbericht 2015*. 2016 [zitiert am 27 Juli 2016]. URL: http://www.edeka-verbund.de/Unternehmen/de/geschaeftsbericht/edeka_im_profil_2/edeka-im-profil.jsp

[3] REWE-ZENTRALFINANZ eG, Köln. *REWE Group Geschäftsbericht 2015*. 2016 [zitiert am 27 Juli 2016]. URL: http://rewe-group-geschaeftsbericht.de/2015/kennzahlen.html

[4] Jacques' Wein-Depot Wein-Einzelhandel GmbH. Depotfinder. 2016 [zitiert am 27 Juli 2016]. URL: https://www.jacques.de/weindepots/

[5] Robert Bosch GmbH. *Standorte in Deutschland*. 2016 [zitiert am 27 Juli 2016]. URL: http://www.bosch.de/de/de/our_company_1/locations_1/location_5.html

[6] Bloching B, Otto A, Luck L, Kötter H, Keine R, Franke M. *Dem Kunden auf der Spur. Wie wir in einer Multichannel-Welt wirklich einkaufen – Chancen für Handel und Hersteller*. München, Roland Berger Strategy Consultants und ECE. 2013.

[7] Frankfurter Allgemeine Zeitung GmbH. *Verbraucher wünschen sich mehr Beratung im Einzelhandel*. 2013 [zitiert am 29 Juli 2016]. URL: http://www.faz.net/aktuell/wirtschaft/agenda/studie-verbraucher-wuenschen-sich-mehr-beratung-im-einzelhandel-12669185.html

[8] Gauss N. *Mobile Learning in Unternehmen der Handelsbranche. Eine interdisziplinäre Betrachtung und Analyse zur progressiven Relevanz*. Furtwangen, Hochschule Furtwangen. 2015.

[9] OAK – Online Akademie GmbH & Co. KG. *Die Ausbildung zur Einzelhandelskauffrau im dualen System*. 2016 [zitiert am 27 Juli 2016]. URL: http://www.einzelhandelskauffrau.org/ausbildung/ausbildung-zur-einzelhandelskauffrau

[10] Ebbinghaus H. *Über das Gedächtnis. Untersuchungen zur experimentellen Psychologie*. Leipzig, Duncker & Humblot. 1885 [zitiert am 27 Juli 2016]. URL: https://archive.org/details/berdasgedchtnis01ebbigoog

[11] Thamheimer W. *Spaced Learning Events Over Time: What the Research Says [Internet]*. 2006 [zitiert am 27 Juli 2016]. URL: https://www.phase-6.de/system/galleries/download/lernsoftware/Spacing_Learning_Over_Time__March2009v1_.pdf

[12] Feierabend S, Plankenhorn T, Rathgeb T. *JIM 2015 – Jugend, Information, (Multi-) Media – Basisstudie zum Medienumgang 12- bis 19-Jähriger in Deutschland*. Stuttgart, Medienpädagogischer Forschungsverbund Südwest (mpfs). 2015.

[13] Bendel O. *Gamification. Wiesbaden, Springer Gabler / Springer Fachmedien Wiesbaden GmbH*. 2016. [zitiert am 27 Juli 2016]. URL: http://wirtschaftslexikon.gabler.de/Archiv/688938796/gamification-v4.html

[14] Chatfield T. 7 ways games reward the brain. New York, TED Conferences, LLC. 2010 [zitiert am 27 Juli 2016]. URL: https://www.ted.com/talks/tom_chatfield_7_ways_games_reward_the_brain/transcript

[15] FEO Media. *Our Quiz Games*. 2016 [zitiert am 27 Juli 2016]. URL: http://www.feomedia.com/quiz-games.

[16] Google Inc. *Google Play – Quizduell*. 2016 [zitiert am 27 Juli 2016]. URL: https://play.google.com/store/apps/details?id=se.feomedia.quizkampen.de.lite

[17] Michel L. *MMB-Branchenmonitor „E-Learning-Wirtschaft 2015*. Essen MMB Institut für Medien- und Kompetenzforschung. 2015. [zitiert am 27 Juli 2016]. URL: http://www.mmb-institut.de/mmb-monitor/branchenmonitor/MMB-Branchenmonitor_2015_I.pdf

Gerd Schumacher & Bianca Wode

Praxisbeispiel: Deutsche Bahn

Lernen und Arbeiten mit mobilen Endgeräten

Zusammenfassung: Das Thema „Lernen“ scheint bei einem Großteil der Unternehmen heute präsenter denn je zu sein. Da Lernprozesse sich immer mehr in die betriebliche Tätigkeit verlagern, stellt sich auch die Deutsche Bahn AG zunehmend die Frage, wie digitale Technologien zur Vermittlung von Lerninhalten und zur Optimierung von Arbeitsprozessen eingesetzt werden können. Insbesondere mobile Endgeräte und entsprechende Anwendungen bieten vielfältige Chancen und können wesentlich dazu beisteuern, Lern- und Arbeitswelt stärker als in der Vergangenheit miteinander zu verbinden.

Vor diesem Hintergrund stellt der Beitrag nicht nur ein Projekt vor, bei dem über 5000 Kundenbetreuer im Nahverkehr der Bahn mit mobilen Tablet-PCs geschult wurden (Pro InFo KiN), sondern präsentiert darüber hinaus auch Ansätze eines community-unterstützten, lern- und wissensorientierten Konzeptes in der betrieblichen Bildung, das bei der Deutschen Bahn AG Anwendung findet (PRiME).

Schlüsselwörter: Mobile Learning, Smart Devices, Tablet-PC, Soziale Netzwerke

1 Eine rasante Entwicklung

Erst 2014 feierte das Internet seinen 25. Geburtstag und legte damit den Grundstein für eine Vielzahl der heutigen technischen Entwicklungen. Mit der fortschreitenden Digitalisierung hat es sich innerhalb kürzester Zeit in nahezu alle Lebensbereiche ausgeweitet und etabliert. Doch nicht nur der technische Fortschritt wurde um ein Vielfaches beschleunigt, auch das Verhalten der Nutzer und der Umgang mit neuen Technologien haben sich grundlegend geändert. Die orts- und zeitunabhängige Nutzung von Informationen und Medien auf den allzeit griffbereiten Smartphones, Tablets und Co. gehört mittlerweile ganz selbstverständlich zu unserem Alltag.

Auch in der Aus- und Fortbildung von Mitarbeitern finden digitale Technologien zunehmend Anwendung. Unter dem Begriff des E-Learning sind im Laufe der Zeit zahlreiche Lernformen hervorgegangen: So ist von Computer Based Trainings, Web Based Trainings, Blended Learning, Virtual Classrooms, Learning Communities und Massive Open Online Courses die Rede. Die Liste lässt sich leicht erweitern und zeigt lediglich einen Ausschnitt von der Vielfalt der Lernangebote, die auch verstärkt in Unternehmen eingesetzt werden.

Schon in der Vergangenheit sahen Bildungsverantwortliche und -experten eine unaufhaltsame Entwicklung des E-Learning vorher:

DOI 10.1515/9783110468946-010

1) „2005 werden über 50 Prozent der Studierenden in virtuellen Universitäten eingeschrieben sein, während die klassische Universität auf eine Restgröße schrumpfen wird." (Encarnação/Leidhold/Reuter: Szenario: Die Universität im Jahre 2005, 1999)
2) „Classrooms are out! No more classrooms! Don't build them!" (Roger Schank, Institute for Learning Sciences, 1997)
3) „E-Learning wird mehr ändern als alles andere in der jüngsten Geschichte des Lernens." (Neil Johnston, managerSeminare, September 2000)
4) „Statt über Präsenzseminare wird in Zukunft überwiegend elektronisch gelernt." (Constantin Gillies, managerSeminare, September 2000)

Bisher wurden diese Erwartungen bei weitem nicht erfüllt. Ohne Frage ist E-Learning ein wichtiger Baustein in der Aus- und Weiterbildung, dennoch wird es in absehbarer Zeit klassische Präsenztrainings nicht komplett ersetzen. Die persönliche Begegnung zwischen Lehrenden und Lernenden wird weiterhin eine wichtige Rolle spielen. Auch lassen sich noch nicht alle Inhalte und Themen elektronisch in sinnvolle didaktische Konzepte überführen. Je nach Zielgruppe, Rahmenbedingungen und Lernzielen kann E-Learning aber bereits heute traditionelle Lernformen teilweise ersetzen, vor allen Dingen aber sinnvoll ergänzen. Vor dem Hintergrund neuer hochwertiger elektronischer Endgeräte und leistungsfähigeren Redaktions- und Lernmanagementsystemen werden sich die Möglichkeiten zukünftig weiterentwickeln.

Der Trend bewegt sich zunehmend in die Richtung des mobilen Lernens, auch Mobile Learning genannt. Diese Lernform schließt den Aspekt der Mobilität noch stärker ein, als es bei den oben genannten E-Learning-Lernformen der Fall ist.

2 Möglichkeiten des Mobile Learning

Insgesamt hat sich schrittweise ein grundlegendes Umdenken in der Aus- und Weiterbildung in Unternehmen vollzogen. Lernen und Arbeiten findet bereits heute nicht mehr getrennt voneinander statt, sondern im kontinuierlichen Wechselspiel. In diesem Kontext besteht Lernen nicht mehr ausschließlich aus der Vermittlung und Ansammlung von festgelegten Lerninhalten im institutionell festgelegten Rahmen. Vielmehr findet Lernen in nahezu allen Phasen des Arbeitsprozesses statt – ob bewusst oder unbewusst, im Büro oder unterwegs. Der Fokus muss daher verstärkt auf dem ganzheitlichen Aspekt des Lernens liegen, der auch das informelle Lernen einbezieht und Lernen generell als kontinuierlichen Prozess versteht.

Für Unternehmen birgt der Einsatz von mobilen Informations- und Kommunikationstechnologien große Gestaltungsspielräume, wenn es darum geht, neue Lernformen infolge von veränderten Anforderungen zu etablieren und sowohl das implizite als auch explizite Wissen der Mitarbeiter handhabbar zu machen. Wesentliche Vorteile von Mobile Learning gegenüber klassischen Lernformen sind:

1) zeitnahe Qualifizierung größerer Gruppen
2) geringere Fehlerquote durch einfachere Qualitätsprüfung
3) schnelle und kostengünstige Aktualisierung von Lerninhalten
4) Unabhängigkeit von Zeit und Ort (Learning on Demand)
5) Unterstützung des individuellen Lerntempos
6) Förderung des situations- und problemorientierten Lernens
7) verbesserte Kommunikation zwischen Lehrenden und Lernenden
8) schnelle Verbreitung von Lerninhalten mit Möglichkeiten eines anschließenden Feedbacks
9) geringere Reisekosten und Ausfallzeiten

Die Techniken des mobilen Lernens ebnen in Verbindung mit leistungsfähigen mobilen Endgeräten (Smartphones und Tablets) und den damit ermöglichten einfacheren Informations- und Kommunikationsprozessen neue Wege, um Lerninhalte in den Arbeitsprozess zu integrieren und den Arbeitsprozess insgesamt zu optimieren. Damit besteht erstmalig die realistische Chance, „Arbeits- und Lernwelt" wirksam miteinander zu verknüpfen.

Die technischen und individuellen Voraussetzungen sind vorhanden. Das belegen auch die Zahlen der BITKOM-Studie „Arbeit 3.0" aus dem Jahr 2013 [1]. Demnach nutzen 79 % der befragten Erwerbstätigen für ihre tägliche Arbeit mobile Geräte, das heißt Notebooks, Tablets, Computer, Smartphones oder Handys. An eine ähnliche Thematik knüpfen die Ergebnisse der Trendstudie „mmb Learning Delphi" im Jahr 2015 an [2]: Für 85 % der Befragten (Mehrfachnennung) werden „Mobile Anwendungen / Apps" in den kommenden drei Jahren eine zentrale Bedeutung für das betriebliche Lernen in Unternehmen haben. 86 % prognostizieren sogar einen kommerziellen Erfolg.

Nun heißt es, dieses Potenzial zu nutzen. Gefragt sind Lösungen, die nah am Arbeitsplatz und an den Bedürfnissen der Mitarbeiter ausgerichtet sind. Wie das realisiert werden kann, veranschaulichen zwei Projekte der Deutschen Bahn AG.

3 Projekt: Pro InFo KiN

Neben der Qualität der Fahrzeuge ist die Qualität von Service und Fahrgastbetreuung ein zentrales Wettbewerbskriterium für die DB Regio AG, wie das nachfolgende Projekt Pro InFo KiN zeigt.

3.1 Herausforderungen

Die Anforderungen an ein serviceorientiertes Verhalten des eingesetzten Personals sind in den letzten Jahren deutlich gewachsen. Die regelmäßige und aktuelle Qualifizierung der Zugbegleiter, die sogenannten Kundenbetreuer im Nahverkehr (KiN), ist dafür eine zentrale Voraussetzung. Neben der betrieblichen und faktenbasierten Wissensvermittlung, wie es z. B. bei Tarifen, Vertriebsthemen und der Abfertigung des Zuges der Fall ist, haben „weichere" Themen, wie etwa Verhalten, zunehmend an Bedeutung gewonnen.

Zusätzliche Herausforderungen sind mit Blick auf schnelle und effiziente Informationen der (mobilen) Mitarbeiter angesichts der Komplexität der „Regio-Welt" entstanden. Die Mengen an Informationen, die dabei zusammenkommen und verteilt werden müssen, erfordern eine treffsichere und nutzerrelevante Verteilung. Die Informationsverteilung mittels „Gießkanne" und über das Medium Papier wird zunehmend als schwer handhabbare Informationsflut angesehen und mündet nicht selten in Unzufriedenheit unter den Mitarbeitern.

3.2 Konzept

Vor diesem Hintergrund prüfte die DB Regio AG den Einsatz von Tablets zur Optimierung der Information und Fortbildung ihres mobilen Personals. Gemeinsam mit DB Training, Learning & Consulting, dem internen Weiterbildungsdienstleister, wurde bereits 2011 ein Konzept entwickelt und pilotiert, das auf die Arbeits- und Lernbedingungen der KiN zugeschnitten ist.

3.2.1 Ziele und Inhalte des Projektes

Hinter dem Projekt Pro InFo KiN steckt die Idee, die Fortbildungs- und Informationsprozesse für die mobilen Mitarbeiter durch den Einsatz mobiler Endgeräte effizienter zu gestalten. Die mehr als 5.000 KiN der DB Regio AG, die im Fahrdienst keinen stationären Zugang zur IT-Infrastruktur des Unternehmens haben, sollten schneller und zuverlässiger als bisher an aktuelle Informationen gelangen. Gleichzeitig sollten webbasierte Trainings (WBT) die bestehenden Fortbildungsangebote für KiN ergänzen und optimieren.

Anfangs wurde Pro InFo KiN als mobile App für 10-Zoll-Tablets mit dem Betriebssystem Android entwickelt und im Einsatz mit ca. 120 Mitarbeitern der Deutschen Bahn AG getestet (Abbildung 1). Die ursprüngliche Anwendung basiert auf zwei Säulen: zum einen auf einem digitalen Wissensspeicher und zum anderen auf diversen Lernmodulen.

Abb. 1: Zugbegleiterin mit Pro InFo KiN-Tablet.

3.2.2 Digitaler Wissensspeicher

Der Wissensspeicher beinhaltet neben Richtlinien und Leitfäden auch aktuelle Informationen. Nachrichten in gedruckter Form werden damit hinfällig. Die Mitarbeiter aktualisieren Pro InFo KiN zu Dienstbeginn per WLAN oder UMTS und haben dadurch Zugriff auf die aktuellsten Informationen, um beispielsweise Fahrgästen korrekte Auskünfte geben zu können. Die Möglichkeit, auf das Internet zuzugreifen, rundet das Angebot ab.

Ein großer Vorteil von Pro InFo KiN ist die korrekte Verteilung: Dokumente erreichen nur diejenigen Empfänger, für die sie relevant sind. So müssen sich beispielsweise Kundenbetreuer im Nahverkehr in München nicht mit Informationen befassen, die Besonderheiten des Nahverkehrs im Raum Bremen betreffen.

3.2.3 Lernmodule

Das webbasierte Training (WBT) als zweite Säule stellt eine sinnvolle Erweiterung zum klassischen Präsenzunterricht mit Trainern dar. Das Lernprogramm des WBT besteht aus kleinen Modulen, die Faktenwissen vermitteln, beispielsweise zu Fahrgastrechten, Taxi- und Hotelgutscheinen oder Unfallverhütungsvorschriften. Die Module sind so aufgebaut, dass sie innerhalb kleiner Zeitfenster bearbeitet werden können. Der Vorteil: Jeder Zugbegleiter entscheidet selbst, wann und wo er lernt und ob er Inhalte wiederholt oder vertieft. Die Mobilität und Flexibilität seiner Arbeitswelt spiegeln sich in Pro InFo KiN wider.

3.3 Weitere Entwicklung

Das Projekt wurde mit 120 Mitarbeitern erfolgreich pilotiert und im Jahr 2013 mit dem Deutschen Bildungspreis in der Kategorie „Innovation“ ausgezeichnet. Die zwischenzeitliche Entscheidung zur Ausstattung der Zugbegleiter mit neuen Verkaufsterminals in Tablet-Technologie machte eine besondere Ausstattung der Zugbegleiter mit 10-Zoll-Tablets überflüssig. Zugleich bedeutete die Entscheidung auch, dass nicht alle angestrebten Funktionalitäten realisiert werden konnten. So erhalten die Zugbegleiter aktuell mit diesen Tablets Zugriff auf die wichtigsten Regelwerke. Die entwickelten WBTs werden momentan für 7-Zoll-Geräte überarbeitet und stehen dann auch künftig zur Verfügung. Für die zielgenaue Versorgung mit den sonstigen Informationen sind die neuen Verkaufsterminals zurzeit noch nicht zugelassen.

Unabhängig davon, standen die Dokumente den Mitarbeitern in der Regel nur im PDF-Format zur Verfügung. Ein individuelles Zusammenstellen und Filtern von Informationen in diesen Dokumenten entsprechend der individuellen Bedürfnisse der Mitarbeiter ist jedoch nicht möglich gewesen. Um diese Lücke zu schließen, ist das System PRiME entstanden.

4 Projekt: PRiME

PRiME (Professional Reflective Mobile Personal Learning Environments) ist ein Forschungsprojekt von DB Training in Kooperation mit dem Lehr- und Forschungsgebiet

Informatik 9 der RWTH Aachen. Die Forschungsgruppe ist Teil des Computer Science Department und legt ihren thematischen Schwerpunkt auf Learning Analytics, innovative Lerntechnologien, Informatikdidaktik, Lerntheorien sowie intelligente webbasierte und mobile Technologien. Wissenschaft und Praxis werden hier lernförderlich miteinander verbunden, um PRiME zu realisieren.

Der offizielle Projektzeitraum erstreckte sich von Juli 2013 bis Oktober 2016. Im Jahr 2015 wurde das Projekt mit dem E-Learning Award und dem Exzellenzsiegel des Deutschen Bildungspreises sowie 2016 mit dem Siegel „Excellence with EIM" ausgezeichnet. Getestet wird das System mit Mitarbeitern der Deutschen Bahn AG, konkret mit Wagenmeistern, Technikern, Regelwerksentwicklern sowie Trainern und Trainingsentwicklern.

4.1 Hintergrund und Vorhaben

In Zeiten der Digitalisierung wächst der Bestand an implizitem und explizitem Wissen stetig in Unternehmen. Erfahrungswissen sowie aktuelle und stets verfügbare Daten sind dabei zu einem unverzichtbaren Bestandteil geworden, um Aufgaben bearbeiten und Situationen im Arbeitsprozess beurteilen zu können – eine Entwicklung, mit der auch die Mitarbeiter der Deutschen Bahn AG konfrontiert sind.

So sind mit der Zeit auch die Anforderungen an die spezifischen Kenntnisse von Mitarbeitern der Deutschen Bahn AG, wie z. B. von Servicetechnikern, kontinuierlich gestiegen. Sie arbeiten mit Arbeitsanweisungen, Richtlinien und Regelwerken vor Ort, die immer umfangreicher werden und infolgedessen oft nicht vollständig im Arbeitsprozess zur Verfügung stehen können. Ein schnelles und gezieltes Abrufen von Informationen ist daher kaum möglich. Vor diesem Hintergrund haben wir eine Softwarelösung entwickelt, die genau diesen Problemen Abhilfe schafft – aber nicht nur das.

PRiME ist eine Plattform und Technologie, die sofortige Hilfestellung im Arbeitsprozess leistet und das selbstgesteuerte Lernen am Arbeitsplatz verbessert. Die Idee ist, den Mitarbeitern alle benötigten und relevanten Informationen unabhängig von Zeit und Ort zur Verfügung zu stellen und diese separat oder gemeinsam zu bearbeiten oder zu ergänzen.

4.2 Prinzip und Lösungsansatz

Die Lösung in PRiME basiert dabei auf einem community-unterstützten, lern- und wissensorientierten Konzept in der betrieblichen Bildung (Learning as a Network-Lerntheorie). Die neuen Ansätze werden dabei insbesondere durch mobile und miteinander kooperierende Apps repräsentiert.

4.2.1 Intelligente Aufteilung

Auch für unsere mobilen Mitarbeiter sind Regelwerke ein täglicher Begleiter im Arbeitsalltag – zumindest in der Theorie. In der Praxis ist solch ein Regelwerk aufgrund seiner Komplexität meist unhandlich und aus diesem Grund am direkten Arbeitsplatz häufig nicht direkt verfügbar. Zudem wird üblicherweise nicht das komplette Regelwerk benötigt, um bestimmte Sachverhalte klären zu können, sondern nur einige Teile davon.

Deshalb ermöglicht PRiME unter anderem das intelligente Aufteilen und Speichern von komplexen Dokumenten/Informationen in kleinstmögliche, wiederverwertbare Einheiten. Die Aufteilung lässt sich mit den unterschiedlichsten Dateiformaten realisieren, z. B. Word- oder PowerPoint-Datei.

So ist es beispielsweise für den Servicetechniker möglich, für seinen Arbeitskontext relevante Elemente in seiner Lernumgebung zusammenstellen. Durch die Aufteilung im System können nun relevante Informationen aus dem Regelwerk gefiltert und in einen neuen personalisierten Kontext gestellt werden. Diese Informationen sind dann auch lokal verfügbar und zwar ohne dass sie den Bezug zur „Mutterinformation" verlieren. Aktualisierungen der ursprünglichen Quellen führen damit nahezu automatisch auch zur Aktualisierung der in einem anderen Kontext lokal genutzten Informationen.

Auch andere Zielgruppen profitieren von PRiME. So können z. B. Trainingsentwickler Informationen schneller und einfacher für die Weiterentwicklung und Aktualisierung ihrer Trainings verwenden.

4.2.2 Vernetzung

Die im vorherigen Kapitel beschriebene intelligente Aufteilung von Inhalten ist die eine Seite von PRiME. Das System geht jedoch noch weit über diese Funktionalität hinaus, denn auf der anderen Seite steht die Vernetzung, die grundlegend durch das kollaborative Arbeiten im angebundenen sozialen Netzwerk realisiert wird. Hier sind unter anderem Bewertungen und Kommentierungen sämtlicher Inhalte möglich. Außerdem können Mitarbeiter über integrierte Video-, Text- oder Fotofunktionen z. B. Arbeitsabläufe visualisieren und anderen Nutzern zugänglich machen.

Im Zuge der Vernetzung und der damit verbundenen Einrichtung einer virtuellen Umgebung für Support und Expertenaustausch können Synergieeffekte entstehen. Zum einen gibt es im integrierten sozialen Netzwerk die Möglichkeit des persönlichen Informationsaustausches. Die Mitarbeiter können sich hierbei gegenseitig Hilfestellung leisten oder sich bei Fragen und Problemen an Kollegen wenden, die sich eventuell mit ähnlichen Angelegenheiten in ihrem Arbeitsalltag beschäftigen. Zum anderen ist es in PRiME möglich, Arbeitsdokumente mit anderen im persönlichen Netzwerk zu teilen und anschließend gemeinsam zu bearbeiten oder zu ergänzen. So kann jeder Mitarbeiter seine Kompetenzen und Erfahrungen zu einem bestimmten

Thema einbringen, sodass durch unterschiedliche Perspektiven ein vielschichtiger Erkenntnisgewinn erzielt werden kann. Damit können beispielsweise die Herausgeber der Dokumente, z. B. Autoren von Regelwerken, durch Annotationen wichtige Erkenntnisse und Hinweise anderer PRiME-Nutzer erhalten, um die veröffentlichten Inhalte sukzessive zu verbessern.

Basierend auf dem Ansatz der Schwarmintelligenz soll so der Wissensaustausch der Mitarbeiter untereinander gefördert werden, sodass diese einen kontinuierlichen Erfahrungszuwachs erhalten und das System lernend (konsumierend) sowie beitragend (produzierend) nutzen.

4.3 Reflexion als Basis des Lernprozesses

Die Basis des eigentlichen Lernprozesses ist die eigene Reflexion des Gelernten. Dieser im PRiME-Projekt zugrunde liegende Ansatz betrachtet dazu drei Reflexionsebenen (siehe Abbildung 2):

1) Persönliche Lernumgebung (PLE – Personal Learning Environment)
2) Persönliches Netzwerk (PKN – Personal Knowledge Network)
3) Organisationsnetzwerk (NoP – Network of Practice)

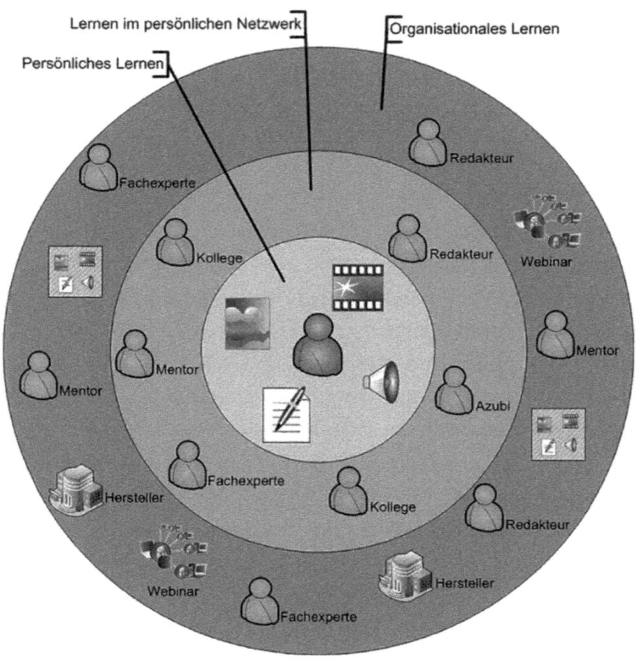

Abb. 2: Das 3-Stufen-Reflexionsmodell in PRiME.

4.3.1 Persönliche Lernumgebung

Die persönliche Lernumgebung, auch als Personal Learning Environment bezeichnet (PLE), repräsentiert die Wissensbasis des Lernenden. Diese ermöglicht es, durch die mobile Dokumentation von Wissen und Erfahrungen eine eigene individuelle Lernumgebung zu schaffen. Zudem helfen die Video-, Audio- und Text-Annotationen dem Nutzer dabei, die bestehenden Dokumente mit weiteren Informationen anzureichern.

Im Rahmen der PLE hat der einzelne Mitarbeiter alle benötigten Informationen bzw. Arbeitsdokumente, die für den jeweiligen Kontext relevant sind, jederzeit und aktuell auf dem mobilen Arbeitsgerät verfügbar. Das reflektierte Lernen in dieser Ebene wird zudem durch Learning-Analytics-Methoden unterstützt, auf die an späterer Stelle noch genauer eingegangen wird (siehe Kapitel 4.5 Learning Analytics).

4.3.2 Persönliches Netzwerk

Obwohl die Anmerkungen aus der PLE zunächst dem Mitarbeiter selbst für seine persönlichen Arbeitsabläufe helfen sollen, können die Wissensbestandteile der einzelnen Mitarbeiter auch wichtig für zukünftige Aufgaben in anderen Bereichen des Unternehmens sein. Dementsprechend können Mitarbeiter Annotationen auch in ihrem persönlichen Netzwerk freigeben, auch als Personal Knowledge Network, kurz PKN, bezeichnet.

Das PKN zielt dabei auf die Netzwerk-Ebene innerhalb von PRiME ab und unterstützt die Interaktion und gemeinschaftliche Zusammenarbeit mit einem persönlich ausgewählten Personenkreis. So haben die Mitarbeiter die Wahl zwischen verschiedenen Arten der Freigabe:

1) für einzelne Benutzer
2) für ausgewählte Benutzergruppen, z. B. die engsten Kollegen oder Mitarbeiter an einen bestimmten Standort

Wird ein Inhalt für eine Gruppe freigegeben, kann dieser dort von allen Mitgliedern gelesen und annotiert werden. Dies soll Diskussionen zur Verbesserung des eigentlichen Inhalts anregen. Kommentare und Bewertungen verfeinern letztlich auch die Ergebnisse der Learning Analytics-Algorithmen. Insgesamt steht in dieser Ebene die Wissensvernetzung in Interessensnetzwerken im Vordergrund.

4.3.3 Organisationsnetzwerk

Die letzte Dimension in PRiME stellt gleichzeitig die größte von allen dar: das Organisationsnetzwerk, auch Network of Practice (NoP) genannt. In dieser Ebene soll das gesammelte Wissen aus dem persönlichen Netzwerk innerhalb der gesamten Organisation abgebildet und verbreitet werden, sodass jeder PRiME-Nutzer Zugriff auf die erstellten und iterativ verbesserten Richtlinien und Anweisungen hat. Auf diesem Weg wird eine firmenweite Wissensvernetzung angestrebt.

4.4 Funktionalitäten in PRiME

Das PRiME-System besteht aus einem zentralen Wissensspeicher, der von mobilen sowie webbasierten Anwendungen über Schnittstellen erweitert bzw. dargestellt wird. Alle entwickelten Apps sind miteinander vernetzt und können untereinander kommunizieren.

4.4.1 Webanwendung: Editor

Das Projekt verfolgt den innovativen Ansatz, Informationen in kleinstmögliche, atomare Einheiten möglichst automatisiert aufzuteilen und zu speichern (siehe Kapitel 4.2.1 Intelligente Aufteilung). Der Arbeitstitel dieser Funktionalität heißt Editor und bildet den Grundbaustein in PRiME (siehe Abbildung 3).

In der einzigen Webanwendung können Dokumente gängiger Dateiformate, wie Word- oder PowerPoint-Dateien, direkt ins System importiert werden. Dabei werden die importierten Dokumente automatisch strukturiert in Einzelteile geteilt (sogenannte Snippets), um später in den mobilen Anwendungen daraus die wichtigsten Passagen, Grafiken oder Abschnitte herausgreifen und in die eigene Lernumgebung aufnehmen zu können.

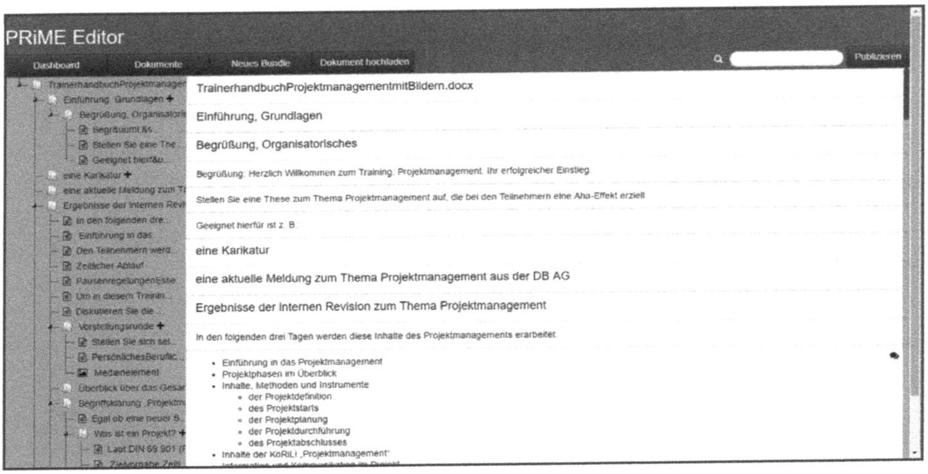

Abb. 3: Ansicht eines ausgewählten Dokumentes im Editor: Hier wird das Dokument mit seinen einzelnen Unterteilungen (z. B. in Kapitel, Textpassagen, Aufzählungen) angezeigt.

Damit die Ersteller, hier in der Regel Trainingsentwickler oder Autoren von Unterlagen, nach dem Hochladen der Datei in den Editor die Snippets selbst verwalten können, gibt es die Möglichkeit, die automatisch generierten Vorschläge des Systems zur Aufteilung in Snippets manuell zu verändern, falls die Automatik nicht korrekt unterteilt hat.

Bei einem Snippet handelt es sich um die kleinste Informationseinheit, die in Form von Texten, Audiodateien, Fotos, Zeichnungen, aber auch Videos erstellt und genutzt werden kann. Die Unterteilung in Snippets ist die Grundlage, damit z. B. ein Wagentechniker, der für die Wartung bestimmter Fahrzeugtypen verantwortlich ist, später ausschließlich die Informationen zu „seinen" Wagentypen in seine persönliche Lernumgebung aufnimmt, das heißt abonniert, annotiert und gegebenenfalls im Netzwerk kommuniziert.

4.4.2 Mobile App: Dokumente

Während der Editor eher von den Autoren und Trainingsentwicklern angewendet wird, sind für die Mitarbeiter im mobilen Einsatz, z. B. Wagenmeister oder Servicetechniker, die Anwendungen auf den Tablets von zentraler Bedeutung. Eine wesentliche Funktion stellt in diesem Zusammenhang die Anwendung Dokumente dar (siehe Abbildung 4).

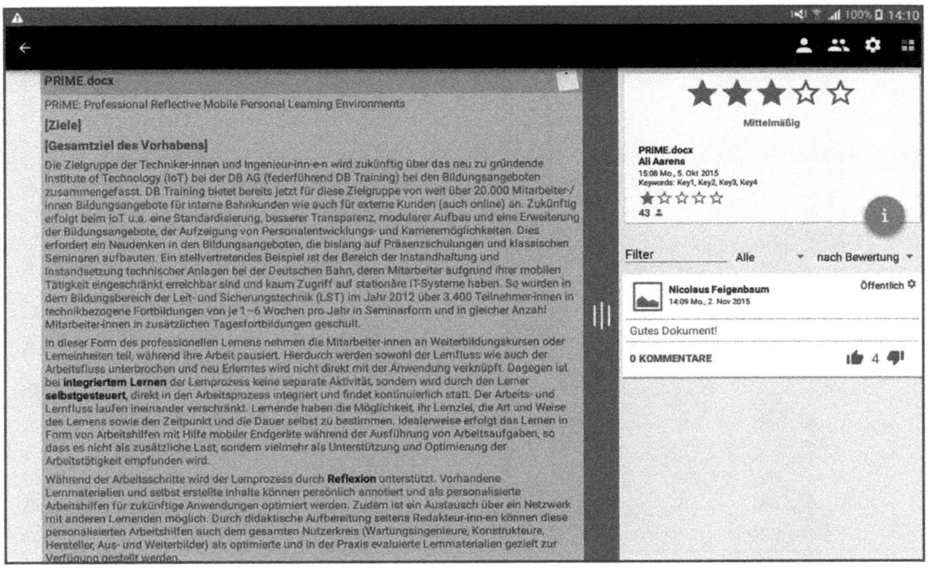

Abb. 4: Ansicht eines ausgewählten Dokumentes (links) mit ausgeklapptem Bereich für Annotationen und Bewertungen (rechts) in der Anwendung Dokumente.

Die mobile App gibt dem Mitarbeiter die Möglichkeit, die im Editor erstellten Dokumente auf dem Tablet darzustellen. Dementsprechend können relevante Lerninhalte, Informationen und Dokumente gelesen, abonniert und annotiert werden. Mithilfe der intelligenten Suchfunktion kann weiterhin nach kontext-relevanten Informationen gesucht werden. Zu jedem in der Anwendung angezeigten Snippet (z. B. Textabschnitt) können außerdem Kommentare in Form von Bildern, Videos, Texten und Audiospuren eingestellt werden.

4.4.3 Mobile App: News

Gerade wenn mehrere Nutzer(gruppen) zusammenkommen, kann es schnell passieren, dass eine Fülle an Informationen entsteht. Was passiert nun, wenn Mitarbeiter A einen von Mitarbeiter B erstellten Beitrag editiert oder kommentiert? An dieser Stelle kommt die News-App ins Spiel.

Diese dient dazu, dass Mitarbeiter nicht den Überblick über die verschiedenen Lerninhalte verlieren, denen sie folgen. Die Applikation stellt ein persönliches Werkzeug dar, das die Mitarbeiter über Änderungen am aktuellen Wissensstand, Reaktionen auf publizierte Inhalte oder Empfehlungen zu weiteren interessanten Inhalten informiert.

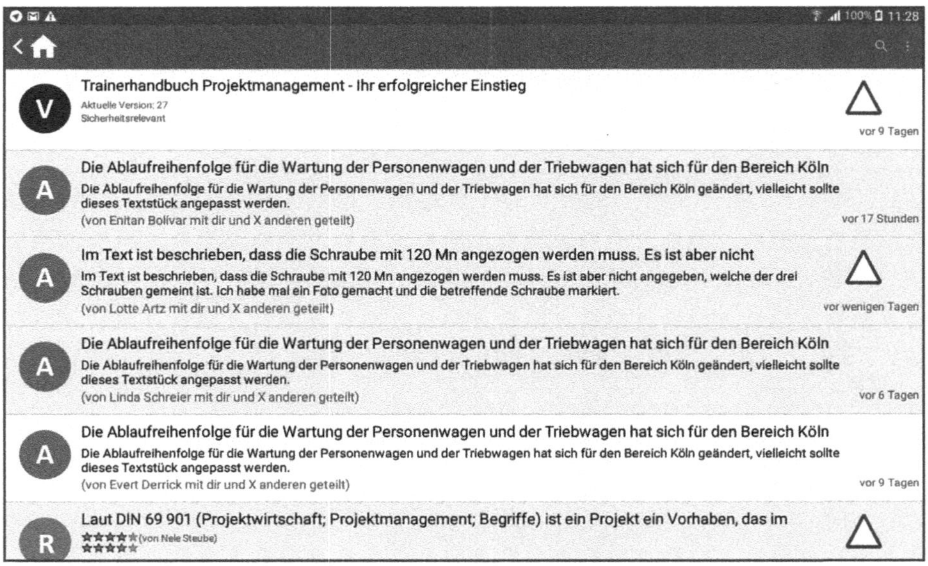

Abb. 5: Ansicht in den News: Aktualisierung einer Trainerhandbuch-Version (V); Anzeige neuer Antworten anderer Nutzer (A); Darstellung einer neuen Richtlinie (R).

In der News-App (siehe vorangegangene Abbildung 5) werden sämtliche Neuigkeiten bezüglich der abonnierten Dokumente oder der eigenen Kommentare angezeigt. Darüber hinaus kann eine individuelle Auswahl der News getroffen werden, die angezeigt werden sollen.

Im Falle unseres Beispiels erhält nun Mitarbeiter B über eine entsprechende Push-Nachricht die Information, dass eine Annotation in seinem Beitrag vorgenommen wurde. Dieser kann nun darauf reagieren und ist auf diesem Weg immer auf dem Laufenden.

4.4.4 Mobile App: Notizblock

Eine weitere App in PRiME ist der Notizblock (siehe Abbildung 6). Das Werkzeug dient zur einfachen Erstellung von Informationen im Arbeitsalltag und umfasst neben Bildern, Texten, Videos und Audiospuren auch eigene Zeichnungen. Die erstellten Inhalte können später einfach in das PRiME-System überführt werden.

Abb. 6: Ansicht im Notizblock bei der Aufnahme eines Fotos mit Beschreibungstextfeld.

Damit wird auch denjenigen Mitarbeitern eine Lösung geboten, die es während ihrer Arbeit zeitlich nicht immer schaffen, umfangreiche Anmerkungen zu bestimmten Inhalten zu machen. Stattdessen haben sie die Gelegenheit, unkompliziert einen kurzen Text zu aktuell interessanten Themen zu schreiben, ein Foto oder Video aufzunehmen oder eine Grafik zu erstellen und diese für spätere Zwecke, unabhängig von speziellen Inhalten aus Regelwerken, zu speichern. Diese Notizen bilden eine gute Grundlage für Annotationen und sollen in Form einer Mediengalerie an einem persönlichen Ort auf dem Server synchronisiert werden.

4.4.5 Mobile App: JAM

Mindestens genauso wichtig wie die Inhalte selbst sind Diskussionen, Gespräche sowie der persönliche Austausch untereinander. Für den Lern- und Arbeitsprozess stellt Kommunikation einen wesentlichen Bestandteil dar. Damit den Nutzern genau das ermöglicht wird, wird die Messaging- und Chat-App JAM für PRiME entwickelt. Die App ist auf das Nutzerfeedback hin, sich direkt mit anderen Nutzern austauschen und Dateien versenden zu können, im Rahmen eines Anwenderworkshops entstanden.

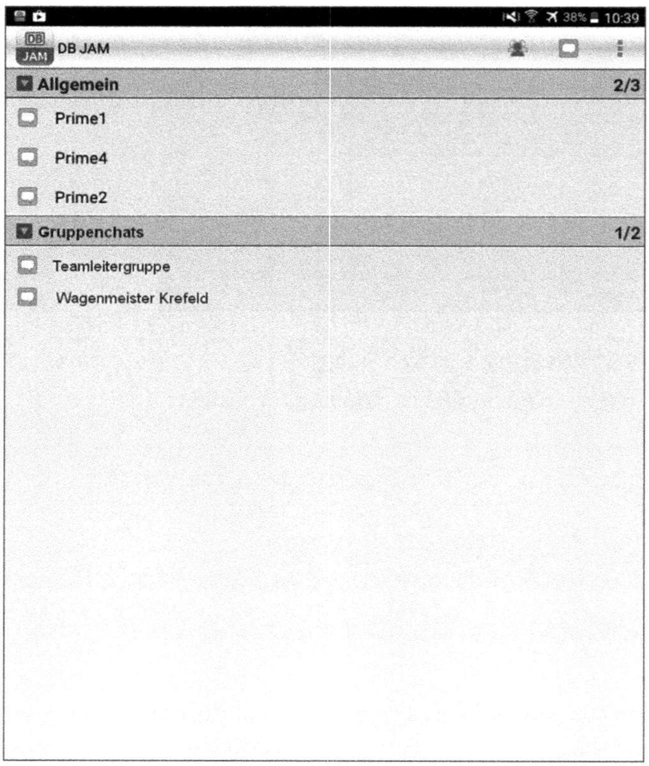

Abb. 7: Übersicht der Konversationen in JAM.

Mit JAM wird nicht nur die direkte Nachrichtenübermittlung zwischen Personen bewirkt, sondern vor allem für eine verschlüsselte Kommunikation zwischen den Endgeräten gesorgt (siehe Abbildung 7). Dafür wurde in PRiME ein projekteigener XMPP-Server bereitgestellt, sodass die Kommunikation nur auf internen Servern funktioniert. Es werden keine Daten an externe Dienstleister gesendet.

4.4.6 Dashboard

Der Ort, wo letztendlich alle auf dem Android-Gerät installierten Anwendungen zusammenkommen, ist das Dashboard des PRiME-Ecosystems (siehe Abbildung 8). Es dient als „Startseite" in PRiME und hat für den Nutzer den Vorteil, dass die unterschiedlichen Apps übersichtlich dargestellt sind. Auf diese Weise können die Anwendungen gleich von einem zentralen Ort gestartet werden.

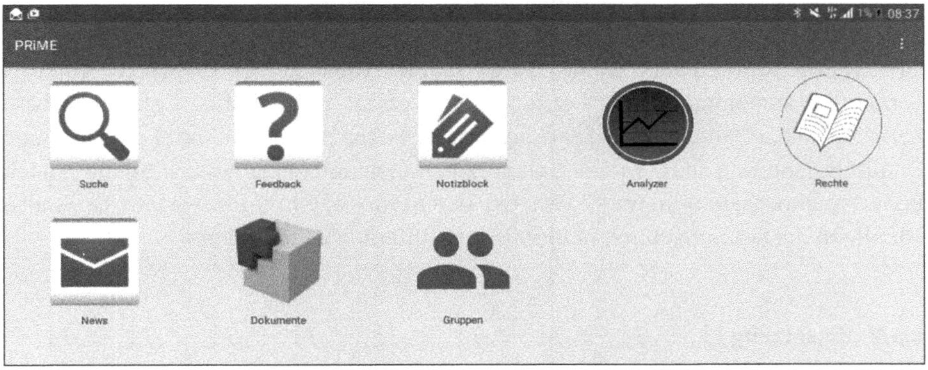

Abb. 8: Ansicht des Dashboards in PRiME.

4.5 Learning Analytics

Einen elementaren Teil von PRiME macht außerdem die Integration von Learning Analytics-Elementen aus.

4.5.1 Hintergrund und Nutzen

Durch die Nutzung der unterschiedlichen Anwendungen in PRiME ist es nicht ungewöhnlich, dass große Datenmengen aus verschiedenen Quellen entstehen. Jeder

Nutzer hinterlässt Datenspuren, wenn Inhalte bearbeitet werden – sei es durch das Kommentieren eines Beitrages oder durch die Erstellung einer Notiz.

Es stellt sich die Frage, wie die vom Lernenden hinterlassenen Daten innerhalb der Apps handhabbar gemacht werden können, um das Lern- und Lehrergebnis bestmöglich zu unterstützen. Dazu liefern Learning Analytics-Methoden eine Lösung. Hierbei werden die Daten des Lernenden gespeichert, aufbereitet und schließlich ausgewertet.

Mithilfe der Datenanalyse profitieren zunächst einmal die Lernenden selbst. Die Learning Analytics-Elemente liefern ihnen in den unterschiedlichen Anwenderrollen eine pseudonymisierte Analyse ihres individuellen Lernprozesses. Beispielsweise helfen die Auswertungen dabei, die Lernaktivitäten besser zu beobachten und verstärkt zur (Selbst-)Reflexion anzuregen. Hierdurch wird den Lernenden ein Einblick in die persönlichen Lernfortschritte gewährt. Entsprechend der spezifischen Lernbedürfnisse steht das Ziel im Vordergrund, einen nachhaltigen Lerneffekt zu erzielen. Auch Stellen, an denen noch Lernschwierigkeiten auftauchen, sind auf diese Weise besser identifizierbar.

Für Autoren von Trainingsunterlagen, das heißt für die Lehrenden im weiteren Sinne, sind beispielsweise Learning Analytics insofern nützlich, dass die von ihnen bereitgestellten Lernmaterialien den Lernprozess unterstützen. In diesem Kontext ist es für die Autoren auch wichtig zu wissen, wie die erstellten Unterlagen von den Lernenden angenommen werden, das heißt, ob sie nützlich für die angestrebten Lernziele sind. Daher stellen Learning Analytics zusätzlich ein Mittel dar, um eine Qualitätssicherung des Lernmaterials vorzunehmen und einzelne Lerninhalte je nach Bedarf anzupassen. Sinn und Zweck der Datenerhebung und Auswertung ist es also vor allem, die Lernumgebung in PRiME kontinuierlich zu optimieren.

4.5.2 Umsetzung

Um das zu erreichen, werden folgende Maßnahmen im PRiME umgesetzt:

1) kontextbasierte Suche, z. B. nach den Interessen des Lernenden
2) kontextrelevante Rückmeldungen und Empfehlungen, z. B. durch Erfahrungsberichte oder Annotationen
3) Dashboards zur Ansicht von individuellen Lernaktivitäten und -zielen
4) Visualisierungen, z. B. Auswertungen in Form von Diagrammen und Statistiken

Das Ganze gestaltet sich so, dass im mobilen Backend-Bereich die Anwendung Analyzer zum Einsatz kommt (siehe Abbildung 9). Diese hat den Zweck, die zusammengefassten Nutzungsinformationen für den Lernenden darzustellen. So wird beispielsweise visualisiert, wie lange der Lernende in einem bestimmten Rhythmus (z. B. täglich oder wöchentlich) im System aktiv war, wie viele Annotationen erstellt oder welche Apps genau geöffnet wurden. Diese Elemente sind einfache Statistiken zur Selbstreflexion, ohne dass sie durch das System bewertet werden.

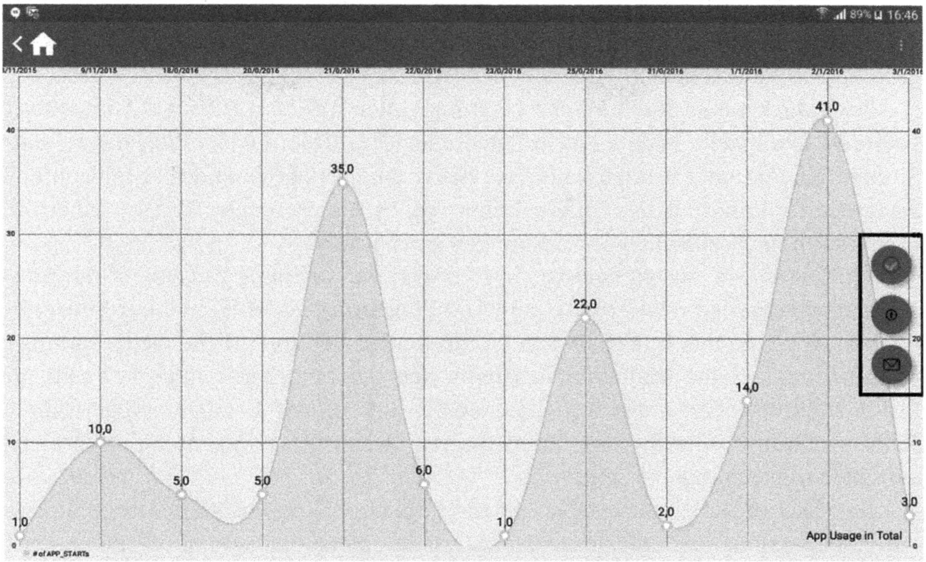

Abb. 9: Ansicht im Analyzer: Learning Analytics geben u. a. Aufschluss über die App-Nutzung.

Umfangreicher wird es dann bei anderen Funktionalitäten, wie bei der Suche, für welche die sozialen Strukturen der einzelnen Nutzer (z. B. Mitgliedschaft in Gruppen) mit einfließen. Auf Basis der eigenen Suchbegriffe und abonnierten Dokumente der Kollegen werden die Ergebnisse des Suchvorgangs unterschiedlich gewichtet. Dokumente, die den Suchbegriff beinhalten und auch von engen Kollegen abonniert sind, erscheinen weiter oben als Dokumente, die dem persönlichen sozialen Netzwerkt komplett unbekannt sind. Das gleiche Verfahren ist auch für Empfehlungen denkbar und soll noch umgesetzt werden. Der grundlegende Unterschied zwischen der Suche und Empfehlung besteht darin, dass die Suche aktiv ist und vom Lernenden ausgeht und die Empfehlung hingegen auf vorherigen Suchbegriffen des Lernenden basiert und passiv im Hintergrund durchgeführt wird.

5 Fazit und Ausblick

Nie waren die Möglichkeiten für die Etablierung neuer Lern- und Arbeitsformen so hoch wie heute. Grund dafür ist vor allem die rasante Entwicklung des Internets, die ständige und kostengünstige Verfügbarkeit durch digitale Endgeräte sowie die Bereitstellung schneller Datenverbindungen. Gleichzeitig besteht erstmalig die Chance, Lern- und Arbeitswelt sehr viel stärker als in der Vergangenheit miteinander zu verknüpfen. Lernen wird damit zu einem integralen Element des Arbeitsprozesses und erfährt zumindest für diesen Teil des Lernprozesses mit sehr hoher Wahrscheinlichkeit eine deutlich höhere Wirksamkeit und Nachhaltigkeit des erlernten Wissens, als es mit herkömmlichen Methoden möglich ist.

Doch auch wenn durch Mobile Learning eine effiziente Lern- und Arbeitsweise gefördert wird, stellt es längst kein Patentrezept für Unternehmen dar, das in allen Situationen optimale Ergebnisse erzielt. Unter Berücksichtigung des jeweiligen Einsatzszenarios innerhalb des Unternehmens gilt es, ein geeignetes Konzept zu entwickeln, das den spezifischen Anforderungen gerecht wird.

PRiME stellt in diesem Kontext eine Antwort dar, um neue Wege im Bildungsbereich zu beschreiten und Arbeits- und Lernumgebung mit Hilfe mobiler Endgeräte optimal zu verbinden. Innerhalb von PRiME werden kontinuierliche Weiterbildungsphasen direkt in die (mobilen) Arbeitsphasen der Mitarbeiter integriert und die Präsenzbildungsphasen durch digitale Medien und mobile Endgeräte angereichert. Damit verknüpft, fließen die unmittelbaren Arbeitserfahrungen der Mitarbeiter aktuell in die Lernangebote ein.

Dabei ist PRiME mehr als nur ein Instrument zur Organisation von Lerninhalten. Angepasst an die Bedürfnisse der Mitarbeiter bietet das System vor allem durch die Aufteilung komplexer Dokumente in kleinstmögliche Einheiten mehr Flexibilität im Umgang mit Materialien sowohl im Arbeits- als auch im Lernalltag. Mitarbeiter können nicht nur vorhandene Dokumente abonnieren, sondern sich daraus auch selber Dokumente nach ihren eigenen Anforderungen zusammenstellen. PRiME setzt damit in einem Wachstumsfeld an, in dem bedarfsgerechtes Lernen unter dem Aspekt der Digitalisierung und Mobilität immer bedeutsamer wird.

Literaturverzeichnis

[1] BITKOM (2013): *Arbeit 3.0: Arbeiten in der digitalen Welt*, in: https://www.bitkom.org/Publikationen/2013/Studien/Studie-Arbeit-3-0/Studie-Arbeit-30.pdf [20 Juni 2016].

[2] mmb Institut (2016): *mmb-Trendmonitor I/2016: Weiterbildung und Digitales Lernen heute und in drei Jahren: Mobiles Lernen wird der Umsatzbringer No. 1: Ergebnisse der 10. Trendstudie „mmb Learning Delphi“*, in: http://www.mmb-institut.de/mmb-monitor/trendmonitor/mmb-Trendmonitor_2016_I.pdf [20 Juni 2016].

Michelle Rowbotham & Michael Lindemann

Praxisbeispiel: Endress+Hauser

Social Customer Relationship Management: Interaktion als Treiber von Vertriebsproduktivität

Zusammenfassung: Weitreichende Veränderungen beschäftigen den Vertrieb: Fortschreitende Digitalisierung verändert unser Verhalten, wachsende Kundenansprüche und gestiegener Wettbewerbsdruck zwingen zur Optimierung der Vertriebsproduktivität. Im Rahmen der vorliegenden Praxisfallstudie wurden theoretische Annahmen zu den Einflussfaktoren der Vertriebsproduktivität empirisch auf Basis realer Vertriebszahlen in der betrieblichen Praxis überprüft und der Einfluss der Nutzung eines Social Customer Relationship Management (CRM) auf die Vertriebsproduktivität untersucht. Die Ergebnisse bestätigen sowohl die Bedeutung der externen Interaktion mit dem Kunden, der internen Interaktion über Social-Feeds, der mobilen CRM-Nutzung, als auch der digitalen Partizipation der Führungskräfte über Social-Feeds als Erfolgsfaktor der Vertriebsproduktivität.

Schlüsselwörter: Social, Customer Relationship Management, Mobile Learning, Collaboration

1 Einleitung

Tiefgreifende Veränderungen beschäftigen den Vertrieb: globaler Wettbewerbsdruck, enorme Innovationsdynamik, wachsende Kundenansprüche und immer kürzere Produktlebenszyklen zwingen den Vertrieb zum Überdenken der vorhandenen Strukturen und Prozesse. Weiterentwicklungen im IT-Bereich wie soziale Netzwerke, Online-Bezahl- und Bestellsysteme und Smart Devices verändern das Konsumentenverhalten und den Kaufprozess [1]. Die Anforderungen an Vertriebsmitarbeiter wandeln sich vom einsamen Wolf zum Teamplayer [2], [3], [4]. Der Verkäufer interagiert mit anderen Verkäufern und Käufern und kommuniziert innerhalb der Vertriebsorganisation in abteilungsübergreifenden Teams. Der Bedarf und die Erwartung schnell und einfach auf relevante Informationen und Antworten zugreifen zu können wächst. Die einfache interne und externe Interaktion wird zum Schlüssel für den Erfolg. Auf die geschilderte Komplexität und gewachsenen Anforderungen im Vertrieb reagierte die Endress+Hauser Gruppe 2013 mit der Einführung einer neuen Customer Relationship Management (CRM) Plattform mit integrierten Social-Funktionen. Die digitale Plattform mit den Social-Funktionen ermöglicht die Dokumentation von externen Interaktionen mit dem Kunden, sowie den einfachen internen Austausch über Social-Feeds. Endress+Hauser-Mitarbeiter veröffentlichen über die Social-Feeds

DOI 10.1515/9783110468946-011

relevante Informationen, stellen und beantworten Fragen und teilen untereinander Kundenpräsentationen. Ziele der CRM-Einführung sind die Optimierung der Kundenbeziehungen hinsichtlich Qualität und Ertrag, die Optimierung von internen Prozessen sowie die verbesserte interne Zusammenarbeit zur Steigerung der Vertriebsproduktivität. Mit der CRM-Einführung entsteht bei Endress+Hauser eine neue Art des interaktiven und kollaborativen Vertriebsprozesses.

1.1 Die Endress+Hauser Gruppe

Endress+Hauser ist ein weltweit tätiges Familienunternehmen mit 127 Gesellschaften in 46 Ländern und dem Hauptsitz in Reinach (Schweiz). Die Firmengruppe zählt zu den international führenden Anbietern von Messtechnik, Dienstleistungen und Automatisierungslösungen für die industrielle Verfahrenstechnik. Das Produktangebot umfasst Sensoren, Geräte, Systeme und Dienstleistungen für Füllstand-, Durchfluss-, Druck- und Temperaturmessung, Analyse sowie Messwertregistrierung und digitale Kommunikation. Die Messgeräte erfassen alle Informationen aus den Prozessen der industriellen Verfahrenstechnik. Verbundene Unternehmen der Unternehmensgruppe ergänzen das Portfolio mit Know-how in den Bereichen Labor-, Gas- und Feststoffanalyse, Energieeffizienzberatung und Sensortechnologie. Die Kunden von Endress+Hauser arbeiten in unterschiedlichen Branchen, wie Chemie, Energie und Kraftwerke, Grundstoffe und Metall, Lebensmittel, Life Science, Öl und Gas sowie Wasser/Abwasser. Im Jahr 2015 erwirtschaftete die Endress+Hauser Gruppe mit knapp 13.000 Mitarbeitern weltweit, einen Umsatz von mehr als 2,1 Milliarden Euro.

1.2 Zielsetzung und Struktur

Die vorliegende Forschungsarbeit untersucht, in wie weit die externe Interaktion zwischen Kunde und Mitarbeiter, sowie die rein internen Interaktionen zwischen Mitarbeitern der die Vertriebsproduktivität beeinflusst. Als Maß der Vertriebsproduktivität wird dabei der Umsatz pro Mitarbeiter verwendet. Durch die Einführung einer neuen globalen CRM-Plattform verfügt das Unternehmen über detaillierte Informationen zum Vertriebs- und Interaktionsprozess. Ziel der vorliegenden Arbeit ist, auf Basis dieser Daten empirisch Zusammenhänge und Abhängigkeiten der Vertriebsproduktivität darzulegen. Zusätzlich lassen sich aus den gewonnen Erkenntnissen Hypothesen für weiteren Forschungsbedarf im Bereich Sozialer Netzwerke aufzuzeigen.

Zur Bewertung der Determinanten der Vertriebsproduktivität werden basierend auf den vorhandenen Daten der Plattform Hypothesen für den Praxisfall von Endress+Hauser abgeleitet. Basierend auf realen Vertriebs- und Interaktionszahlen aus dem Jahr 2014 von 1.149 Nutzern aus 12 Ländern, werden diese Hypothesen überprüft.

1.3 Neuheitsgrad und Praxisrelevanz

Die vorliegende Praxisstudie unterscheidet sich von den bisherigen Forschungsarbeiten zum Thema Vertriebsproduktivität in zwei Punkten. Alle Analysen und Ergebnisse basieren auf realen Vertriebszahlen aus der Endress+Hauser CRM-Plattform und nicht, wie sonst üblich, auf den Daten einer Befragung. Ein weiteres Alleinstellungsmerkmal ist die Betrachtung des Einflusses der internen digitalen Interaktion und Teamarbeit auf die Produktivität in messbaren Zahlen. Durch den Funktionsumfang der neuen CRM-Plattform Salesforce.com mit Social-Funktionen, wie „Feeds" und „Likes" im „Activity-Stream" wird die digitale Interaktion der Nutzer durch das System gefördert und gleichzeitig messbar (siehe Abbildung 1).

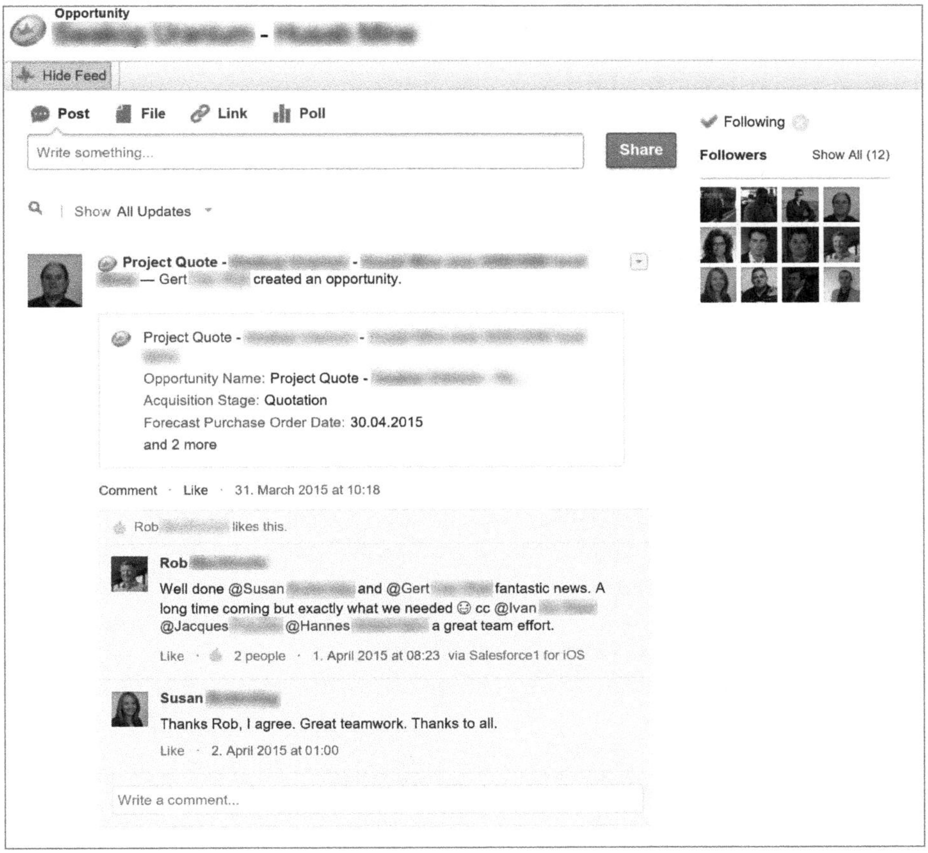

Abb. 1: Feeds und Likes im Activity-Stream.

Damit wird der eher weich anmutende Faktor der digitalen Teamarbeit als Einfluss auf die Vertriebsproduktivität erstmalig quantifizierbar. Die gewonnenen Einsichten über den Zusammenhang zwischen Einflussfaktoren der Vertriebsproduktivität sind von Interesse für das Vertriebsmanagement, für die Verantwortlichen für das Thema Customer Relationship Management, die Personalabteilung sowie für die interne Unternehmenskommunikation. Die Arbeit liefert Erkenntnisse darüber, wie Endress+Hauser und vergleichbare Unternehmen durch die Nutzung einer CRM Plattform und deren Social-Funktionen ihre Wettbewerbsfähigkeit weiter stärken können.

2 Vertriebsproduktivität als zentrale Herausforderung

Die Optimierung der Vertriebsproduktivität ist ein aktuelles und wichtiges Thema für Wissenschaft und Wirtschaft [5]. Eine verstärkte Ausschöpfung von internen Ressourcen, vorhandenen Kundenpotenzialen, vermehrter Neukundengewinnung und ertragsorientierter Steuerung des Vertriebs ist zugleich eine spannende Herausforderung wie auch entscheidender Wettbewerbsfaktor [6], [7], [8].

Softwareanbieter nutzen die vorhandene Vertriebsherausforderung und versprechen pauschale Produktivitätsgewinne durch die Nutzung von CRM oder sozialen Netzwerken. Allerdings beeinflussen nicht nur die richtige Nutzung der Systeme, sowie die integrierten Businessprozesse das Ausmaß des Produktivitätsgewinns. Die Vertriebsproduktivität ist zusätzlich abhängig von unzähligen Umgebungs-, Situations- und Persönlichkeitsfaktoren des Vertriebsmitarbeiters [9]. Faktoren wie die Wirtschaftslage, der Markt, die Branche, das Kundensegment sowie die Persönlichkeit des Vertriebsmitarbeiters beeinflussen den Umsatz, ohne dass der Vertriebsmitarbeiter direkten Einfluss darauf hat. Nur ein kleiner Teil aller vorhandenen Einflussfaktoren auf die Vertriebsproduktivität ist am Ende sowohl für den Mitarbeiter als auch für das Unternehmen relevant und steuerbar und gleichzeitig durch die CRM-Plattform nachvollziehbar. Zu diesen messbaren Faktoren gehören die dokumentierten „Kundeninteraktionen“, die „digitale Zusammenarbeit im Team“ in Form von veröffentlichten „Feeds“, die „Quantitative Anstrengung“ in Form von gegenseitig zugewiesenen Aufgaben, die „mobile Nutzung“ der CRM Plattform über eine App auf Smart Devices und der Einfluss der digitalen „Social Partizipation“ der Führungskräfte auf die Vertriebsproduktivität.

2.1 Evaluation der Einflussfaktoren am Beispiel von Endress+Hauser

Die neu eingeführte CRM Plattform bei Endress+Hauser enthält neben typischen CRM Daten, wie Informationen zu Kunden, Angeboten, Aufträgen, Geschäftschancen,

Leads oder Beschwerden auch Informationen zu den sozialen Interaktionen der Mitarbeiter. Während die Mitarbeiter die Kundenbeziehungen managen und dokumentieren, dem Vertriebsprozess folgen, Angebote erstellen und Geschäftschancen vorantreiben, veröffentlichen sie gleichzeitig „Feeds“, kommentieren „Feeds“ von Kollegen und bewerten Inhalte in Form von „Likes“.

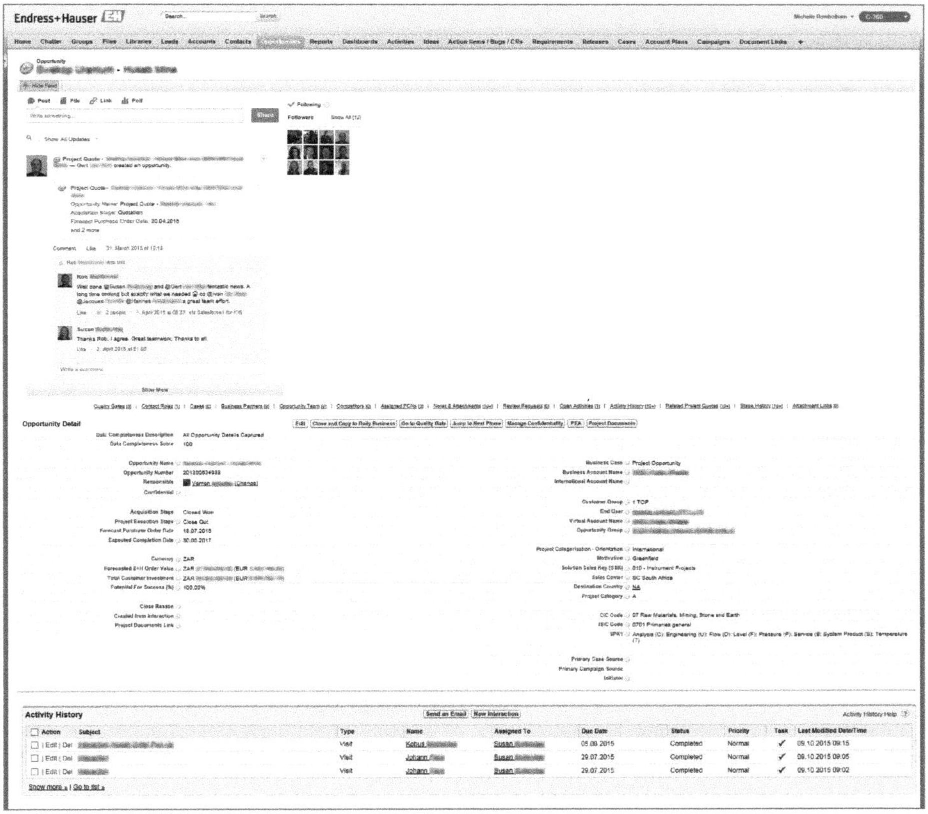

Abb. 2: Opportunity mit integrierten Social-Funktionen.

Die integrierten Social-Funktionen der CRM Plattform machen so aus der reinen CRM-Datenbank gleichzeitig eine integrierte Interaktions-Plattform für die Zusammenarbeit und den Austausch zwischen den Mitarbeitern. Verknüpft mit den jeweiligen Kundendaten werden aktuelle Informationen ausgetauscht, Fragen gestellt, Dokumente geteilt und Diskussionen für alle sichtbar und nachvollziehbar gespeichert. Durch diese Arbeitsweise wird das Wissen der Mitarbeiter dokumentiert und gleichzeitig mit ihrer Person verknüpft. Neben dem Vorteil der zentral gespeicherten

Dokumente, der Verknüpfung mit den Kundendaten und der Visualisierung der Interaktion der Mitarbeiter entsteht eine hohe Transparenz und Nachvollziehbarkeit für alle Beteiligten. Der Vertriebsmitarbeiter kann dadurch schnell und einfach auf relevante Dokumente und beteiligte Personen und Experten zuzugreifen. Aus dem beschriebenen Anwendungsfall und den daraus resultierenden Daten der CRM Plattform lassen sich folgende Hypothesen ableiten (siehe Abbildung 3).

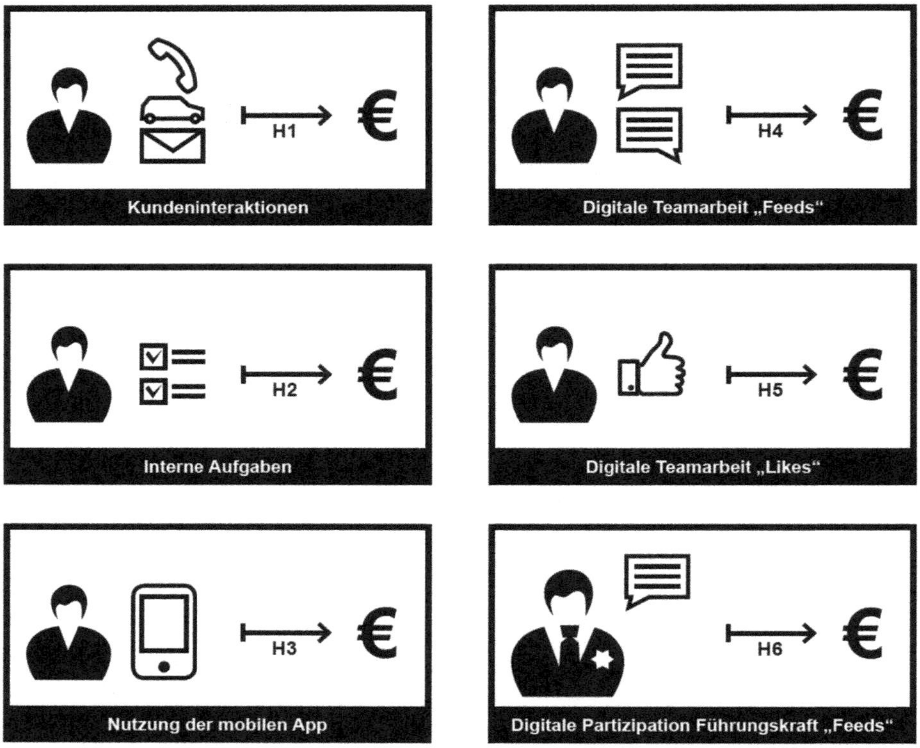

Abb. 3: Hypothesen zu den Social CRM Einflussfaktoren der Vertriebsproduktivität.

In dieser Forschungsarbeit werden 12 Vertriebsgesellschaften der Endress+Hauser Gruppe analysiert. Zu der Stichprobe gehören Kanada, Dänemark, Mexiko, Polen, Südafrika, Australien, Frankreich, Indien, Norwegen, Russland, Schweden und die Schweiz. Die Anzahl der jeweiligen User des Systems reicht von 29 Usern in Dänemark bis zu 200 Usern in Frankreich.

Tab. 1: Beschreibung der Hypothesen zu den Social CRM Einflussfaktoren der Vertriebsproduktivität.

Nummer	Hypothese	Beschreibung
H1	Kundeninteraktionen (+) → Vertriebsproduktivität	Die quantitative Anstrengung eines Vertriebsmitarbeiters, in Form von E-Mails, Telefonaten und Besuchen beim Kunden beeinflusst die Vertriebsproduktivität positiv. Die Mitarbeiter dokumentieren ihre Kundeninteraktionen auf der CRM Plattform. H1 basiert auf der Annahme, dass Fleiß und Anstrengung des Vertriebsmitarbeiters die Vertriebsproduktivität erhöht.
H2	Interne Aufgaben (+) → Vertriebsproduktivität	Die quantitative Anstrengung eines Vertriebsmitarbeiters in Form von internen aufgabenbezogenen Aktivitäten beeinflusst die Vertriebsproduktivität positiv. Die Mitarbeiter weisen sich im CRM gegenseitig Aufgaben zu. Über sogenannte „Tasks" informieren sich Auftragsabwicklung, Innendienst und Außendienst, ob ein Angebot bereits erstellt ist, das Angebot freigegeben ist, ein Auftrag erstellt ist, ein Kunden angelegt oder die Kundeninformationen aktualisiert sind. H2 basiert auf der Annahme, dass Fleiß und Anstrengung des Vertriebsmitarbeiters die Vertriebsproduktivität erhöht.
H3	Nutzung der mobilen App (+) → Vertriebsproduktivität	Die Nutzung der mobilen App beeinflusst die Vertriebsproduktivität positiv. H3 greift die neue Möglichkeit der mobilen Nutzung auf und behauptet, dass die damit verbundene dauerhafte Verfügbarkeit der CRM Funktionen und Informationen eine Erhöhung der Produktivität verursacht.
H4	Digitale Teamarbeit "Feeds" (+) → Vertriebsproduktivität	Die interne Zusammenarbeit im Team und Nutzung der Social-Funktionen in Form von „Feeds" beeinflusst die Vertriebsproduktivität positiv. Durch das offene und transparente System und die neuen Funktionen ist eine globale Zusammenarbeit erstmalig in diesem Ausmaß möglich. Die Mitarbeiter veröffentlichen und kommentieren "Feeds". H4 basiert auf der Annahme, dass das offene Kommunikationsverhalten, die Dokumentation von Inhalten und die Interaktion mit anderen Mitarbeitern die Vertriebsproduktivität erhöht.
H5	Digitale Teamarbeit "Likes" (+) → Vertriebsproduktivität	Die interne Zusammenarbeit im Team und Nutzung der Social-Funktionen in Form von „Likes" beeinflusst die Vertriebsproduktivität positiv. Jeder veröffentlichte „Feed" kann von anderen Mitarbeiter „geliked" und damit positiv gewertet werden. H5 basiert auf der Annahme, dass Mitarbeiter, die deren Beiträge durch viele Likes positiv bewertet worden sind, eine hohe Vertriebsproduktivität haben.
H6	Digitale Partizipation Führungskraft "Feeds" → Vertriebsproduktivität	Die aktive Nutzung der Social-Funktionen der Führungskräfte beeinflusst die Vertriebsproduktivität positiv. H6 basiert auf der Annahme, dass ein kollaborativer Führungsstil und die aktive Teilnahme der Führungskraft im Social CRM einen positiven Einfluss auf die CRM Nutzung der Mitarbeiter hat. Damit wird die Vertriebsproduktivität der Mitarbeiter indirekt beeinflusst.

2.2 Ergebnisse

Zur Beantwortung der Forschungsfrage, welche messbaren Einflussfaktoren des Social CRM die Vertriebsproduktivität beeinflussen, wird die Multivariate Lineare Regressionsanalyse angewendet. Sie ist ein strukturprüfendes Verfahren zur Überprüfung von Zusammenhängen, für deren Durchführung IBM SPSS verwendet wurde. Durch die Operationalisierung der Anzahl der Kundeninteraktionen, internen Aufgaben, Feeds, Likes und der mobilen Nutzung der App entstehen fünf unabhängige Variablen (X_1 bis X_5). Der Umsatz des Vertriebsmitarbeiters ist die Variable Y_1. Es wird von einem linearen Zusammenhang zwischen der abhängigen Variable Umsatz (Y_1) und den unabhängigen Variablen Kundeninteraktionen (X_1), Interne Aufgaben (X_2), Feeds (X_3), Likes (X_4) und Mobile (X_5) ausgegangen.

Tab. 2: Regressionskoeffizienten der Multivariaten Linearen Regressionsanalyse.

		Standardisierte Koeffizienten		
Variable	**Beschreibung**	**Beta**	**T**	**Sig.**
(Konstante)			9,811	0
Kundeninteraktionen (X_1)	Anzahl der externen Kundeninteraktionen	0,298**	10,675	0,00
Interne Aufgaben (X_2)	Anzahl der intern zugewiesenen Aufgaben	0,025 (NS)	0,874	0,382
Mobile (X_3)	Nutzung der mobilen App auf einem Smart Device	0,095**	3,405	0,001
Feeds (X_4)	Anzahl der veröffentlichten „Feeds“	0,202**	6,636	0,00
Likes (X_5)	Anzahl der erhaltenen „Likes“	−0,072*	−2,502	0,013

Abhängige Variable: Umsatzes des Vertriebsmitarbeiters (Y_1);
** $p<0{,}01$; * $p<0{,}05$; (NS) $p>0{,}05$ Nicht signifikant

Die Multivariate Lineare Regressionsanalyse liefert Ergebnisse über die Zusammenhänge der quantitativen Anstrengung in Form von Kundeninteraktionen, internen Aufgaben, der digitalen Zusammenarbeit im Team durch die Nutzung der Social-Funktionen und der mobilen Nutzung auf Smart Devices. Die Ergebnisse in Tab. 2 zeigen, dass zwischen dem Umsatz des Vertriebsmitarbeiters (Y_1) und den internen Aufgaben (X_2) kein Zusammenhang besteht. Aus diesem Grund baut sich die Regressionsgleichung ohne die Abhängigkeit der internen Aufgaben auf. Aus den signifikanten standardisierten Regressionskoeffizienten lässt sich die folgende Regressionsgleichung erstellen:

$$\mathbf{Y = 0,298 * Kundeninteraktionen + 0,095 * Mobile + 0,202 * Feed - 0,072 * Like}$$

Tab. 3: Deskriptive Analyse der Stichprobe (Erhebungszeitraum: 1.1.2014–31.12.2014)

	CA	DK	MX	PL	ZA	AU	FR	IN	NO	RU	SE	CH
CRM User	158	29	64	69	104	64	200	147	38	114	37	125
Kundeninteraktionen	8.582	6.686	9.187	11.611	9.045	12.491	22.454	13.378	1.822	12.273	3.198	9.734
Interne Aufgaben	4.075	2.038	10.650	5.628	8.594	2.994	29.782	4.700	1.990	10.561	2.313	19.975
Feeds Gesamt	15.814	3.736	1.402	35.738	16.635	4.916	88.56	1.517	2.783	13.909	615	25.008
Feeds User Ø	100	129	22	518	160	77	443	10	73	122	17	200
Feeds Führungskraft	272	1.275	9	893	2.296	94	1.847	68	3	40	25	100
Likes Gesamt	611	294	215	278	483	987	802	141	46	410	149	309
Likes User Ø	4	10	3	4	5	15	4	1	1	4	4	3
Likes Führungskraft	35	105	8	13	49	41	81	5	1	4	43	4
Mobile User	43	12	8	14	4	12	38	7	4	23	8	20

Die Forschungsfrage, ob die aktive Nutzung der Social-Funktionen der Führungskräfte einen positiven Einfluss auf die Vertriebsproduktivität hat, wird mit Hilfe der deskriptiven Analyse der Stichprobe beantwortet. Aus Tab. 3 wird deutlich, dass Vertriebsorganisationen, in denen die Führungskräfte aktiv die Social-Funktionen in Form von Feeds nutzen, auch die Mitarbeiter sowohl die CRM Plattform als auch die Social-Funktionen aktiv nutzen.

2.3 Diskussion der Ergebnisse

Die Betrachtung der Vertriebsproduktivität im Kontext einer CRM-Einführung unter Einbeziehung der Social-Funktionen ist sowohl für den wirtschaftswissenschaftlichen Diskurs als auch für die betriebliche Praxis von Bedeutung. Die Ergebnisse zur Überprüfung der aufgestellten Hypothesen werden wie folgt zusammengefasst:

Tab. 4: Ergebnisse der Hypothesenüberprüfung.

Hypothesen	Ergebnis
H1: Kundeninteraktionen (+) → Vertriebsproduktivität	Positiver Zusammenhang
H2: Interne Aufgaben (+) → Vertriebsproduktivität	Kein Zusammenhang
H3: Nutzung der mobilen App (+) → Vertriebsproduktivität	Positiver Zusammenhang
H4: Digitale Teamarbeit „Feeds" (+) → Vertriebsproduktivität	Positiver Zusammenhang
H5: Digitale Teamarbeit „Likes" (+) → Vertriebsproduktivität	Negativer Zusammenhang
H6: Digitale Partizipation Führungskraft „Feeds" (+) → Vertriebsproduktivität	Positiver Zusammenhang

Den größten signifikanten Einfluss auf den Umsatz eines Vertriebsmitarbeiters hat die Anzahl der Kundeninteraktionen. Die Bestätigung von H1 ist nicht überraschend und unterstreicht den ursächlichen Zweck einer CRM Plattform: die Dokumentation und das Managen von Kundenbeziehungen. H2 hingegen muss zurückgewiesen werden. Es besteht kein Zusammenhang zwischen der Zuweisung der internen Aufgaben und dem Umsatz des Vertriebsmitarbeiters. H3 wird bestätigt. Die Ergebnisse zeigen, dass die Nutzung der mobilen App auf Smart Devices die Vertriebsproduktivität erhöht. Ebenfalls einen hohen signifikanten Einfluss hat die Verwendung der internen Social-Funktionen in Form von „Feeds". Die Annahme, dass ein Vertriebsmitarbeiter, der viel digital kommuniziert, dokumentiert und kommentiert einen höheren Umsatz hat wird damit bestätigt. Interessanterweise wirkt sich die Anzahl der „Likes" negativ auf die Vertriebsproduktivität aus. Bei der Betrachtung der deskriptiven Detaildaten in Tab. 3 wird deutlich, dass Führungskräfte deutlich mehr „Likes" erhalten als Mitarbeiter. Es ist anzunehmen, dass die Funktion „Like" nicht objektiv in Bezug auf

„gute und interessante Beiträge“ verwendet wird, da eine nähere Betrachtung der Ergebnisse belegt, dass Führungskräfte im Durchschnitt deutlich mehr „Likes“ erhalten als Mitarbeiter. Dadurch könnte der negative Zusammenhang erklärt werden. Aus den deskriptiven Analysen des User-Verhaltens wird die Erkenntnis gewonnen, dass Organisationen, in denen die Führungskräfte aktiv die Social-Funktionen der Plattform nutzt, die Mitarbeiter selbst auch sehr aktiv die Plattform nutzen, Informationen austauschen und Aktivitäten dokumentieren. Die deskriptive Analyse in Tab. 3 zeigt, dass je größer die digitale Partizipation der Führungskraft in Form von Feeds auf der CRM Plattform ist, desto aktiver sind die Mitarbeiter in der jeweiligen Vertriebsorganisation. Die Analyse zwischen der Nutzung der Plattform von Mitarbeitern und Führungskraft bestätigt damit H6. Abb. 4 fasst die überprüften Hypothesen in einer Grafik zusammen.

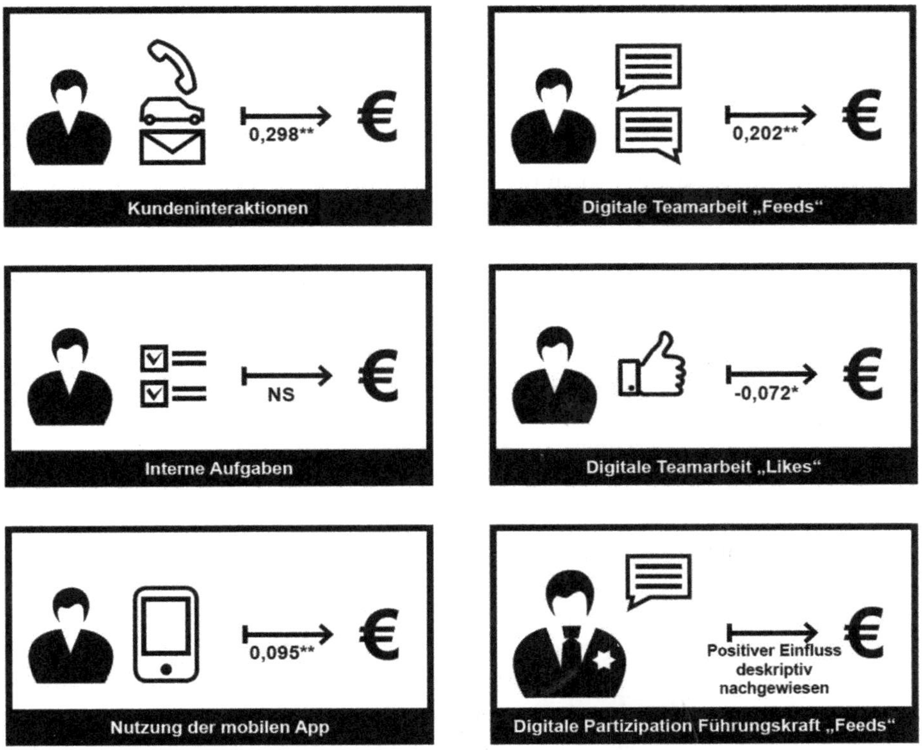

Abb. 4: Ergebnisse der Hypothesenüberprüfung.

2.3.1 Implikationen für Endress+Hauser

Endress+Hauser gewinnt aus dieser Forschungsarbeit eine Vielzahl von Erkenntnissen, die für die Optimierung der Vertriebsproduktivität genutzt werden können. Wenig überraschend ist das Ergebnis der Multivariaten Linearen Regressionsanalyse, dass Kundeninteraktionen in Form von Besuchen, E-Mails und Anrufen einen positiven Einfluss auf die Vertriebsproduktivität haben. Diese Erkenntnis belegt allerdings, dass die Dokumentation von Kundeninteraktionen als Kennzahl und als Kontrollinstrument eingesetzt werden sollte. Die Nutzung der Social-Funktionen der CRM Plattform hat den Vorteil, dass Kommunikation, Interaktionen und die Speicherung von Inhalten und Wissen für alle Mitarbeiter zugänglich und durchsuchbar sind. Mit der Erkenntnis, dass eine aktive Nutzung der Social-Funktionen positiv mit erhöhter Vertriebsproduktivität korreliert und dieser Effekt durch die digitale Partizipation der Führungskräfte noch verstärkt wird, unterstützt das Ergebnis dieser Studie die vorhandene Handlungsempfehlung für Mitarbeiter und Führungskräfte, die CRM Plattform inklusive seiner Social-Funktionen aktiv als Kommunikations- und Steuerungsinstrument zu nutzen.

2.3.2 Limitationen

Wie die meisten Studien, ist auch diese, nicht ohne methodische Einschränkungen. Das zugrundeliegende Hypothesenmodell basiert neben den CRM Daten auf einer umfangreichen Studienanalyse aus den Jahren 1971 bis 2014. Die Herleitung der Hypothesen und die Ergebnisse zur Korrelation und zur Regressionsanalyse bestätigen die Vermutung der Kausalität. Allerdings sind weitere Untersuchungen notwendig, um einen kausalen Effekt tatsächlich nachzuweisen. Zusätzlich ist anzumerken, dass die Zahlen der vorliegenden Untersuchung auf der CRM Einführung einer einzelnen Unternehmensgruppe basieren. Auch hier sind weitere Untersuchungen notwendig, um zu überprüfen, ob sich die Ergebnisse auch auf andere Unternehmen übertragen lassen.

2.3.3 Ausblick und weiterführende Arbeiten

Die signifikanten Ergebnisse zum Einfluss von „Kundeninteraktionen“, der „digitalen Teamarbeit“ durch die Nutzung der Social-Funktionen, der „digitalen Partizipation der Führungskraft“ und der „mobilen Nutzung über Smart Devices“ auf die Vertriebsproduktivität legen nahe, das die Verwendung eines Social CRM im allgemeinen ein relevanter Faktor für die Vertriebsproduktivität ist, der in der Forschung weiter zu berücksichtigen ist. Die Erkenntnis, dass die interne soziale Interaktion über „Feeds“ die Vertriebsproduktivität positiv beeinflusst, bietet Raum für weiterführende erfolgsversprechende Forschungsfelder. In einem nächsten Schritt bieten sich neben der

Auswertung der reinen Anzahl von „Feeds“ weiterführende Forschungsarbeiten im Bereich des digitalen sozialen Verhaltens an. Um die Nutzung der Social-Funktionen weiter voranzutreiben, ist es wichtig herauszufinden, welche Faktoren die digitale soziale Interaktion in sozialen Netzwerken positiv oder negativ beeinflussen. Beeinflusst die Art und Eigenschaft eines „Feeds“ die Reaktionsrate? Sind „Feed“-Länge, angehängte Medien, Publikationssprache, Uhrzeit oder Wochentag ausschlaggebend für Reaktionen aus dem sozialen Netzwerk? Oder ist es der User selbst, sein Geschlecht, sein Alter, oder sein Team, das die Reaktionsrate beeinflusst? Das vorhandene Datenmaterial bietet das Potenzial für weitere interessante Forschungsarbeiten im Bereich der sozialen Netzwerke und des digitalen sozialen User-Verhaltens.

3 Schlussbetrachtung

Die vorliegende Forschungsarbeit untersucht die Einflussfaktoren der Vertriebsproduktivität, die bei Endress+Hauser durch die Einführung einer globalen CRM Plattform mit Social-Funktionen gemessen und gesteuert werden können.

Sie verfolgt dabei nicht das Ziel allgemeingültige Handlungsempfehlungen für die Praxis zu liefern, bietet jedoch durch die deskriptive und analytische Bestandaufnahme die Möglichkeit die unternehmensindividuelle Situation einzuordnen und zu bewerten. Die vorliegenden Ergebnisse liefern die Grundlage, um Maßnahmen zur Steigerung der Vertriebsproduktivität einzuleiten und diese strukturiert auf Ihre Wirksamkeit zu prüfen. Die Ergebnisse bestätigen sowohl die Bedeutung der externen Interaktion mit dem Kunden und die interne digitale Zusammenarbeit über „Feeds“, wie auch die digitale Partizipation der Führungskräfte als Erfolgsfaktor der Vertriebsproduktivität und damit Steigerung der Wettbewerbsfähigkeit. Sowohl die externe als auch die interne Interaktion fördert die Vertriebsproduktivität. Die einleitend genannte Voraussetzung für einen erfolgreichen Vertriebsmitarbeiter von heute, ein gut vernetzter und effektiv kommunizierender Teamplayer zu sein, wird durch die Zahlen bestätigt. Auch wenn in einigen Unternehmen das Thema „Social Communication & Collaboration“ nach wie vor unter dem schlechten Image von nicht immer wertstiftenden isolierten „Facebookaktivitäten“ leidet, unterstützt die vorliegende Studie die Hypothese, dass eine enge Vernetzung von Social-Funktionen mit internen Geschäftsprozessen einen produktivitätssteigernden Einfluss auf die Vertriebsproduktivität hat [10].

Literaturverzeichnis

[1] Wang, Xin/Wang, Riley D./Sojka, Jane: CRM Systems with Social Networking Capabilities: the Value of incorporating a CRM 2.0 System in Sales/Marketing Education, in: *Marketing Education Review*, 23 (3), 2013, S. 241–250.

[2] Piercy, Nigel F./Cravens, David W./Lane, Nikala: Sales Manager Behavior Control Strategy and Its Consequences: The Impact of Manager Gender Differences, in: *Journal of Personal Selling & Sales Management*, 23 (3), 2003, S. 221–237.
[3] Jones, Eli/Brown, Steven P./Zoltners, Andris A./Weitz, Barton A.: The changing environment of selling and sales management, in: *Journal of Personal Selling & Sales Management*, 25 (2), 2005, S. 105–111.
[4] Binckebanck, Lars/Hölter, Ann-Kristin/Tiffert, Alexander: *Führung von Vertriebsorganisationen: Strategie – Koordination – Umsetzung*, Wiesbaden, 2013.
[5] Day, George S./Fahey, Liam: Valuing Market Strategies, in: *Journal of Marketing*, 52 (3), 1988, S. 45–57.
[6] Huxol, Rolf: Lenkung mit Potenzial, in: *Bankmagazin*, 1, 2000, S. 44–46.
[7] Duderstadt, Stefan: *Wertorientierte Vertriebssteuerung durch ganzheitliches Vertriebscontrolling, Konzeption für das Retailbankilng*, Wiesbaden, 2006.
[8] Eilenberger, Guide: Wertschaffung durch systematischen Vertrieb: Beiträge zum Rostocker Bankenkolloquium am 18. Juni 2002, in: *Rostocker Schriften zur Bank- und Finanzmarktforschung*, Nr. 11, (Hrsg.: Guido Eilenberger, Rostock), 2003, S. 5–6.
[9] Adkins, Robert T.: Evaluating and Comparing Salesmen's Performance, in: *Industrial Marketing Management*, 8 (3), 1979, S. 207–212.
[10] McKinsey Global Institute: *The social economy: Unlocking value and productivity through social technologies*, July 2012, S. 1.

Johannes Müller, Walter Frey & Alexander Stocker

Praxisbeispiel: Siemens

Wissensmanagement mit Social Media im Intranet: Die Community-Plattform „References+“ – Fallstudie einer zwölfjährigen Erfolgsgeschichte

Zusammenfassung: References+ ist eine Web-2.0-Anwendung und Community-Plattform zum weltweiten Austausch von Wissen, Erfahrungen und Best Practices innerhalb des Siemens-Intranets. Im Sinne von Social Networking möchte References+ Siemens-Mitarbeitende über organisationale, hierarchische und geographische Grenzen hinweg miteinander vernetzen und diese zur direkten Kommunikation untereinander animieren. Die Plattform entstand 2005 und ist seit über einem Jahrzehnt im produktiven Einsatz. Kontinuierlich wurden und werden Funktionen und Inhalte von References+ erweitert und in agiler Manier den sich über die Jahre ändernden Nutzerbedürfnissen angepasst. Die Ergebnisse mehrerer Nutzerumfragen quantifizieren den dadurch erzielten Mehrwert für die Teilnehmer und das Unternehmen. Mittlerweile umfasst die References+-Community mehr als 18.000 registrierte Mitglieder, die in über 80 Ländern beheimatet und in allen Siemens-Divisionen tätig sind.

Schlüsselwörter: Wissensmanagement, Community of Practice, Web 2.0, Enterprise 2.0, Social Media.

1 Ausgangslage und Entstehungsgeschichte

Seit Oktober 2014 unterteilt Siemens seine geschäftsführenden Einheiten in die zehn Hauptgeschäftsfelder (in alphabetischer Reihenfolge) Building Technologies, Digital Factory, Energy Management, Financial Services, Healthcare, Mobility, Power and Gas, Power Generation Services, Process Industries and Drives, sowie Wind Power and Renewables. Rund 348.000 Mitarbeitende (Stand: 30. September 2015) erwirtschafteten im Geschäftsjahr 2015 einen Umsatz von € 75,6 Milliarden [1]. Um diese globale Belegschaft bestmöglich zu vernetzen, leistete Siemens bereits in den 1990er Jahren Pionierarbeit auf dem Gebiet des IT-gestützten Wissensmanagements. In den letzten zwanzig Jahren durchlief das Siemens-interne Wissensmanagement mehrere Entwicklungsstufen [2], von der Übertragung expliziter Inhalte bis hin zum multidirektionalen und multimedialen Austausch von implizitem Wissen und persönlichen Erfahrungen. Das erforderte nicht nur die Entwicklung und Bereitstellung geeigneter IT-Anwendungen. Es bedingte vielmehr eine neue Art der Zusammenarbeit – weg von

DOI 10.1515/9783110468946-012

dem Paradigma „Wissen ist Macht" und hin zu einer offenen Kultur des gegenseitigen Vertrauens, Unterstützens und Austauschens.

Die im Folgenden geschilderte Ausgangslage zeigt anschaulich die Notwendigkeit einer solchen Unternehmenskultur mit dem Ziel, die unternehmensweite Zusammenarbeit signifikant zu verbessern sowie ineffiziente Geschäftsabläufe, Doppelarbeit und Fehlentscheidungen der Vergangenheit künftig zu vermeiden.

In Angeboten zu komplexen Projekten verlangen Kunden in der Regel sowohl die Angabe mehrerer bereits erfolgreich implementierter Referenzinstallationen als auch einen Grobentwurf für die spätere Lösung entsprechend der in der Spezifikation definierten Anforderungen. Die kompetente und zeitnahe Bereitstellung dieser Angaben verlangt von den Vertriebsmitarbeitenden eine umfangreiche und bisweilen sehr zeitintensive Recherche, wobei auch Mitarbeitende aus anderen Abteilungen unterstützend mitwirken. Dabei kommt als zusätzliche Herausforderung hinzu, dass Angebote bis zu einem fest vorgegebenen Abgabetermin bei den Kunden eingereicht werden müssen, um für den weiteren Entscheidungsprozess berücksichtigt werden zu können.

Die Informationsrecherche lief bis zur Einführung von References+ zumeist über bilaterale Kanäle (Telefon, E-Mail) ab, wobei der Erfolg stark vom persönlichen Netzwerk der suchenden Person und der Verfügbarkeit der angefragten Kollegen abhängig war. Aufgrund des knappen Zeitbudgets war die Qualität der zusammengetragenen Information im Angebotsprozess nicht immer optimal.

Um auch auf Informationen von Mitarbeitenden außerhalb des persönlichen Netzwerks – unabhängig von deren Verfügbarkeit – zugreifen zu können, wurde die Einführung einer Intranet-Anwendung mit dahinter liegender Datenbank angestrebt. Diese Anwendung sollte im Wesentlichen folgende zwei Eigenschaften mit Nennung zugehöriger Ansprechpartner aufweisen:

1) Auflistung geeigneter Projektreferenzen sowie
2) Bereitstellung von erprobten und wiederverwendbaren Lösungsmodulen inklusive Angaben zu den bereits erfolgten Implementierungen.

Durch diesen Ansatz sollten Zeit und Kosten eingespart sowie Parallelarbeit und Fehler effizient vermieden werden. Weiterhin sollten Antworten auf Kundenanfragen schneller und qualitativ höherwertig erfolgen, wobei das Hauptaugenmerk nicht nur auf die Erfolgsrate von Projektabschlüssen, sondern auch auf die resultierende Kundenzufriedenheit gesetzt wurde.

Seit 2005 steht den Mitarbeitenden eine umfassende Wissensmanagement-Plattform im Intranet zur Verfügung. Zu Beginn umfasste die Zielgruppe der zu entwickelnden Lösung nur die ehemalige Business Unit Security Systems (SES). Doch bereits im ersten Jahr des Betriebs vergrößerte sich der Fokus auf die gesamte Siemens Building Technologies Group (SBT). Entsprechend lautete der Plattformname zunächst „References@SBT" [3] [4]. Im Zuge der Einführung von Divisionen im Siemens-Konzern wurde 2008 unter Einbezug der Community der Name leicht in „References@BT" angepasst – mit BT als Abkürzung für die Building Technologies Division. Seit Anfang 2012 wird die Plattform auch von anderen Siemens-Divisionen rege zum Wissensaustausch genutzt [5]. Dieser Erweiterung wurde im organisationsneutralen und aktuell gültigen Namen „References+" Rechnung getragen.

Von vorneherein wurde kein Anspruch darauf gelegt, eine möglichst umfassende und inhaltlich „komplette" Wissensplattform bereitzustellen. Vielmehr möchte References+ – ganz im Sinne von Social Networking – Mitarbeiterinnen und Mitarbeiter über organisationale, hierarchische und geographische Grenzen hinweg vernetzen und sie zur direkten Kommunikation untereinander animieren. In vielen Fällen beginnt der Wissenstransfer über die IT-Anwendung (z. B. durch Anfrage in einem Diskussionsforum), wird jedoch nachfolgend über rein bilaterale Kommunikation (via E-Mail, Telefon, Webkonferenz oder persönliches Treffen) fortgesetzt. Das Prinzip des Social-Networking-Ansatzes von References+ wird in Abb. 1 dargestellt.

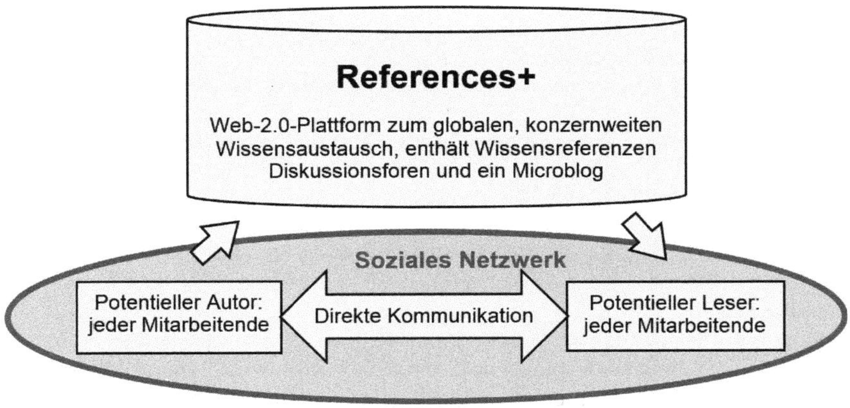

Abb. 1: Prinzip des Social Networking-Ansatzes von References+: Sobald sich Wissensgeber und -nehmer über die Anwendung „gefunden" haben, können diese implizites Wissen bilateral austauschen [4].

Folgende Tabelle 1 illustriert die schrittweise Entstehungsgeschichte von References+ anhand von zwei jährlichen Meilensteinen. Diese Entwicklung geschah als „bottom up"-Ansatz mit ständigem Einbezug der Community und als Ergebnis zahlreicher Nutzer-Feedbacks.

Tab. 1: Schrittweise Entstehung und kontinuierliche Weiterentwicklung 2005–2016 vom ersten Prototyp zum heutigen References+.

2005	Erstellung einer ersten Prototyp-Plattform „Projects@SES" im Rahmen einer Initaitive der Business Unit SBT SES
	Erweiterung auf divisionsweiten und globalen Einsatz, Umbenennung in „References@SBT"
2006	Einführung von Diskussionsforen, „Urgent Requests" und individuell konfigurierbaren E-Mail-Benachrichtigungen
	Finalist beim jährlichen „SBT top+ Award", dem bedeutendsten divisionsweiten Wettbewerb
2007	Geographische Visualisierung der Projektlokationen mit „Google Maps" und „Google Earth"
	Erste Präsentationen bei Fachkonferenzen: ICKM 2007 in Wien [3] sowie KnowTech 2007 in Frankfurt am Main [4]
2008	Umbenennung in „References@BT"
	Einführung von individuell konfigurierbaren RSS-Feeds für alle Beitragsarten
2009	Einführung des Microblogs und der „Follow"-Funktion zum Aufbau eines virtuellen Netzwerks
	Durchführung der fünften „Reward Competition" zum incentivierten Sammeln von Beiträgen
2010	Interface zur Teamdatenbank „Who is Who" und Anzeige kontextspezifischer Daten aus dieser Anwendung
	Eingabe der 2.000. Wissensreferenz
2011	Einbindung des „Siemens Tagging Services" zur Verwaltung und Visualisierung der Schlagworte
	Registrierung des 10.000. Nutzers
2012	Andere Siemens-Divisionen beginnen die Plattform aktiv zu nutzen, Umbenennung in „References+"
	Implementierung von neuen Funktionen zur unabhängigen Administration unterschiedlicher Communities
2013	Migration sämtlicher Seiten ins neue Web-Layout gemäß unternehmensweit verbindlichem Styleguide
	Teilnahme beim „Enterprise Social Software Benchmark" der EBS Business School, Wiesbaden
2014	Einführung des sogenannten „Key Customer Portals" zur Unterstützung des Account Managements
	Einbezug von References+ als wichtiger Bestandteil vom „Siemens Corporate Memory"
2015	Einführung der „Expertise Sharing"-Funktion zum Definieren, Vorschlagen und Bestätigen von Kompetenzattributen
	Durchführung des „References+ Anniversary Contests" aus Anlass des zehnjährigen Bestehens
2016	Einführung einer nutzerfreundlichen Funktion zum gleichzeitigen Suchen und Auflisten von Wissensreferenzen
	Entwicklung und Roll-out einer App für mobile Endgeräte (iOS und Android)

2 Funktion und Inhalte

References+ ist eine echte Eigenentwicklung, die in VBScript codiert innerhalb einer echte ActiveServer-Pages-Umgebung läuft. Die eigentlichen Inhalte und Daten sind in einer MS-SQL-Datenbank gespeichert, auf welche der Web-Server dynamisch zugreift. Kernbestandteile der Wissensmanagement-Plattform bilden umfangreiche Funktionen zur Suche von Beiträgen mit Freitext und Metadaten, zur kontextsensitiven

Subskription von neuen oder geänderten Beiträgen mit E-Mail und RSS-Feeds, sowie zum Social Networking. Dazu kommen strukturierte Inhalte in Form von Wissensreferenzen, Forenbeiträgen und Microblog-Postings, welche von jedem registrierten Nutzer als „user generated content" in die Plattform eingetragen und damit unternehmensweit publiziert werden können. Zum reinen Lesen der meisten Inhalte ist keine Registrierung notwendig.

Die nachfolgende Abbildung 2 zeigt die im aktuellen Siemens-Intranet-Design erstellte Startseite.

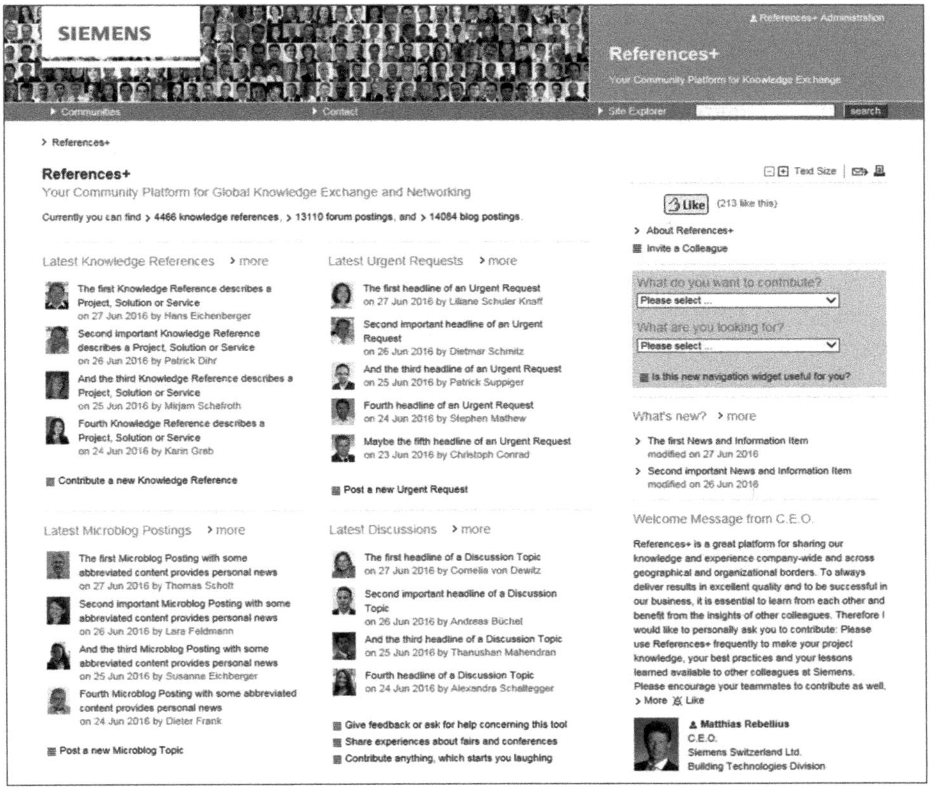

Abb. 2: Startseite von References+.

2.1 Inhalte

Wissensreferenzen sind strukturierte und umfangreiche Informations- und Datenobjekte, welche beispielsweise Kundenprojekte, Produkt- und Lösungsmodule, Servicekonzepte, bewährte Prozesse und Methoden („Best Practice Cases") sowie „Lessons Learned" beschreiben. Aufgrund mehrerer, voneinander unabhängiger

Metadaten (Disziplin, vertikaler Markt, Staat, Jahr der Fertigstellung, Auftragsvolumen usw.) sind mehrdimensionale Suchanfragen möglich, die im nachfolgenden Kapitel 2.2 beschrieben werden. Jeder Nutzer kann ein für alle Leser sichtbares Feedback auf eine Wissensreferenz geben – analog zu Kommentaren im Internet. Neben einem Textkommentar enthält jedes Feedback auch optional eine Bewertung auf einer Skala von 0 bis 5, welche mit Sternen visualisiert wird (beispielsweise repräsentiert „★★★★☆“ eine Bewertung mit 4). Somit kann die Qualität der Beiträge durch die Community transparent kommentiert und bewertet werden.

Um die inhaltliche Qualität der Wissensreferenzen sicherzustellen, werden alle neuen Beiträge von einem sogenannten „Content & Community Administrator“ geprüft, ggf. leicht modifiziert und auf der Datenbank freigegeben. Im Fall von inhaltlich ungenügenden Beiträgen setzt sich der Administrator mit dem einreichenden Autor in Verbindung und bittet um Nachbesserung der Eingabe, was in den meisten Fällen zum Erfolg führt. Obwohl dieser Prozess sehr zeitintensiv ist, hat er sich über die Jahre als Qualitätsgarantie bewährt, so dass jede teilnehmende organisatorische Einheit mindestens einen „Content & Community Administrator“ bereitstellt.

Diskussionsforen ermöglichen seit März 2006 den Teilnehmern, sich zu technologischen oder funktionalen Themenfeldern asynchron auszutauschen. Beispielsweise können im sehr intensiv genutzten „Urgent Requests“-Forum geschäftsbezogene Fragen aller Art (beispielsweise zu Produkten, Schnittstellen, Referenzprojekten, Ansprechpartnern bei Kunden, Experten im Unternehmen usw.) gestellt werden. Da jedes neu registrierte Community-Mitglied eine automatisch gesetzte E-Mail-Benachrichtigung auf das „Urgent Requests“-Forum erhält, existieren mittlerweile mehrere tausend Empfänger für diese Art der Anfragen. Mehr als 90 % aller Anfragen erhalten daher auch mindestens eine Antwort. Zumeist werden pro Anfrage sogar zwei bis drei Antworten geliefert.

Das folgende Beispiel veranschaulicht ein gängiges Einsatzszenario der Diskussionsforen: Ein Mitarbeiter aus Großbritannien fragte nach den Anschlussmöglichkeiten einer Brandmeldeanlage an ein standardisiertes IT-Bussystem. Weniger als 24 Stunden später erhielt er von einem deutschen Kollegen die gesuchte Lösung mit vielen zusätzlichen Informationen. Begeistert schilderte er seine positive Erfahrung:

> Big thanks to my colleague for his information. I posted my question onto the discussion board and the following day had all the required information, including drawings and potential suppliers. Yesterday a problem – today a solution!

Microblogging – analog zu Twitter, Yammer, Socialcast, Chatter oder vergleichbaren Diensten – bildet die dritte Beitragsart in References+. Der Bedarf für Microblogging zeigte sich schon einige Monate vor der Einführung des Dienstes im März 2009, als eine Vielzahl von Mitarbeitenden in Eigeninitiative das im Internet gehostete Yammer für den Erfahrungsaustausch in Anspruch nahm. Um zu vermeiden, dass vertrauliche Inhalte in externen sozialen Netzwerken ausgetauscht werden, wurde für References+ ein eigener Microblogging-Dienst entwickelt.

Im Unterschied zu Twitter sind Microblogging-Beiträge in References+ nicht auf 140 Zeichen begrenzt. Die baumförmige Struktur aus initialem Beitrag und allen damit zusammenhängenden nachfolgenden Antworten wird als „Topic“ visualisiert. Jeder initiale Beitrag muss außerdem verpflichtend mit mindestens einem frei wählbaren Schlagwort oder “Tag“ versehen werden, was bei Antworten optional geschehen kann. Damit können themenverwandte Beiträge sowie Mitarbeitende, die sich mit ähnlichen Fragestellungen beschäftigen, schnell gefunden werden. Neue Beiträge, die mit einem bestimmten Schlagwort versehen wurden, können über einen speziellen RSS-Feed abonniert werden. Diese Schlagworte dienen auch zur geeigneten Filterung beim Content-Export thematisch passender Microblogging-Beiträge zur Darstellung auf bestimmten Intranet-Seiten [6] [7].

Zwei Intensivnutzer des Microblogging-Dienstes bezeichnen in persönlichen und anonymisiert wiedergegebenen Statements die Förderung sozialer Netzwerke durch Microblogging als klaren Mehrwert:

> Das neue Microblogging-Tool unterstützt uns dabei, aktuelle Ereignisse zu Produktveröffentlichungen, Features und Marktbewegungen in der Building Technologies Division zu erfahren. Für jemanden aus der Industrie ist es wichtig, sich auch mit Kollegen, die in anderen Unternehmensbereichen arbeiten, zu vernetzen.
>
> Das Auffinden anderer Personen im Unternehmen, welche über Fähigkeiten oder Wissen zur Lösung eines eigenen Problems verfügen, ist in den meisten Fällen äußerst schwierig. Microblogging ist eine große Hilfe, wenn es darum geht, solches Wissen mit anderen Personen im Unternehmen auszutauschen und rasch Best-Practices mit anderen zu teilen. Es führt zu einer Reduktion des Kommunikationsaufwands im Vergleich zu E-Mail, weil Nutzende eben nur solche Beiträge durchsuchen können, welche für sie einen Wert besitzen und nicht mehr mit Informationen zugeschüttet werden.

Profilseiten fassen Informationen über die teilnehmenden Community-Mitglieder zusammen: So wird jedes Mitglied auf einer sogenannten „Member Page“ (siehe Abbildung 3) individuell repräsentiert. Sie zeigt Name, organisatorische Zugehörigkeit, Arbeitsort, Telefonnummer(n), E-Mail-Adresse, aktuelle lokale Uhrzeit sowie selbst vergeben und optional ein „About me“-Textfeld, ein Porträt-Bild und ein oder mehrere Kompetenz-Attribute. Die meisten Nutzerdaten werden regelmäßig mit dem Siemens-Mitarbeiterverzeichnis abgeglichen, so dass deren manuelle Pflege entfällt. Sämtliche bereits erstellten Beiträge sowie das Follower-Netzwerk eines bestimmten Mitglieds werden auf separaten Seiten angezeigt, welche direkt von der „Member Page“ verlinkt sind.

Weiterhin wird der Präsenzstatus aus Microsoft Communicator, einem bei Siemens eingesetzten Instant-Messaging-Dienst, in Form einer farbigen Kugel angezeigt. Wird dieses Symbol in grüner Farbe angezeigt, ist die jeweilige Person im Firmennetz eingeloggt und hat in den letzten Minuten am Computer eine Aktion ausgeführt. Diese Funktion kann jedoch nur dann korrekt funktionieren, wenn sowohl der Anwender als auch die jeweilige Gegenpartei Microsoft Communicator geöffnet haben. Darüber hinaus bietet die Anzeige der aktuellen Lokalzeit eine nützliche Orientierungshilfe bei der Erreichbarkeit von Kolleginnen und Kollegen in aller Welt.

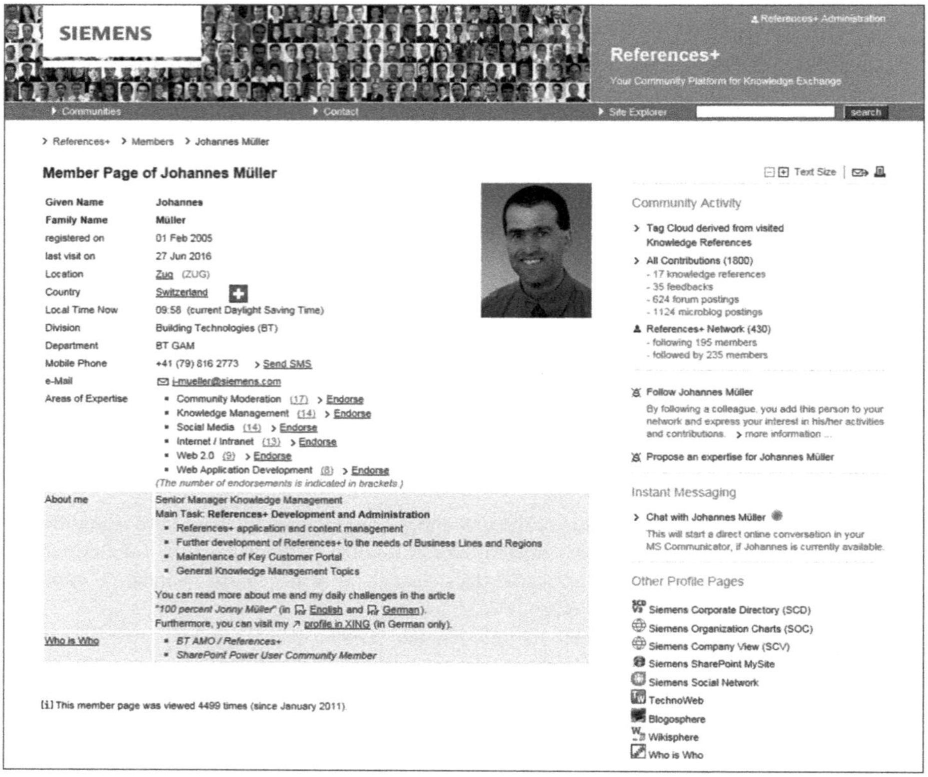

Abb. 3: Beispiel für eine „Member Page" (d. h. Profilseite) in References+, welche sowohl Daten vom Siemens Corporate Directory als auch selbst vergebene Angaben visualisiert.

In das „About me"-Freitextfeld kann jedes Mitglied auf freiwilliger Basis individuelle und geschäftsrelevante Angaben über seine Person (wie z. B. Funktion, Arbeitsgebiet oder beruflicher Werdegang) eintragen. Die Inhalte dieses Textfelds werden in den Suchanfragen berücksichtigt.

Seit Januar 2015 kann sich jedes Community-Mitglied bis zu sieben Kompetenz-Attribute selbst verleihen. Diese beschreiben mit frei wählbaren Schlagworten in englischer Sprache (z. B. „Web Application Development" oder „Data Center Infrastructure Management") besondere Fähigkeiten eines Mitarbeitenden. Derzeit haben sich ca. 2.500 References+-Mitglieder (ca. 14 % aller aktiven Nutzer) in Summe 600 unterschiedliche und gesamthaft etwa 8.000 Kompetenz-Attribute verliehen. Weiterhin ist es möglich, anderen Mitgliedern derartige Kompetenz-Attribute zum Eintrag auf deren Profilseite vorzuschlagen. Dabei wird automatisch eine vorformulierte E-Mail mit einem Link auf eine Funktion versandt, welche nur vom Adressaten geöffnet werden kann und das Kompetenz-Attribut ins dessen Profil einträgt. Schließlich können im Profil eingetragene Kompetenzen anderer Mitglieder bestätigt werden. Die

Anzahl der Bestätigungen, deren Zeitpunkte sowie diejenigen Kollegen, welche diese Bestätigungen vornahmen, sind für alle Seitenbesucher sichtbar.

Tab. 2: Welche Information wird über welchen Kanal kommuniziert? Die unten stehende Zahl ist die Gesamtzahl der jeweiligen Beiträge im November 2016.

Wissensreferenzen: Dokumentation und Erfahrungsaustausch	**Forenbeiträge: Themenbezogener Austausch**	**Microblogging: Personenbezogener Nachrichtendienst**	**Profilseiten: Kompetenzprofil und Kontaktaufnahme**
– Kundenprojekte – Lösungsmodule – Servicekonzepte – Marktanalysen – Technologieinfos – Berichte über Auszeichnungen – Best Practices – Lessons Learned	– Dringende Anfragen – Berichte zu Messen und Fachkonferenzen – Technologiebezogener Austausch – Projektmanagement – Feedback, Vorschläge und Hilfe zu References+ – weitere Themen	– Persönliche Botschaften („ich mach(t)e", „ich habe vor", „ich habe erfahren") – Verweise auf neue oder interessante Web-Seiten – Tipps und Tricks – Erfolgsmeldungen (z. B. kürzlich abgeschlossene Projektverträge)	– Vorname, Familienname – Standort und Adresse – E-Mail – Telefonnummer(n) – Abteilungsbezeichnung – Gegenwärtige Lokalzeit – Präsenzstatus – „About me"-Freitext – Kompetenz-Attribute – Porträt-Bild
Anzahl: ca. 5.100	Anzahl: ca. 13.800	Anzahl: ca. 14.600	Anzahl: ca. 18.000

2.2 Suche und Subskription

References+ bietet sowohl eine Stichwortsuche als auch eine Schlagwortsuche, wobei beide Sucharten in allen Beitragsarten (Wissensreferenzen, Forenbeiträge, Microblogging und Profilseiten) kombiniert werden können. Auf jeder References+-Seite befindet sich ein Textfeld zur schnellen Eingabe eines beliebigen Stichworts (siehe Abbildung 4). Dieses Stichwort wird in der gesamten Datenbank, d. h. in sämtlichen Inhaltsarten und Profilangaben, gesucht.

Bei der Schlagwortsuche werden die in Wissensreferenzen, Diskussionsforen und im Microblog vorgegebenen Attribute oder „Tags" zur Suche herangezogen. Dies ermöglicht komplexe und mehrdimensionale Suchanfragen wie zum Beispiel „alle für Flughäfen in Deutschland seit 2012 ausgeführten Projekte, in denen Zutrittskontrolle kombiniert mit Gebäudemanagement implementiert wurde". Als weiteres Filterkriterium könnte zusätzlich noch ein beliebiges Stichwort angegeben werden – z. B. „Desigo CC" als Produktname eines innovativen Gebäudemanagementsystems.

Die Vergabe eigener Kompetenz-Attribute ermöglicht eine effiziente Suche nach Mitarbeitenden mit einer bestimmten Fähigkeit, die in einem bestimmten Land beheimatet und/oder einer bestimmten organisatorischen Einheit zugeordnet sind. Zusätzlich lässt sich die Suche nach Community-Mitgliedern mittels eines Stichworts für Name, Standortinformation oder „About me"-Freitext weiter verfeinern.

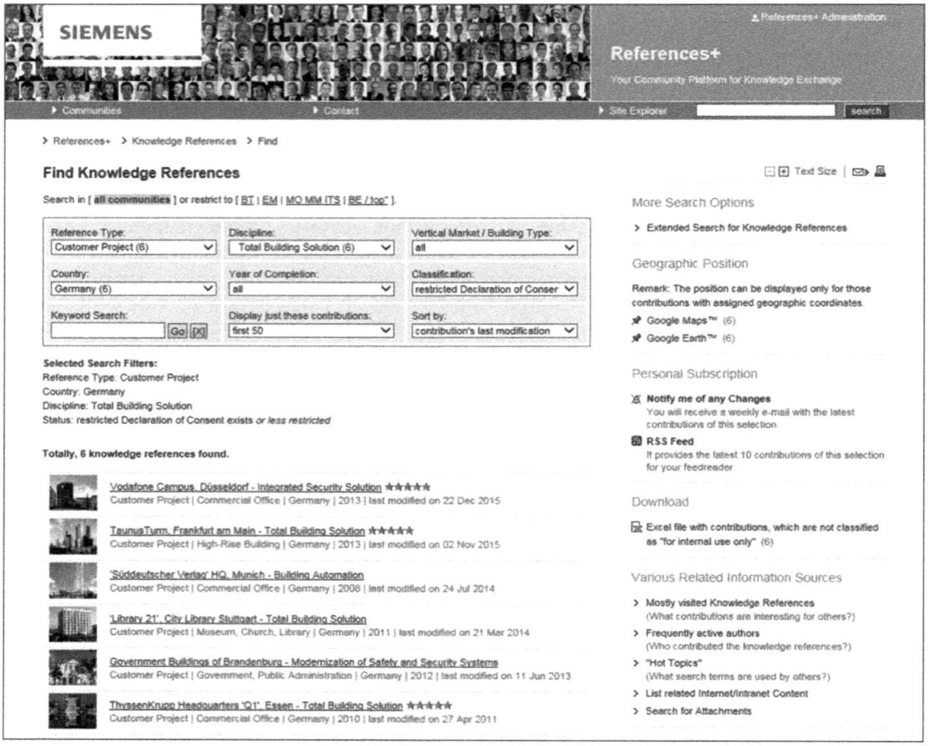

Abb. 4: Beispiel für eine Seite zum gleichzeitigen Suchen und Auflisten von Wissensreferenzen. Die in den Drop-Down-Menüs angebotenen mehrdimensionalen Filterparameter passen sich dynamisch der aktuell getroffenen Auswahl an, so dass mit dieser Art der Interaktion eine leere Treffermenge stets ausgeschlossen wird.

Sämtliche Beiträge, sowohl Wissensreferenzen als auch Beiträge in Diskussionsforen und im Microblog, lassen sich per E-Mail abonnieren, um über neue und für das eigene Arbeitsgebiet relevante Beiträge auf dem Laufenden zu bleiben. Dabei kann – ganz analog zur Suche – eine Kombination von Metadaten und Stichworten angegeben werden, um die Menge der Beiträge je nach Interessensgebiet passend zu filtern. Diese E-Mails werden grundsätzlich nur einmal täglich bzw. einmal wöchentlich verschickt, um eine zu große Anzahl derartiger Mail-Benachrichtigungen in kurzer Zeit zu vermeiden. Es ist sehr wichtig, die optimale „Dosierung" dieser Benachrichtigungen zu finden: Durch Rückmeldungen der Nutzer konnte die Erkenntnis gewonnen werden, dass zu viele E-Mails einen kontraproduktiven Effekt mit sich ziehen und in letzter Konsequenz gar nicht mehr gelesen werden. Ebenso wichtig ist eine intuitiv bedienbare Auswahl und Filterung der individuellen Subskriptionseinstellungen, so dass nur thematisch interessante Benachrichtigungen in die Mailboxen der Abonnenten gelangen.

Neben der Benachrichtigung via E-Mail stehen zu sämtlichen Beitragsarten und allen einstellbaren Suchprofilen RSS-Feeds bereit, welche im eigenen Feedreader mit wenigen Mausklicks abonniert werden können.

2.3 Geographische Anzeige der Beiträge

Die meisten Projektbeiträge sind geo-referenziert, d. h. den Beiträgen werden exakte Positionsangaben in Form von Längen- und Breitengraden zugeordnet. Damit lässt sich entweder die Lage eines bestimmten Projekts oder die örtliche Verteilung bestimmter Suchanfragen (z. B. alle Projekte, bei denen in Flughäfen in Deutschland ein bestimmtes Produkt implementiert wurde) auf einer Landkarte visualisieren. Als Online-Kartenbasis wird dabei „Google Maps“ verwendet (für ein Beispiel siehe Abb. 5). Diese Funktion wurde über die von Google bereitgestellte JavaSript-API direkt in die Web-Seiten von References+ integriert. Parallel dazu können die vorhandenen Geo-Parameter auch als KML-Datei ausgegeben und in Google Earth dreidimensional visualisiert werden.

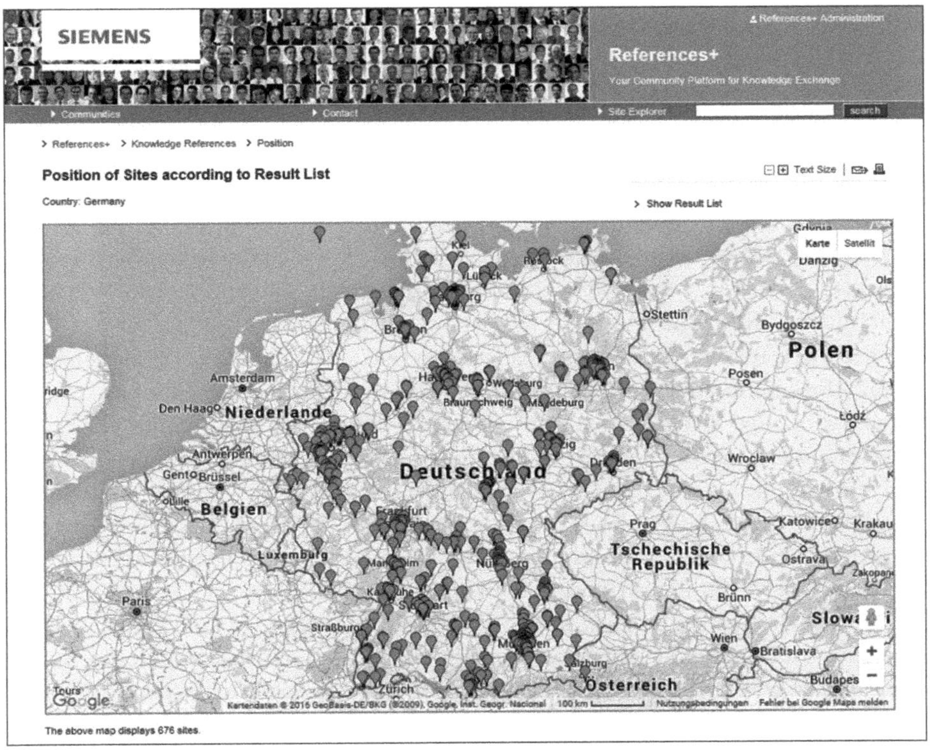

Abb. 5: Beispiel für eine Visualisierung von Projektlokationen in Deutschland mit „Google Maps“.

Beide Funktionen ermöglichen eine einfache geographische Suche nach passenden (Projekt-)Beiträgen, wie in folgendem Anwendungsfall beschrieben: Für einen potentiellen Kunden werden freigegebene Referenzprojekte in dessen Nähe gesucht, was mit der Visualisierung über die Online-Karten sehr schnell gelingt.

2.4 Aufbau und Anzeige des persönlichen Netzwerks

Analog zu anderen Social-Networking-Plattformen [8] erlaubt auch References+ den Nutzern, ein persönliches Netzwerk aufzubauen und anderen Community-Mitgliedern zu „folgen". Durch das „Folgen" einer anderen Person kann das Interesse an dieser anderen Person explizit bekundet und IT-technisch auf einfache Weise abgebildet werden. Das daraus entstehende Kontaktgeflecht wird allen Nutzern auf References+ transparent gemacht: Alle Mitglieder, denen eine bestimmte Person folgt, und alle Mitglieder, welche einer bestimmten Person folgen, werden auf einer Web-Seite zusammengefasst und angezeigt. Eine Folge-Beziehung ist für sich betrachtet unidirektional und kann bei Gefallen von der Gegenpartei erwidert werden. Natürlich kann eine bestehende Folge-Beziehung vom Folgenden jederzeit (durch „unfollow") gelöscht werden. Die einseitige Blockierung einer Folge-Beziehung durch den Gefolgten, also die Möglichkeit (wie auf Twitter), bestimmten Community-Mitgliedern das „Folgen" der eigenen Person zu verbieten, ist im derzeitigen Funktionsumfang von References+ nicht vorgesehen. Falls eine neue Folge-Beziehung aufgebaut oder eine bestehende Folge-Beziehung gelöscht wird, wird die Gegenpartei per E-Mail über diesen Vorgang benachrichtigt.

Neue Community-Mitglieder werden bereits während der Registrierung auf die Möglichkeit, anderen Teilnehmern zu folgen, hingewiesen. Dadurch werden diese auf die angebotenen Vernetzungsmöglichkeiten aufmerksam gemacht und können diese sofort nutzen. Allerdings wurde die Folge-Funktion nach ihrer Bereitstellung im März 2009 von den Teilnehmern nur sehr spärlich genutzt. Erst nach einer gezielten Kommunikationsmaßnahme im August 2010 entwickelte sich eine signifikant wachsende Anzahl von Folge-Beziehungen: In einer personalisierten E-Mail, die an alle registrierten References+-Mitglieder verschickt wurde, wurden zehn zufällig ausgewählte und am Ort des jeweiligen E-Mail-Empfängers arbeitende Community-Mitglieder zum Folgen vorgeschlagen. Dies führte in kurzer Zeit zu über 3.000 neuen Folgebeziehungen. Aufgrund des Erfolgs dieser Maßnahme erhalten alle neuen References+-Mitglieder nach ihrer Registrierung eine ähnliche E-Mail.

In der Grundeinstellung erhält jedes Community-Mitglied einmal täglich zusammengefasst als E-Mail alle Microblog- und Foren-Postings derjenigen Autoren, denen der jeweilige Empfänger „folgt". Ein entsprechender RSS-Feed steht parallel dazu zur Verfügung. Damit ist es ein Leichtes, über Neuigkeiten aus dem persönlichen Netzwerk stets auf dem Laufenden zu bleiben, ohne die Intranet-Plattform regelmäßig aufrufen zu müssen.

2.5 „Like Button“ zum Einbau in beliebige Intranet-Seiten

Seit Juli 2011 steht eine „Like“-Funktion zur Verfügung, welche in beliebige Web-Seiten innerhalb des Siemens-Intranets mittels einer einzeiligen JavaScript-Routine implementiert werden kann. Durch jedes angeklickte Like wird ein standardisierter Microblog-Beitrag mit Titel und URL der zugrunde liegenden Intranet-Seite angelegt, was bisher zu knapp 1.900 solcher Like-Postings geführt hat. Aus einer Social-Media-Perspektive ermöglicht diese Funktion gleich drei nützliche Features:
- Anzeige der Anzahl positiver Bewertungen, woraus sich ansatzweise die Signifikanz und Beliebtheit einer Web-Seite ableiten lässt,
- Anzeige aller Community-Mitglieder, die eine bestimmte Web-Seite positiv bewerten, sowie
- Kommunikation der als nützlich empfundenen Web-Seiten im Sinne von „Social Bookmarking“ an das persönliche Netzwerk.

2.6 „Key Customer Portal“ zur Unterstützung des Key Account Managements

Siemens ist seit längerem bekannt für ein vorbildliches Key Account Management und unterzieht sich regelmäßig einem internationalen Vergleich mit anderen Unternehmungen, um dies zu bestätigen. Unter anderem wurde die Siemens AG im Jahr 2011 von der Strategic Account Management Association (SAMA) für das beste Key Account Management ausgezeichnet. Der nachhaltige Ausbau der Kundenbeziehungen, die Förderung von erfolgversprechenden Vertriebstalenten und die gelebte Kundennähe auf Vorstandsebene bildeten die von der Jury gewürdigten Erfolgsfaktoren [9].

Networking und Zusammenarbeit sind dabei essenziell für die Geschäftsentwicklung in einem global tätigen Unternehmen. Die Tatsache, dass Kundenbetreuer multinationaler Unternehmungen mehr Zeit mit den internen Ansprechpartnern in verschiedensten internen Organisationseinheiten verbringen als mit ihren Kunden, mag erstaunen – entspricht jedoch der Realität im Key Account Management. Umso wichtiger ist es für einen Key Account Manager, sich sehr effizient zu organisieren und sich gleichzeitig um eine wirkungsvolle grenzüberschreitende Kommunikation zu kümmern. Das ist insbesondere in Ländern und Regionen von besonderer Bedeutung, wo neue potentielle Geschäftsopportunitäten generiert werden, welche vielleicht erst in sechs, zwölf oder sogar achtzehn Monaten zu wichtigen Kunden-Projekten in der jeweiligen Zweigniederlassung oder im jeweiligen Land werden können.

Unter diesen Voraussetzungen entstand im Jahr 2014 die Idee, ein BT-Kundenportal innerhalb von References+ anzulegen, welche das aktuelle Wissen der Kundenteams sowie Erfahrungen mit dem Kunden auf einfache Weise zusammenführt. Ein kleines Team machte sich an die Umsetzung – nachdem vorab die Bedürfnisse und die Anforderungen aus globalen und regionalen Kundencentern abgefragt und evaluiert wurden. Eine wesentliche Anforderung war beispielsweise ein hoher Automatisierungsgrad von Verknüpfungen und Schlagwortzuordnungen, um die Interaktion zu vereinfachen und die erforderliche Administration auf ein absolutes Minimum zu reduzieren.

Abb. 6: Screenshot des „Key Customer Portals" gefiltert nach „Chemicals".

Das Ergebnis war sehr ansprechend, und nach wenigen Wochen wurde das neue „Key Customer Portal" (siehe Abbildung 6) getestet und verfeinert, so dass es den Key Account Managern und den regionalen Kundencentern vorgestellt werden konnte. Die mehr als 100 Schlüsselkunden der Building Technologies Division lassen sich in einer Übersicht nach vertikalen Märkten (wie beispielsweise Chemicals, Data Centers, Pharma) oder nach relevanter Geschäftseinheit bzw. Kundentyp auf einfache Weise darstellen und filtern.

Für jeden Schlüsselkunden werden auf einer Überblicksseite, siehe dazu nachfolgende Abb. 7, (A) das Profil des Kunden mit den wichtigsten Links zu Ansprechpartnern und weiterführenden Informationen, (B) die aktuellsten News von und fürs

Kundencenter und Interessierte sowie (C) zugehörige Projektreferenzen abgebildet. Solche Übersichtsseiten können mit wenigen Klicks an involvierte Kundencenter- und Vertriebsmitarbeitende weitergeleitet werden:

- Das Profil in **Sektion A** enthält eine Kurzbeschreibung über die globale Unternehmung und über jene Geschäftseinheiten, welche bei der BT aktiv involviert sind. Der Link zum geschützten Customer Relationship Management (CRM)-Umfeld, wo Geschäftsentwicklung und Kennzahlen hinterlegt sind, wird gern von Key Account Managern und Vertriebsmitarbeitenden genutzt, um direkt zu den detaillierten Kundendaten zu gelangen. Aber auch Kollegen, welche keinen Zugang zum unternehmensweiten CRM-Tool haben, schätzen diese Plattform sehr, da sie so auf einen Blick die relevanten Ansprechpartner finden und diese schnell und direkt kontaktieren können.
- In **Sektion B** konnte die Social-Media-Komponente integriert werden. Sobald ein Mitarbeiter im Editor-Fenster des jeweiligen Kunden eine Nachricht publiziert, wird diese automatisch mit den richtigen Schlagworten versehen und innerhalb des Networks geteilt.
- In **Sektion C** werden sämtliche Projektreferenzen zum jeweiligen Kunden dargestellt. Möchte man mehr erfahren, führt ein Klick auf eine zugehörige Projektreferenz inklusive Lösungsbeschreibung, Ergebnissen und involvierten Ansprechpartnern. Die Verbindung des Kundenportals mit der etablierten Community-Plattform References+ macht es Projekt- und Vertriebsmitarbeitenden einfach, ihre Erfahrungen und das gewonnene Wissen untereinander zu teilen und auch für spätere Ereignisse zu dokumentieren. Über eine einfach zu bedienende Suchfunktion lassen sich die Beiträge auch mit unterschiedlichsten Suchbegriffen wiederfinden.

Ein Key Account Manager wird Projektbeteiligte und Interessierte bitten, sich die Blog-News oder die aktuellen Projektbeiträge zu abonnieren, damit diese sofort informiert sind, was bei einem konkreten Projekt passiert oder wo der Kunde in nächster Zukunft investieren möchte. Gleichzeitig werden Projektleiter und regionale Vertriebsverantwortliche eingeladen und motiviert, ihre Fortschritte und Erkenntnisse mit dem Kundenteam innerhalb des Unternehmens zu teilen.

Die digitale Zukunft ist bei Siemens nicht nur eine strategische Priorität, sondern bereits Realität – wie auch diese Anwendung des konzernweiten Wissensaustauschs zeigt. Jedoch sind nicht alle Mitarbeiter-Generationen in gleicher Weise gewohnt, mit den digitalen Medien umzugehen. Das erfordert Feingefühl, Ausdauer und sukzessives Heranführen im Umgang und in der Nutzung von firmeneigenen Wissensplattformen und Social Media. Ein neues Kundenportal ist daher kein Selbstläufer – es braucht trotz effizienter digitaler Automatismen auch kontinuierliche und persönliche Betreuung. Dies beginnt mit klaren Verantwortlichkeiten bei Key Account Managern und Vertriebsmitarbeitenden bezüglich Nutzung und Handhabung eines solchen

Kundenportals. Es bedeutet beispielsweise, dass jeder Schlüsselkundenbetreuer sich zunächst ein gutes Netzwerk mit regionalen Experten basierend auf realen Geschäftsvorfällen aufbauen muss, um die Vorteile vollumfänglich nutzen zu können. Zusätzlich braucht es auch eine zentrale Verantwortlichkeit pro Geschäftseinheit oder pro Region, die aktuelle Themen aufgreift, anstößt und auch moderiert, um Aktivitäten bezüglich Projekterfahrungen und Social Media fokussiert voranzutreiben. Zudem hat die Erfahrung gezeigt, dass eine gute analoge Kommunikation zwischen Kunden und Kundenteams auch außerhalb der digitalen Welt stattfinden muss. Web-Plattformen und Blogs bilden eine wertvolle Ergänzung zur Kommunikation, können und wollen jedoch den persönlichen Wissensaustausch von Mensch zu Mensch keinesfalls ersetzen. Mit dieser Randbedingung stellt ein solches Kundenportal eine echte Bereicherung für alle Beteiligten dar.

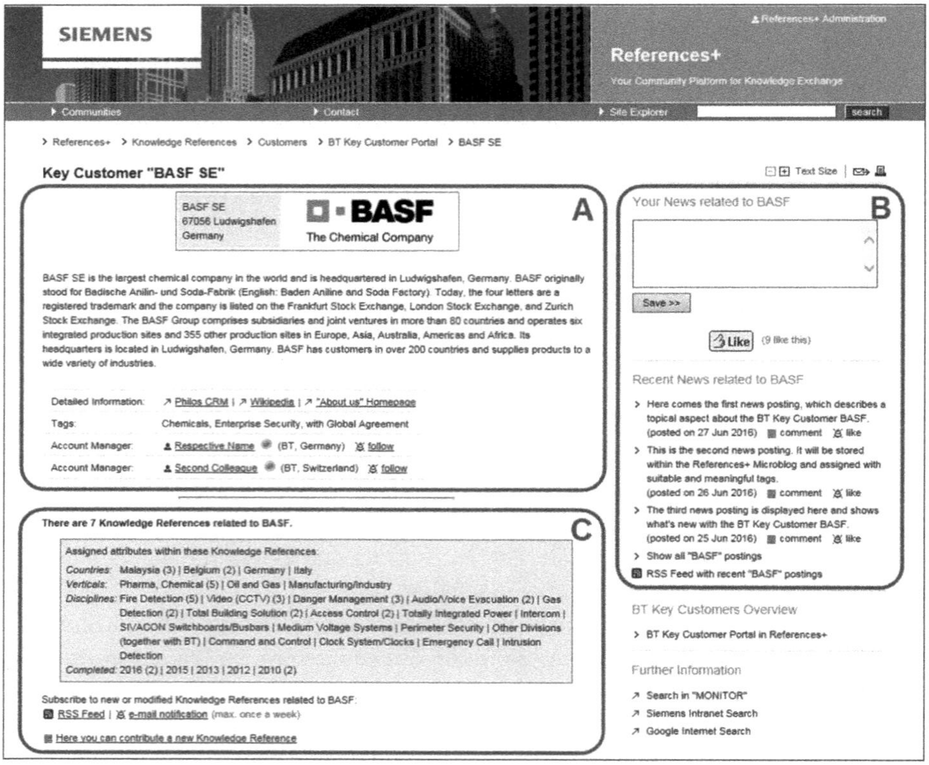

Abb. 7: Beispiel für die Darstellung eines spezifischen Schlüsselkunden. Dabei werden durch das Account-Management-Team gepflegte Informationen (A) mit Beiträgen der Community (B und C) auf einer Seite zusammengefasst.

2.7 References+-App für mobile Endgeräte

Um dem steigenden Bedürfnis Rechnung zu tragen, auch außerhalb des Unternehmensnetzwerks mit mobilen Endgeräten auf References+ zugreifen zu können, wurde eine App entwickelt, welche in der ersten Version seit Mai 2016 für iOS-Geräte und seit September 2016 für Android-Geräte zur Verfügung steht. Diese App kann im Siemens-internen App-Store auf registrierte Endgeräte installiert werden. Aus Gründen der Informationssicherheit ist das Öffnen der App nur für registrierte Community-Mitglieder nach einem manuellen Login möglich. Folgende Abbildung 8 zeigt die Startseite der ersten Version der References+-App:

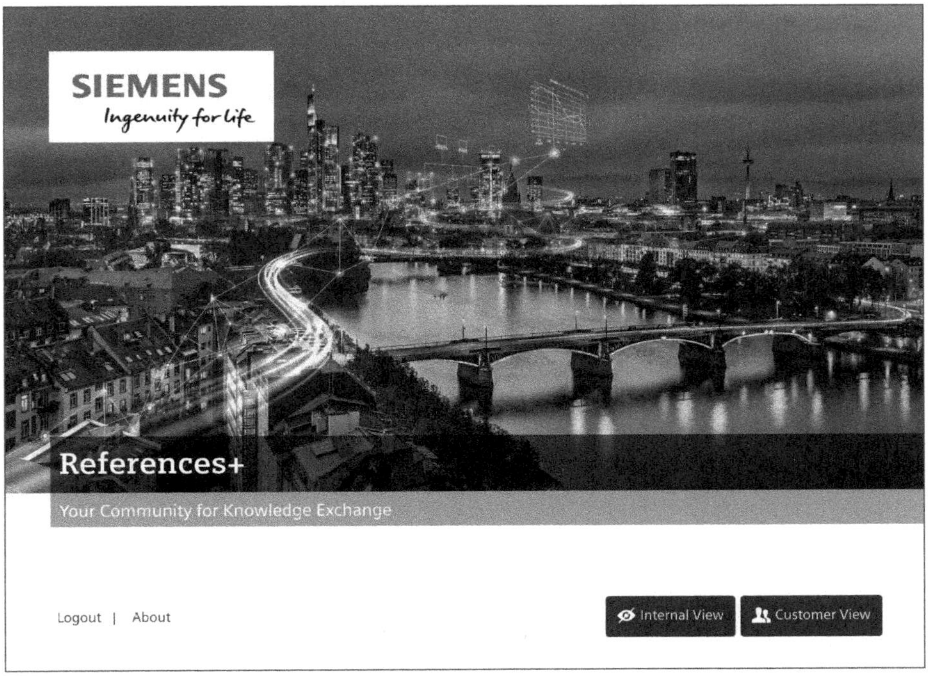

Abb. 8: Startseite der References+-App mit den beiden Auswahlknöpfen zur internen Ansicht und zur Kundenansicht.

Die Darstellung wurde für Tablet-Geräte optimiert, funktioniert aber dennoch auch für kleinere Smartphone-Displays zufriedenstellend. Derzeit ist nur lesender Zugriff auf die vorhandenen Projektbeiträge möglich, wobei schreibender Zugriff – speziell für Feedback-Kommentare – in einer künftigen Version geplant ist. Die App ermöglicht die Kennzeichnung individuell ausgewählter Beiträge als persönliche Favoriten, welche mit einem Sternsymbol hervorgehoben und in allen Auswahllisten zuoberst angezeigt werden. Nach jeder Online-Verbindung werden sämtliche neuen und geänderten Textinhalte sowie alle Bild-Symbole in den lokalen Speicher des Endgeräts geladen. Somit stehen selbst dann alle Informationen zum Lesen zur Verfügung, wenn das Endgerät völlig offline ist. Dem Nutzer stehen in der App zwei praktische Modi zur Verfügung:

- In der internen Ansicht („Internal View") werden alle Projektbeiträge mit allen auch in der Desktop-Version verfügbaren Angaben angezeigt. Diese Ansicht ist nur für Mitarbeitende gedacht.
- In der Kundenansicht („Customer View") werden nur extern kommunizierbare Projektbeiträge ohne rein interne Informationen (Auftragsvolumen, Kunde, involvierte Mitarbeitende) angezeigt. Diese Ansicht eignet sich insbesondere für Gespräche mit Kunden, damit diese sich über die Projektkompetenzen und -erfolge unseres Unternehmens informieren können.

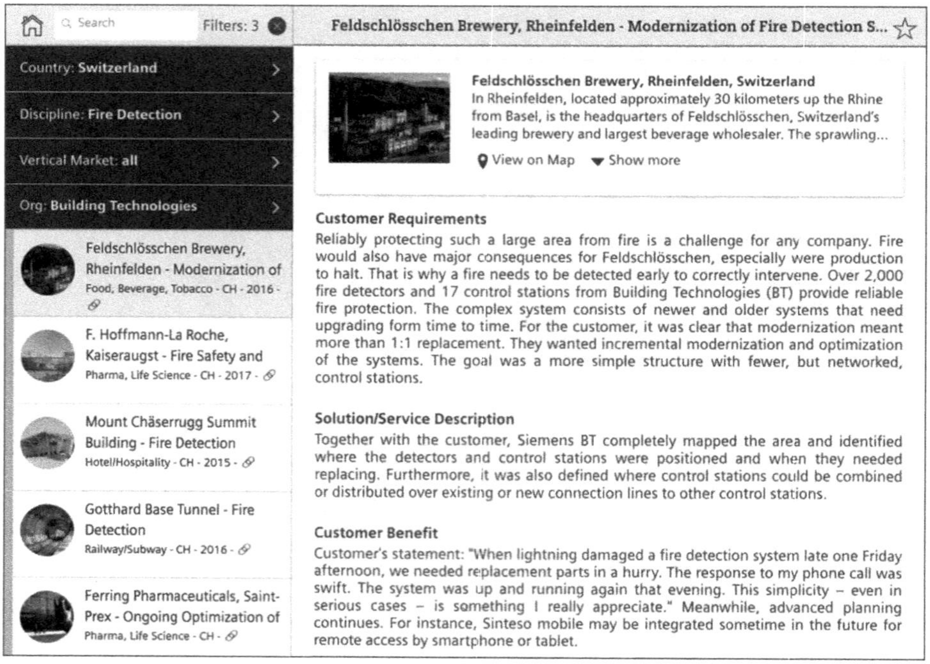

Abb. 9: Beispiel für die Darstellung eines Projektbeitrags in der App. Links oben sind die interaktiven Suchfilter (country, discipline, vertical market, organization) erkennbar, die auch in Kombination mit einem Stichwort die Anzahl gefundener Beiträge entsprechend einschränken.

Aufgrund des kurzen Zeitraums seit der ersten Bereitstellung der App können in diesem Artikel noch keine quantitativ fundierten Aussagen über Nutzung und erzielten Mehrwert gemacht werden. Es bleibt noch abzuwarten, wie sich der mobile Zugang auf References+ auf das Nutzungsverhalten konkret auswirken wird.

3 Motivation und Moderation der Teilnehmer

Community-Plattformen wie References+ sind sozio-technische Systeme: Neben der Beherrschung der eingesetzten Technologie als Mindestanforderung ist es besonders wichtig, die sozialen Prozesse rund um Mitarbeitende als Nutzer zu verstehen. Speziell die soziale Perspektive wird oft vernachlässigt, weshalb die Wissenschaft in diesem Kontext von sozio-technischer Systemgestaltung spricht [8]. Wie auch bei vergleichbaren Plattformen im Internet oder Intranet beschrieben wurde [10], geschieht die Nutzung von References+ bis auf wenige Ausnahmen freiwillig.

3.1 Sichtbarer Aufruf der Unternehmensleitung

Ein wesentliches Element für den Erfolg von Web-2.0-Initiativen in Unternehmen ist die spürbare Unterstützung der Unternehmensführung [10]. Der Kulturwandel, eigene Erfahrungen über eine Intranet-Plattform anderen Mitarbeitenden zugänglich zu machen, kann nur gelingen, wenn sich die Beitragenden sicher sind, letztlich auch im Sinne ihres Managements zu handeln. Aus diesem Grund fordert der CEO der Building Technologies Division auf der References+-Startseite die Anwender zur aktiven Nutzung auf:

> References+ is a great platform for sharing our knowledge and experience company-wide and across geographical and organizational borders. To always deliver results in excellent quality and to be successful in our business, it is essential to learn from each other and benefit from the insights of other colleagues. Therefore I would like to personally ask you to contribute: Please use References+ frequently to make your project knowledge, your best practices and your lessons learned available to other colleagues at Siemens. Please encourage your teammates to contribute as well.

Neben diesem werden weitere Statements von Mitgliedern der Unternehmensleitung im zufälligen Wechsel auf der References+-Startseite angezeigt.

3.2 Aktivitäten des Community-Managers

Die in References+ registrierten Nutzer bilden eine weltweit verteilte Community. Hierbei nimmt einer der Autoren dieses Beitrags die essenzielle Rolle des Community-Managers wahr, womit unter anderem folgende regelmäßigen Aufgaben verbunden sind:

- Persönliche Animation zum Erstellen neuer Beiträge oder zum Verbessern bzw. Aktualisieren bestehender Beiträge, was in der Regel durch bilateralen Kontakt via E-Mail oder Telefon geschieht.

- Ansprechpartner bei Problemen und Verbesserungsvorschlägen (im Sinne einer „References+ Hotline")
- Durchführen von Trainingsmaßnahmen, welche sowohl persönlich in Form einer Präsenzveranstaltung als auch „remote" über Web-Conferencing durchgeführt werden. (Innerhalb des Siemens-Konzerns hat sich dazu die Web-Conferencing-Anwendung Microsoft Live Meeting etabliert.)
- Hervorheben und Kommunizieren besonders aktiver Autoren oder besonders oft angeklickter Beiträge.
- Dank an überdurchschnittlich aktive Autoren oder Autoren qualitativ hochstehender Beiträge ausdrücken und an die Community kommunizieren.
- Ansprechen geeigneter Multiplikatoren (Senior Management, regionales Management, Vertical Market Manager usw.) zwecks Motivation derer Mitarbeitenden.
- Erstellen von News-Beiträgen, die im unternehmensweiten News-Kanal sowie auf ausgewählten Intranet-Seiten veröffentlicht werden.
- Kommunikation wichtiger bzw. zeitkritischer Neuigkeiten als E-Mail an alle Community-Mitglieder.
- Versand eines Newsletters (etwa alle zwei bis drei Monate) als E-Mail an alle Community-Mitglieder: Der „References+ Newsflash" informiert über neue Funktionen der IT-Anwendung, interessante Beiträge, Informationen aus der Community und weitere relevante Themen. Darüber hinaus ist dieses Medium auch ein „Erinnerungs-Trigger", um sporadische Nutzer zum Öffnen von References+ im Browser zu animieren und zur Teilnahme an der Community anzuregen.

3.3 Incentivierung

Um die Wissensmanagement-Plattform mit mehr Beiträgen anzureichern und in der Folge die Community zu vergrößern, wurden vor allem in der Anfangsphase nach der Einführung von References+ mehrere Incentive-Maßnahmen in Form von internen Wettbewerben durchgeführt. Die aktivsten Autoren konnten dabei Preise gewinnen, welche zusammen mit einer vom CEO unterzeichneten Urkunde durch den jeweils direkten Vorgesetzten persönlich überreicht wurden. Fotos dieser Überreichung wurden anschließend im Intranet sowie in der Mitarbeiterzeitschrift veröffentlicht. Die Anerkennung und Wertschätzung der Unternehmensführung zusammen mit der Veröffentlichung und Visualisierung der Preisträger wirkte in diesem Zusammenhang wesentlich motivierender als reine Sachpreise.

Über den bisherigen Zeitraum des Bestehens von References+ zeigt die nachfolgende Tab. 3 den positiven Effekt der bisher durchgeführten Incentive-Maßnahmen: In Monaten mit einer solchen Maßnahme war die Anzahl der eingegebenen Wissensreferenzen teils deutlich höher als in Monaten ohne Incentivierung. (Der geringere Effekt der fünften Maßnahme im Jahr 2009 lässt sich mit dem damals neu eingerichteten Microblog erklären: Als Konsequenz wurde eine Vielzahl neuer – und ebenfalls incentivierter – Microblog-Beiträge verfasst, was sich auf die Zahl der eingegebenen Wissensreferenzen dämpfend auswirkte.)

Tab. 3: Auswirkung von Incentive-Maßnahmen auf die Eingabe neuer Wissensreferenzen.

Zeitraum der Incentivierungs-Maßnahme	Dauer in Monaten	Neue Wissens-referenzen	Ø Wissensreferen-zen pro Monat
Oktober 2005 – Januar 2006	4	182	45,5
Juni–September 2006	4	162	40,5
März–Juli 2007	5	348	69,6
Januar–Juli 2008	7	239	34,1
April–September 2009	6	172	28,7
Juni–November 2016	6	356	59,3
gesamte Zeit mit Incentivierung	32	1.459	45,6
gesamte Zeit ohne Incentivierung	104	2.901	27,9
gesamt: März 2005 – Juni 2016	136	4.360	32,1

In diesem Zusammenhang soll jedoch darauf hingewiesen werden, dass eine ausschließlich extrinsische Motivation durch Incentive-Maßnahmen auf Dauer nicht den gewünschten Effekt mit sich bringt. Um langfristig und nachhaltig die Bereitschaft der Mitarbeitenden zum Wissensaustausch zu steigern, ist die intrinsische Motivation der Beteiligten von zentraler Bedeutung. Neben einer Unternehmenskultur, die von Offenheit und Vertrauen geprägt ist, sind eine leicht zu bedienende IT-Anwendung, ein einfacher Zugang zu wertvollen Informationen, eine schnelle Identifikation und Erreichbarkeit von konzernweit verteilten Wissensträgern und Experten sowie ein erkennbarer Nutzen für die eigene Arbeit (siehe nachfolgendes Kapitel 4) wesentliche Erfolgsfaktoren.

4 Mehrwert für die Teilnehmer

Im Rahmen von mehreren Nutzerumfragen wurde 2009 (mit 1.070 Teilnehmern), 2011 (mit 1.479 Teilnehmern) und 2015 (mit 1.566 Teilnehmern) der individuell wahrgenommene Mehrwert der in References+ gefundenen Informationen abgefragt und evaluiert. Daraus konnten folgende Ergebnisse abgeleitet werden:

- Die durch die in References+ gefundenen Inhalte gesparte Arbeitszeit beträgt durchschnittlich 0,7 Arbeitstage pro Mitarbeitender pro Jahr (gemäß Umfragen 2009 und 2015).
- Bedingt durch die in References+ gefundenen Inhalte ergeben sich folgende kumulierten Werte bezogen auf ein Jahr (gemäß Umfrage 2011):

  - 731 eingesparte Arbeitstage,
  - € 190.000 eingesparte Kosten,
  - € 5,3 Millionen zusätzlich generierter Umsatz,
  - 361 neu gewonnene Kunden.

- Regelmäßige Nutzer (d. h. täglich oder wöchentlich) empfinden im Durchschnitt einen subjektiv höheren Mehrwert als sporadische Nutzer (d. h. monatlich oder seltener) [12].

- Die zumeist genannten Vorteile bei der Nutzung von References+ sind (gemäß Umfrage 2015, Mehrfachnennungen waren möglich):
  - Zugang zu Informationen aus erster Hand (63 %),
  - Auffinden von Experten und Wissensträgern (49 %),
  - bessere Vernetzung innerhalb des Unternehmens (31 %),
  - anderen Kollegen im Unternehmen Unterstützung bieten (30 %),
  - Teil einer Community sein (29 %),
  - Zeiteinsparung (24 %).

Weiterhin nahm References+ im Jahr 2013 beim „Enterprise Social Software Benchmark" [13] der EBS Business School, Wiesbaden, teil. An der zugehörigen Umfrage beteiligten sich 586 Teilnehmer. Die vergleichenden Evaluierungen führten auf einer Skala von 7 („strongly agree") bis 1 („strongly disagree") zu folgenden Ergebnissen:

- Im Vergleich zu Wissensmanagement-Plattformen anderer Unternehmen schneidet References+ in folgenden Kategorien besser ab:
  - Einfachheit der Bedienung: 4,61 (Ø aller verglichener Plattformen 3,78),
  - Wissenszugang: 4,32 (Ø 4,13),
  - Visualisierung der Resultate: 4,23 (Ø 3,86),
  - Anwendbarkeit: 3,92 (Ø 3,55),
  - Nutzungsvergnügen: 3,81 (Ø 3,45).

- Im Vergleich zu Wissensmanagement-Plattformen anderer Unternehmen wird bei References+ bei diesen Aspekten Verbesserungsbedarf gesehen:
  - Vorgaben zur Zusammenarbeit: 5,14 (Ø 5,41),
  - Nutzung als Wissensnehmer: 4,64 (Ø 4,84),
  - Nutzung als Wissensgeber: 3,53 (Ø 3,92),
  - soziale Nutzung: 2,80 (Ø 3,05).

5 Zusammenfassung und Ausblick

Anwendungen und Technologien des Web 2.0 haben zunehmend Einzug in die Unternehmenswelten gefunden, um dort den Wissensaustausch zwischen Mitarbeitenden zu unterstützen [11] [14]. In einem global agierenden Unternehmen wie Siemens können sich Mitarbeitende heute weltweit über eine moderne Web-2.0-Plattform virtuell kennenlernen und im Sinne von Communities of Practice [15] miteinander vernetzen. Während die Kontaktanbahnung und -pflege durch References+ stark vereinfacht werden, muss der eigentliche Wissenstransfer nicht zwangsläufig ausschließlich über die IT-Anwendung, sondern kann auch über bilaterale Kommunikation stattfinden.

Das in der Literatur häufig genutzte Schlagwort „Enterprise 2.0" [10] [16] bedeutet nicht nur die Schaffung eines Angebots an entsprechenden IT-Plattformen im Unternehmen. Enterprise 2.0 bedingt vielmehr eine Abkehr von traditionellen Rollenmustern bei der Informationsbeschaffung und -verteilung hin zu einer von der Unternehmensleitung aktiv geforderten und geförderten Kultur des Wissensteilens sowie des gegenseitigen Vertrauens und der gegenseitigen Unterstützung. Enterprise 2.0 steht für Nutzungsoffenheit, weil nicht schon von Beginn an klar sein muss, zu welchem Zweck eine bestimmte IT-Anwendung von Mitarbeitenden tatsächlich genutzt werden kann. Es kann also durchaus vorkommen, dass sich der Einsatzzweck eines Dienstes erst durch die Nutzungspraktiken der Anwender in eine bestimmte Richtung manifestiert [17].

Für viele Mitarbeitende – nicht nur aus der jüngeren Generation der sogenannten „Digital Natives" – bilden unternehmensinterne Web-2.0-Anwendungen und „Social Media" unverzichtbare Instrumente zur Kommunikation, Informationsrecherche und Expertensuche und tragen damit auch zur Attraktivität eines Arbeitsplatzes bei. Die bisherige Herausforderung für Wissensmanager, Mitarbeitende zum Eintragen und Teilen von Inhalten zu motivieren, wird nun vermehrt durch andere Herausforderungen abgelöst: Dazu gehört etwa, den Mitarbeitenden nicht nur eine geeignete und zeitgemäße Web-2.0-Infrastruktur, sondern auch eine entsprechende Unternehmenskultur zu bieten, um die Voraussetzungen für effizientes, selbständiges und nachhaltiges Wissensarbeiten zu schaffen [18]. References+ ermöglicht neue Formen des In-Kontakt-Bleibens mit Kollegen, die mitunter weit entfernt in anderen Zeitzonen arbeiten. Diese Vernetzung von Mitarbeitenden wirkt wie ein Katalysator für neue Arbeitsstrukturen und Arbeitspraktiken, der im Sinne einer vernetzten Organisation [19] immer mehr Fachbereiche betrifft.

References+ wurde 2005 als Initiative einer Business Unit mit einem vergleichsweise engen Fokus gestartet und im Lauf mehrerer Jahre und unter stetigem Einbezug der Nutzer auf mehrere Divisionen mit ihren speziellen Informationsbedürfnissen ausgeweitet. In der heutigen Ausprägung integriert References+ einzelne Teilaspekte wie Social Networking, Microblogging, Diskussionsforen, Wissensreferenzen und interaktive Profilseiten zu einem ansprechenden und effizienten Gesamtsystem. Für den laufenden Betrieb einer solchen weltweit genutzten Plattform ist das kontinuierliche Engagement eines Community-Managers von entscheidender Bedeutung. Unter Einsatz zahlreicher Mechanismen und Maßnahmen gilt es, die auf das Tagesgeschäft konzentrierten Mitarbeitenden fortlaufend vom Mehrwert der Plattform zu überzeugen und sie zur aktiven Nutzung sowie zur Eingabe selbst verfasster Beiträge zu motivieren. Neben der aktiven Unterstützung des Top Managements besteht in der Tätigkeit eines oder mehrerer überzeugender Community Manager der wesentliche Faktor für den Erfolg von Plattformen wie References+. Die dadurch ermöglichte Etablierung einer neuen Informations- und Kommunikationskultur folgend der Devise „Teilen statt Abrufen", der offene Zugang zu Informationen und Wissen, das Setzen auf Vertrauen statt übermäßiger Kontrolle sowie die Beseitigung störender Informationshierarchien verlangen aber auch ein partizipatives Führungsverhalten, um im Zeitalter der zunehmenden Digitalisierung von Unternehmen erfolgreich zu bleiben [20].

Literaturverzeichnis

[1] Siemens: *Geschäftsbericht 2015*. Online verfügbar: http://www.siemens.com/investor/pool/de/investor_relations/Siemens_GB2015.pdf

[2] Müller, J.; Baumann, F.; Manuth, A.; Meinert, R.: *Learn and Change Faster by Leveraging and Capitalizing Knowledge in Siemens: The ‚Com ShareNet' Case Study*. Tagungsband „Thailand International Conference on Knowledge Management 2004: KM for Innovation and Change" (Bangkok, 2004), S. 41–49).

[3] Müller, J.: *Global Exchange of Knowledge and Best-Practices in Siemens Building Technologies with ‚References@SBT'*. Tagungsband der ICKM 2007 - International Conference on Knowledge Management (Wien, 2007), World Scientific, S. 55–64.

[4] Müller, J.: *References@SBT – Globaler Wissensaustausch durch ‚Social Networking' bei Siemens Building Technologies*. Tagungsband der KnowTech 2007 (Frankfurt), ISBN 3-88260-077-2, S. 349–357.

[5] Müller, J.; Krchnavi, J.; Stocker, A.: *Global Knowledge Exchange Using References+ within the Siemens Intranet*. In Serventi, E. (Hrsg.): „Innovation and Transformation Through Knowledge Management", Ark Group, 2012, ISBN 978-1-908640-69-7, S. 71–80.

[6] Müller, J.; Stocker, A.: *Enterprise Microblogging for Advanced Knowledge Sharing: The References@BT Case Study*. Journal of Universal Computer Science, Volume 17, Issue 4 (2011), S. 532–547.

[7] Stocker, A.; Müller, J.: *Microblogging als Baustein im IT-gestützten Wissensmanagement von Siemens BT. Journal* „HMD - Praxis der Wirtschaftsinformatik", Ausgabe 277 (2011), S. 38–50.

[8] Richter, A.: *Der Einsatz von Social Networking Services in Unternehmen: Eine explorative Analyse möglicher soziotechnischer Gestaltungsparameter und ihrer Implikationen*, Gabler-Verlag, Wiesbaden, 2010.

[9] Siemens: *Siemens für bestes Key Account Management ausgezeichnet*, 2011. Online verfügbar: https://www.siemens.com/press/pi/AXX20110561d

[10] Koch, M.; Richter, A.: *Enterprise 2.0 – Planung, Einführung und erfolgreicher Einsatz von Social Software in Unternehmen*, 2. Auflage, Oldenburg Verlag, München 2009.

[11] Stocker, A.; Tochtermann, K.: *Wissenstransfer mit Wikis und Weblogs. Fallstudien zum erfolgreichen Einsatz von Web 2.0 in Unternehmen*, Springer Gabler, 2. Auflage, Wiesbaden, 2012, ISBN 978-3-8349-7130-2.

[12] Stocker, A.; Müller, J.: *Exploring Factual and Perceived Use and Benefits of a Web 2.0-based Knowledge Management Application: The Siemens Case References+*. I-KNOW 2013 (Graz, 2013).

[13] Smolnik, S.; Kügler, M.: *Enterprise Social Software Benchmark*. https://www.ebs.edu/fileadmin/redakteur/funkt.dept.lbe/IRIS/essp_benchmark/Social_Software_Benchmark_English.pdf

[14] Back, A.; Gronau, N.; Tochtermann, K.: *Web 2.0 und Social Media in der Unternehmenspraxis. Grundlagen, Anwendungen und Methoden mit zahlreichen Beispielen*, 3. Auflage, Oldenbourg Wissenschaftsverlag, 2014, ISBN 978-3-486-59821-2.

[15] Wenger, E.: *Communities of Practice: Learning, Meaning, and Identity*, Cambridge University Press, 1998.

[16] McAfee, A.P.: *Enterprise 2.0: The Dawn of Emergent Collaboration*, MIT Sloan Management Review, Volume 47, Issue 3 (2006), S. 21–28.

[17] Richter, A.; Riemer, K.: *Malleable End User Software, Business & Information Systems Engineering*: Volume 5: Issue 3, S. 195–197 (2013).

[18] Müller, J.; Stocker, A.: *Siemens Building Technologies Division: Globaler Wissens- und Erfahrungsaustausch mit References+*. Enterprise 2.0-Fallstudien, Nr. 13, April 2012, ISSN 1869-0297.

[19] Richter, A.: *Vernetzte Organisation*, Oldenbourg Wissenschaftsverlag, 2014, ISBN 978-3-486-74728-7.

[20] Petry, T.: *Digital Leadership. Erfolgreiches Führen im Zeitalter der Digital Economy*, Haufe-Lexware, Freiburg, 2016, ISBN 978-3-648-08057-3.

Autorenverzeichnis

Prof. Dr. Sandra Aßmann

Prof. Dr. Sandra Aßmann ist seit 01.10.2016 Professorin für Soziale Räume und Orte des non-formalen und informellen Lernens an der Ruhr-Universität Bochum. Von 2013–2016 war sie Juniorprofessorin für Erziehungswissenschaftliche Medienforschung an der Universität zu Köln. Sie hat 2012 zum Thema „Medienhandeln zwischen formalen und informellen Kontexten" an der Universität Paderborn promoviert. Dort und an der Universidad Veracruzana in Mexiko hat sie von 2001–2006 Diplom-Pädagogik mit den Schwerpunkten Medienpädagogik und Erwachsenenbildung studiert. Schwerpunkt in Forschung und Lehre: Lernen mit und über Medien in non-formalen und informellen Kontexten, Lernen durch Computerspiele(n), kompetentes Datenhandeln von Kindern und Jugendlichen.

Prof. Dr. Ullrich Dittler

Dr. Ullrich Dittler studierte Pädagogik, Psychologie und Soziologie in Frankfurt und München. Er arbeitete in einem großen Finanzdienstleistungs-Unternehmen und leitete dort bis 2000 die Abteilung Neue Medien, die elektronische Lehr- und Lernkonzepte und -Medien für die 40.000 Mitarbeiter des Konzerns entwickelte.

Seit 2000 hat Dittler die Professur Interaktive Medien an der Fakultät Digitale Medien der Hochschule Furtwangen inne und unterrichtet unter anderem Medienpsychologie und E-Learning & Online-Learning.

Dittler hat zahlreiche Bücher zu E-Learning sowie zu medienpsychologischen Themen veröffentlicht und zahlreiche (teilweise preisgekrönte) Lehrmedien entwickelt.

Darüber hinaus ist Dittler seit 2008 Mitglied des Lenkungsausschussses für Hochschuldidaktik des Landes Baden-Württemberg. Ebenfalls seit 2008 ist er stellv. Leiter des Informations- und Medienzentrums (IMZ) der Hochschule Furtwangen (und in dieser Funktion verantwortlich für die Abteilungen Learning Services und die Bibliotheken). Seit 2009 ist es Mitglied des Hochschulrats der Hochschule Furtwangen.

Dr. Walter Frey

Dr. Walter Frey war bei Industrie-Unternehmungen in verschieden Führungsfunktionen rund um Geschäftsentwicklung, Verkauf und Marketing tätig. In der Siemens Schweiz AG am Hauptsitz der Building Technologies (BT) Division in Zug ist er seit 2012 im Global Account Management Team für die Geschäfts-, Management- und Mitarbeiterentwicklung zuständig. In dieser Rolle unterstützt er rund 100 Großkundenbetreuer weltweit, wenn es darum geht, global gute Kundenbeziehungen für Siemens- bzw. BT-Kunden aufzubauen, zusätzliches Geschäft zu generieren und letztlich profitabel zu wachsen.
Er hat unter anderem auch maßgeblich an der Entstehung des BT-Kundenportals innerhalb von *References+* mitgewirkt, welches das aktuelle Wissen der Kundenteams sowie Erfahrungen mit dem Kunden auf einfache Weise zusammenführt.

Junior-Prof. Dr. Sandra Hofhues

Jun.-Prof. Dr. Sandra Hofhues, seit 01.09.2015 Juniorprofessorin für Mediendidaktik/Medienpädagogik im Institut für Allgemeine Didaktik und Schulforschung der Humanwissenschaftlichen Fakultät an der Universität zu Köln. Zuvor Promotion zum „Lernen durch Kooperation" an der Universität der Bundeswehr München (2012); interdisziplinäres Bachelor-/Masterstudium „Medien und Kommunikation" an der Universität Augsburg (2002–2007).
Schwerpunkte in Forschung, Lehre und Entwicklung: Persönliche Kompetenzentwicklung mit (digitalen) Medien, Kooperationen zwischen Bildungsinstitutionen und Organisationen (insbesondere Unternehmen), Prozesse der Öffnung und Entgrenzung mit/durch (digitale) Medien.

Dr. Sandra Hübner

Dr. Sandra Hübner arbeitet seit 2008 in der Abteilung Learning Services des Informations- und Medienzentrums der Hochschule Furtwangen (HFU).

Als Leiterin der Abteilung koordiniert sie die Unterstützung der Dozierenden in der Digitalisierung der Lehre an der HFU. Konkret gehört dazu die Beratung von Professorinnen und Professoren, Mitarbeitenden in der Lehre, Fakultäten und Zentrale Einrichtungen zur Konzeption und Umsetzung von Online-Lernen.

Zu ihren Tätigkeiten gehört die Beratung, Trainings und Anwendersupport zu den verschiedenen Dienstleistungen der Abteilung (z. B. zur zentralen Lernplattform, zum hochschulweiten Online-Konferenzsystem, zur Durchführung von digitalen Prüfungen), sowie die Optimierung und Verstetigung von innovativen digitalen Lehr-/Lernmethoden.

Vor ihrer Tätigkeit an der HFU war Frau Hübner wissenschaftliche Mitarbeiterin in Forschung und Lehre an der Universität Freiburg und an der Universität Göttingen.

Bis 2005 studierte Frau Hübner Psychologie an der Albert-Ludwigs-Universität Freiburg mit den Studienschwerpunkten Erwachsenenbildung, Lehren und Lernen mit Neuen Medien und Arbeits- und Organisationspsychologie.

Junior-Prof. Dr. Dr. habil. Kai Kaspar

Jun.-Prof. Dr. Dr. habil. Kai Kaspar ist Juniorprofessor für Sozial- und Medienpsychologie an der Universität zu Köln. Zuvor Studium der Psychologie sowie Promotionen in Cognitive Science (Dr. rer. nat.) und Psychologie (Dr. phil.) an der Universität Osnabrück; Habilitation in Psychologie zu „Perception, cognition, and behavior in real-world contexts: The impact of small and incidental context information" an der Universität zu Köln.

Schwerpunkte in Forschung, Lehre und Entwicklung: E-Learning/Teaching-Szenarien; Computergestützte Persönlichkeitsdiagnostik und Leistungsmessung; Gestaltung von Mensch-Maschine-Schnittstellen; Computervermittelte Kommunikation; soziale und verkörperte Kognitionen; kulturvergleichende Studien; Blickbewegungsmessung; Wahrnehmen, Entscheiden und Handeln in virtuellen Realitäten und in realen Umgebungen.

Honorar-Prof. Dr. Christian Kreidl

Hon.-Prof. (FH) Dr. Christian Kreidl ist selbständiger Trainer in der Erwachsenenbildung und Vortragender an zahlreichen Hochschulen, beispielsweise an der Wirtschaftsuniversität Wien, der Fachhochschule des BFI Wien oder der FH Wien der WKW. Die inhaltlichen Schwerpunkte des Wirtschaftspädagogen liegen im Bereich finanzielles Management, betriebliches Rechnungswesen sowie Corporate Finance.

Seine Dissertation verfasste er zum Themenbereich „Akzeptanz und Nutzung von E-Learning-Elementen an Hochschulen".

Als Gesellschafter eines Unternehmens für Planspiele beschäftigt er sich außerdem intensiv mit didaktischen Konzepten und Umsetzungen sowie Unterrichtsgestaltung.

Kreidl ist Autor bzw. Herausgeber von zahlreichen Lehrbüchern und Seminarunterlagen.

Prof. Dr. Michael Lindemann

Prof. Dr. Michael Lindemann studierte Physik in Deutschland und den USA. In den USA forschte und publizierte er zur Dynamik in Teilchenbeschleunigern. Während der anschließenden Zeit an der Klinik für Neurologie der Universität Kiel hat er verschiedene Arbeiten zur Analyse biomedizinischer Daten in medizinischen und physikalischen Fachzeitschriften veröffentlicht. Diesem Thema blieb er auch mit Beginn seiner beruflichen Karriere verbunden und hat unter anderem zur Analyse großer Datenmengen in der pharmazeutischen Wirkstoff-Forschung publiziert. Zusätzlich absolvierte Prof. Lindemann berufsbegleitend ein wirtschaftswissenschaftliches Aufbaustudium an der RWTH Aachen und der Universität St. Gallen und schloss dieses 2005 mit dem Executive MBA ab.

Seine internationalen Führungsaufgaben – unter anderem als Vice President für Siemens Medical Solutions, als Associate Partner in der Strategieberatung der IBM und als Geschäftsführer eines eHealth Start-ups – haben ihm ein breites Spektrum an Erfahrungen vom Innovationsmanagement, über Marketing und Human Resources Management bis zur Unternehmensführung gegeben. Diese beruflichen Erfahrungen bringt er in die Lehre ein und forscht zudem gemeinsam mit Industriepartnern auf den Feldern Digitale Transformation und Big Data.

Prof. Dr. Kerstin Mayrberger

Prof. Dr. Kerstin Mayrberger ist Professorin mit dem Schwerpunkt Mediendidaktik am Hamburger Zentrum für Universitäres Lehren und Lernen (HUL) an der Universität Hamburg sowie Beauftragte der Universität Hamburg für Digitalisierung von Lehren und Lernen (DLL).

Aktuelle Forschungs- und Arbeitsschwerpunkte: Partizipation und Mediendidaktik; Lernen mit digitalen, vernetzten, mobilen Medien; Open Education – Open Educational Practice (OEP) mit Open Educational Resources (OER); Medienbezogene Kompetenz und Professionalität; Agilität und Hochschule.

Dr. Johannes Müller

Dr. Johannes Müller arbeitet seit 2005 als Senior Manager Knowledge Management für die Siemens Schweiz AG am Hauptsitz der Building Technologies Division in Zug. In dieser Rolle verantwortet er den laufenden Betrieb und die kontinuierliche Weiterentwicklung der unternehmensweiten Wissensmanagement-Plattform *References+* sowie die Moderation der weltweit verteilten Nutzer-Community.

In den Jahren 2000–2004 war er als Global Editor im zentralen Wissemsmanagement-Team der Information and Communication Networks Group der Siemens AG in München tätig. Seine Aufgaben für die Plattform *ICN ShareNet* umfassten unter anderem Content Management, Usability Design und Community Building.

Wilke Hannes Riesenbeck
Als Produktmanager für E-Learning und Performance Support ist Wilke Riesenbeck seit 2011 in der privaten Weiterbildung tätig. In dieser Rolle berät er zudem Unternehmen bei der Einführung ganzheitlicher Lernlösungen, insb. in den Bereichen Mobile Learning und Social Learning.
Herr Riesenbeck hat nach seinem Bachelor der Multimedia Production an der Fachhochschule Kiel einen Master der Erwachsenenbildung / Weiterbildung an der Universität Bamberg abgeschlossen.

Michelle Rowbotham
Michelle Rowbotham absolvierte ein Studium zur Diplom Mediengestalterin an der Bauhaus-Universität Weimar und ein Masterstudium in Business Management an der DHBW Lörrach.
Nach Tätigkeiten in diversen Werbeagenturen arbeitet sie seit 2007 für die Endress+Hauser Gruppe in unterschiedlichen Positionen im Marketing, HR und der IT. 2013 bis 2015 verantwortete sie als Head of CRM die internationale Einführung einer CRM Plattform in die Endress+Hauser Gruppe. Seit dem 1.1.2016 leitet sie das Digital Workplace Transformation Projekt bei Endress+Hauser.
Ihre Forschungsinteressen umfassen Social Science, Social Communication und Collaboration.

Univ.-Prof. Dr. Dr. h.c. mult. August-Wilhelm Scheer

Univ.-Prof. Dr. Dr. h.c. mult. August-Wilhelm Scheer ist emeritierter Ordinarius an der Universität des Saarlandes. Dort hatte er über 30 Jahre das von ihm gegründete Institut für Wirtschaftsinformatik geleitet.

Seine Bücher sind Standardwerke der Wirtschaftsinformatik und in zehn Sprachen übersetzt.

Die von ihm entwickelte Managementmethode *ARIS* zur Optimierung von Geschäftsprozessen wird in nahezu allen DAX-, vielen mittelständischen Unternehmen und auch international eingesetzt. Er ist Gründer erfolgreicher Software- und Beratungsunternehmen, die er aktiv begleitet.

Zur Förderung der anwendungsorientierten Forschung hat er 2014 das „August-Wilhelm Scheer Institut für digitale Produkte und Prozesse gGmbH" gegründet.

Als Unternehmer und Protagonist von Zukunftsprojekten der Bundesregierung fördert er aktiv die Ausgestaltung der Digital Economy. Gemeinsam mit Bundesministerin Prof. Dr. Wanka ist er Vorsitzender der IT-Gipfel-Plattform „Digitalisierung in Bildung und Wissenschaft".

Gerd Schumacher

Gerd Schumacher ist Seniorberater bei der Deutschen Bahn AG, Geschäftseinheit Consulting & Business Skills (HS.L 4) und verantwortlich für das Projektmanagement des Projektes *PRiME*.

Er sammelte seit 2001 vielfältige Erfahrungen in den unterschiedlichsten Projekten bei der Deutschen Bahn. Seit 2011 befasst er sich verstärkt mit dem Thema „Lernen & Arbeiten" – Besonders unter dem Fokus mobiler Mitarbeiter.

Dr. Alexander Stocker

Dr. Alexander Stocker beschäftigt sich seit über 14 Jahren mit dem Einsatz computergestützter Informationssysteme in Unternehmen. Derzeit arbeitet er als Key Researcher für Information & Process Management am Kompetenzzentrum – Das Virtuelle Fahrzeug in Graz.
Zuvor war er Key Researcher am Institut DIGITAL bei Joanneum Research, Executive Assistant to the CEO am Know-Center, Österreichs Kompetenzzentrum für Wissensmanagement, und Berater für Informationsmanagement und Informationstechnologie bei Datev.

Satjawan Walter

Satjawan Walter arbeitet seit 2010 in der Abteilung Learning Services des Informations- und Medienzentrums der Hochschule Furtwangen (HFU).
Zu seinen Tätigkeiten an der HFU gehören die Beratung von Professoren, Fakultäten und Zentralen Einrichtungen zur Konzeption und Umsetzung von (Online-)Lehre, Implementierung von digitalen Prüfungen sowie die Optimierung und Verstetigung von innovativen digitalen Lehr-/Lernmethoden.
Als Geschäftsführer der Firma ParaDocks Omnimedia entwickelt er Wissensmanagementkonzepte und Webtechnologien in wissensrelevanten Bereichen für mittelständische Unternehmen und leitet Weiterbildungen zu den Themen Lernen, Medien und Wissensmanagement.
Herr Walter ist ausgebildeter Mediengestalter und studierte bis 2010 an der Albert-Ludwigs-Universität Freiburg Instructional Design, Kognitionswissenschaft und Erziehungswissenschaft mit Schwerpunkten in empirischer Lehr-/Lernforschung, E-Learning und Erwachsenenbildung.

Bianca Wode

Bianca Wode studierte Medienkultur (B.A.) und Medienmanagement (M.A.) an der Bauhaus-Universität Weimar und arbeitet seit 2013 im Erfurter IT-Unternehmen Scitotec GmbH im Bereich Marketing/Kommunikation.

Seit 2014 ist sie Teil des Projektes *PRiME* und verantwortet dort als externe Beraterin von DB Training die Projektkommunikation. Neben E-Learning gilt ihr Interesse außerdem den neuen Arbeitsformen, strategischem Management sowie dem Thema Employer Branding.